Habitatschutz in Deutschland und im Vereinigten Königreich

Europäische Hochschulschriften
Publications Universitaires Européennes
European University Studies

Reihe II
Rechtswissenschaft

Série II Series II
Droit
Law

Bd./Vol. 3920

PETER LANG
Frankfurt am Main · Berlin · Bern · Bruxelles · New York · Oxford · Wien

Till B. Steffen

Habitatschutz in Deutschland und im Vereinigten Königreich

Eine rechtsvergleichende Untersuchung der Umsetzung des Habitatschutzes der FFH- und der Vogelschutzrichtlinie

Including an English Summary

PETER LANG
Europäischer Verlag der Wissenschaften

Bibliografische Information Der Deutschen Bibliothek
Die Deutsche Bibliothek verzeichnet diese Publikation in der Deutschen Nationalbibliografie; detaillierte bibliografische Daten sind im Internet über <http://dnb.ddb.de> abrufbar.

Zugl.: Hamburg, Univ., Diss., 2004

D 18
ISSN 0531-7312
ISBN 3-631-52521-4

www.peterlang.de

Vorwort

Die vorliegende Arbeit wurde im Wintersemester 2003/2004 vom Fachbereich Rechtswissenschaft der Universität Hamburg als Dissertation angenommen.

Berücksichtigt sind Gesetzgebung, Rechtsprechung und Literatur bis zum Februar 2003.

Ich möchte mich ganz herzlich bei meinem Doktorvater, Herrn Prof. Dr. Meinhard Hilf für die Betreuung dieser Arbeit und die stets aufmunternden Worte bedanken. Dank gebührt auch Herrn Prof. Dr. Ulrich Ramsauer für die zügige Erstellung des Zweitgutachtens und zwischenzeitlichen fachlichen Rat. Schließlich danke ich auch Herrn Prof. Dr. Dr. h.c. mult. Rolf Stober. Die interessante Tätigkeit an seinem Lehrstuhl ermöglichte mir die Finanzierung des Promotionsvorhabens.

Die Erstellung dieser Arbeit wäre nicht möglich gewesen ohne die sehr wertvolle Unterstützung, die ich während meines Forschungsaufenthalts im Herbst 2000 an der University of Aberdeen erfuhr. Für die fachliche Hilfe und für die sehr herzliche Aufnahme möchte ich mich sowohl bei den Dozentinnen und Dozenten wie auch den übrigen Post Graduate Students bedanken. Ganz besonderer Dank gilt den Mitarbeiterinnen der Bibliothek der dortigen Law School für deren unermüdliche Hilfe. Es wäre mir ohne sie nicht möglich gewesen, in die komplett andersartige Struktur der Rechtsetzung im Vereinigten Königreich hineinzufinden und in wenigen Monaten sämtliche relevante Literatur und Rechtsprechung zum Thema durchzuarbeiten. Dem Deutschen Akademischen Austauschdienst danke ich für die Finanzierung des Auslandsaufenthalts.

Meiner Freundin Heike Opitz danke ich für viele kluge Ratschläge, vielfältige Unterstützung und die Geduld während arbeitsamer Phasen. Meiner Mutter Ingeborg Steffen für alles, was sie mir mit auf den Weg gegeben hat.

Hamburg, im Februar 2004 *Till B. Steffen*

Inhaltsverzeichnis

Abkürzungsverzeichnis

Aufgeführt werden Abkürzungen, die nicht nachgewiesen sind bei Kirchner, Abkürzungsverzeichnis der Rechtssprache.

All E R	All England Law Reports
AWZ	Ausschließliche Wirtschaftszone
BbgNatSchG	Naturschutzgesetz Brandenburg
BerlNatSchG	Berliner Naturschutzgesetz
C.M.L.R.	Common Market Law Reports
CMLRev	Common Market Law Review
CROWA 2000	Countryside and Rights of Way Act 2000
ECA 1972	European Communities Act 1972
EELR	European Environmental Law Review
ELM	Environmental Law and Management
ENDS Report	Environmental Data Service Report
Env. L.R.	Environmental Law Review
ex p.	ex parte
I.E.L.T.R.	International Energy Law & Taxation Review
J.P.L.	Journal of Planning and Environmental Law
J.R.	Juridical Review
JEL	Journal of Environmental Law
JEPP	Journal of European Public Policy
LG NRW	Landschaftsgesetz NRW
LMELR	Land Management and Environmental Law Report
nachgew.	nachgewiesen
NPPG	National Planning Policy Guidance
PDO	potential damaging operation
PELB	Planning and Environmental Law Bulletin
PPG	Planning Policy Guidance
PPS	Planning Policy Statement
R	Regina (Königin)

SächsNatSchG	Sächsisches Naturschutzgesetz
Sch.	Schedule
sect.	Section
SI	Statutory Instrument
SPEL	Scottish Planning & Environmental Law
SRÜ	Seerechtsübereinkommen der Vereinten Nationen
subs.	Subsection (entsprechend Abs. in deutschen Gesetzen)
SZ	Süddeutsche Zeitung
U.	Urteil
UGB-KomE	Entwurf für ein Umweltgesetzbuch der unabhängigen Sachverständigenkommission
UVP-RL	Richtlinie des Rates vom 27.6.1985 über die Umweltverträglichkeitsprüfung bei bestimmten öffentlichen und privaten Projekten (85/337/EWG), geänd. durch RL 97/11/EG v. 3.3.1997
Vorbem.	Vorbemerkung
WCA 1981	Wildlife and Countryside Act 1981

Summary in English

Habitat Protection in Germany and the United Kingdom A Comparative Examination of the Implementation of the Habitats Directive and the Birds Directive

The loss of biological diversity continues in Europe and world-wide. From this background this dissertation is devoted to a legal comparison of the protection of habitats, that is the living environment of threatened species, in the Federal Republic of Germany and the United Kingdom of Great Britain and Northern Ireland In this examination I will explore four questions:

Which member state has the more feasible regulations for meeting the goals of the Habitats Directive and the Birds Directive?
Where is there a need for action on the part of the national legislatures?
Where is there clearance for the national legislators and national courts for implementing the Habitats Directive and the Birds Directive?
Where is there a need for action on the part of the joint legislatures and the Commission?

In addition, the plans for implementation and legal boundaries of both states will be examined in the light of the individual demands of the directives.
Preceding this will be an outline of the environmental and ecological protection guidelines in each state respectively. The presentation of each state separately will be followed by a comparison of the individual regulations in both states. The questions introduced above will be answered in light of the conclusions of the detailed examination of each state separately and in comparison to one another.

1. A general evaluation of implementation within each national legal system respectively

An inquiry into which of the two systems of regulation better meet the demands of the Habitats Directive and the Birds Directive reveals weaknesses in both systems. On the whole, however, the legislative implementation has been more successful in the U.K. than in Germany, at least in the form to be found in England and Wales. The most considerable weakness which emerges from the English and Welsh implementation is that a sufficient level of protection is dependant upon an accurate prognosis by the Nature Conservation Bodies in the question of possible damage. This becomes especially problematic when these institutions are not sufficiently staffed. The question arises, whether it is the task of the law to adapt itself to the insufficient staffing of a program. The alternative would be a preventative, comprehensive ban on all possible damage, for which exemptions might be granted in individual cases. This is the approach followed in Germany. In the case of minimal staffing of the responsible authority, a considerable additional restriction of the affected property owners, among others, is entailed. In this respect the described weakness of the protection in England and Wales is not a weakness due to the legal regulation. Rather, the law restricts itself in this matter to what can be effectively regulated.

The regulations in the U.K. allow for considerably better relations with affected property owners. It is these relations which represent the actual point of concern which the law seeks to regulate. Through differentiated regulations it is guaranteed that the co-operation of property owners is sought out to the highest degree, to ensure that is as little impingement upon their rights as possible. In contrast, in Germany property owners are only explicitly referred to at the stage of rules for compensations. Environmental protection laws in Germany do demand in general terms that contractual agreements must always be evaluated. The conception of the law as a whole, however is still based upon guaranteeing the necessary protection through administrative action.

On the whole, the implementation in Germany offers many more loopholes for bypassing the demands of the directives. In some cases this weakness can be compensated for by interpretation strictly in conformity with the directives, and an immediate implementation. This does not hold for every case, however. Even in those cases where European law holds sway over whether national law should be applied in a certain way or not all, the danger exists that the responsible state offices will not recognise their obligation.

What is interesting is that the legislature in the U.K. has proven to be far more capable of learning than that of Germany, although both legislatures made fundamental amendments to the nature conservation law after the initial implementation of the Habitats Directive.
While the legislature of the U.K. eliminated the main weaknesses of the former regulation, the German legislature kept most of the regulations unanimously criticized in the literature, even in the context of the amendments which went into effect in 2002. This is an expression of the German legislature's inability to act, the cause of which is its specific form of Federalism. In order to eliminate the weaknesses of the legislative implementation it would have been necessary to have the approval of the Bundesrat, which had no majority interest in an improvement of environmental protection. The interim legislation for Scotland and Northern Ireland, however, remains at a disadvantage in comparison to German legislation.

2. The need for action on the part of national legislatures

The question of which actions need to be taken on the part of national legislatures exposes the fact that Germany should further develop the palette of its environmental protection proceedings. In so doing, some of the points should be based on those of the U.K. The regulation of the new § 8 BNatSchG and other corresponding legal regulations of the Länder, under which it is always necessary to first assess whether a particular aim could also be achieved through contractual agreements, is, as such, toothless. The full potential of contractual agreements could be more seriously exploited, however, if the German administrative authorities were always obliged to first make the offer of a contract to the property owners. The German legislature should amend the environmental protection laws correspondingly. At the same time, it is worth striving for, that reparations, whether within the framework of contractual agreements or as a consequence of regulatory measures, be limited to the uses of the land that obtained beforehand.

The German legislature is also challenged to close the many loopholes in the implementation of the protectionary regime of Art. 6 of the Habitats Directive and Art. 4. (4) of the Birds Directive. These loopholes entail the danger that in many cases the necessary protection will not be guaranteed. The solutions arrived at in the U.K. could here serve as a point of reference. In order to develop uniform administrative procedures, a tie-in with the Environmental Impact Assessment should be standardized.

Further impetus for action arises from need for the protection of regions within the Exclusive Economic Zone and on the continental shelf, as well as potential zones of the Habitats Directive and actual Birds Directive zones. The implementation in the U.K. proves in the latter case, that here, too, appropriate measures already exist. However, the allocation of legislative and administrative jurisdictions in Germany between federation and Länder, do not permit a one-to-one adoption of the measures from the U.K. Therefore, a temporary protective model adjusted for the circumstances in Germany is suggested. It is proposed that the German courts submit the question of the level of protection for potential Habitats Directive zones to the ECJ for binding clarification.

Out of the deficiencies brought to light by this examination derives the suggestion that legislative jurisdiction in the area of nature conservation be restructured, so that the different levels of state achieve the flexibility needed to meet the demands which the protection of biological diversity place on them.

Finally, suggestions are made for the improvement of public interest litigation and the question of environmental liability and sanctions against damage and impairments of protected zones.

For the U.K. it is recommended that the present form of legislature in Scotland and Northern Ireland be brought in line with the CROWA 2000, which eliminated a good many of the original points of criticism for England and Wales.

It is suggested that a concentration of the Environmental Impact Assessment and the Habitats Directive be at least permitted, as in Germany. The implementation of marine protection should also be in alignment with the German model.

The protection measures for potential Habitats Directive zones and actual Birds Directive zones prove to vary considerably within the U.K. The widest ranging of them is for the protection of the continental shelf zones. This measure should be carried over onto the other potential Habitats Directive zones and actual Birds Directive zones.

Finally, suggestions are made regarding the closing of gaps in sanctions for the damage or destruction of protection zones.

3. Organisation clearance of the national legislatures and courts of law for implementing the Habitats Directive and the Birds Directive

The question of organisation clearance makes especially apparent that the member states have a great deal of leeway for the implementation of the directives being examined as regards the question of to which degree the means of government force or incentive are to be used. Closely related to this is the formulation of reparations.

Leeway also exists regarding whether new categories of protective zones will be created, how jurisdiction will be apportioned, how public involvement should be arranged, and how the surrounding areas of Habitats Directive and Birds directive zones should be protected.

It is unfortunate that member states can reduce the intended involvement of the commission under the Habitats Directive in the case of interventions in so-called priority zones to a correspondence from which consequences needn't follow. It is also not constructive that the member states enjoy a free reign as to how and if the Habitats Directive should be linked to the Environmental Impact Assessment, and that this regime has not already been brought into harmony on the European level.

There is great leeway in the protection of potential Habitats Directive zones and Actual Birds Directive zones. This can go even so far as to seriously endanger the achievement of the aims of the Directive.

Different standards for the implementation of the directives can arise from the circumstance that there are no guidelines for the acceptance of actions in the public interest for the protection of habitats. There is too much leeway, finally, in regard to the question whether sanctions for the destruction or damage of habitats should be imposed and compensation be paid.

4. The need for action for the EU legislator and the Commission

It continues to be necessary that the Commission insist on the observance of the obligations arising from the Birds and Habitats Directives, and that it make use of the means of infringement proceedings. It would be helpful for the even-handed and effective enforcement of the demands of the Directives if it could be resolved, on the basis of a corresponding judgement by the European Court of Justice, where guidelines have been disregarded; or if the ECJ clarified vague regulations in the Directives.

The questions that weigh most heavily here are those of whether there exist potential Habitats Directive zones, how these are to be protected, whether there are nature reserves outside of the territory of the member states, and if the additional protection of potential Habitats Directive zones can in fact be limited to correspondence with the Commission.

The EU legislator should resolve the unclear questions within the context of an amendment of the Habitats Directive. Guidelines for potential Habitats Directive zones would make sense, especially in view of expansion to the East.

An integration of the Environmental Impact Assessment with the Impact Assessment of the Habitats Directive should be ordered from the level of the EU law. The EU legislator should develop an integrated inspection program, individual points of which under certain circumstances need not always be observed.

Finally, there is a need for uniform guidelines regarding legal protection, liability for the damage or destruction of nature reserves, and sanctions. A minimum demand for each of these should be formulated. It is disputed as to whether or not the EU has the authority to do this. On the subject of liability for the damage and destruction of protected areas, a draft of a directive on environmental liability points in the right direction. A public interest litigation is necessary which is applicable to the entire process of implementation and protection from Natura 2000, because the commission is not able to keep track of compliance with the rules in all cases. There is also the danger that the application of the EU law might not proceed uniformly. The EU legislator should for this reason amend the Habitats Directive to that end, so that it formulates the minimum requirements for the judicial review of compliance with the directives, similar to the draft of the directive for liability.

§ 1: Bedeutung des Habitatschutzes und Fragestellung der Untersuchung

I. Bedeutung des Habitatschutzes

Der Erhalt der biologischen Vielfalt ist eine der zentralen gegenwärtigen Herausforderungen der Menschheit. Dies ist anerkannt spätestens seit dem Erdgipfel von Rio 1992. Auf jenem Gipfel wurden die Fragen des globalen Umweltschutzes mit dem Konzept des Nachhaltigen Wirtschaftens verknüpft. Der Erhalt der biologischen Vielfalt ist eine globale Frage, weil Strategien in diesem Feld eng mit anderen globalen Umweltfragen, etwa dem Klimaschutz und globalen wirtschaftlichen Fragen verknüpft werden müssen. Dies wird besonders deutlich am Beispiel des tropischen Regenwalds. Schätzungen zufolge sterben allein dort stündlich drei Arten aus[1]. Viele davon sind bislang nicht einmal bekannt. Ursache ist die Abholzung großer Waldgebiete. Das wiederum ist z.T. auf die Nachfrage nach tropischen Hölzern in westlichen Industriestaaten zurückzuführen. Eine Strategie zum Erhalt dieser Arten muss also auch mit internationalen wirtschaftlichen Fragen verknüpft werden, hier der Frage, wie die Nachfrage nach Holz in den westlichen Industriestaaten anderweitig gedeckt werden kann. Eine globale Herausforderung ist der Artenschutz aber nicht nur durch die wirtschaftlichen Verknüpfungen. Auch die ökologischen Zusammenhänge gehen weit über einzelne Staaten oder Erdteile hinaus. Dies gilt zum einen für die Auswirkungen von Klimaveränderungen. Durch die globale Erderwärmung verändern sich die Lebensbedingungen vieler Arten, so dass allein dadurch ihr Überleben bedroht ist. Besonders augenfällig wird dies jedoch für Arten, die jedes Jahr weite Strecken zurücklegen. Das sind insbesondere Meeressäugetiere und Zugvögel. Bemühungen zum Schutz dieser Arten in einem einzelnen Staat sind zum Scheitern verurteilt, wenn diese Tiere in anderen Staaten oder auf hoher See gejagt oder ihre dortigen Lebensräume vernichtet werden. Trotz aller internationaler Bemühungen schreitet das Aussterben von Arten unvermindert voran[2]. Der Schutz der biologischen Vielfalt ist also kein gelöstes Problem und auch noch kein ausreichend adressiertes politisches Themenfeld.

Die Vielfalt der Arten ist nicht nur bedroht durch das Roden tropischer Urwälder. Auch in Europa sind viele Arten vom Aussterben bedroht[3]. Arten in Europa zu schützen ist einerseits ein Beitrag zu der beschriebenen globalen Aufgabe. Der

---

[1]WWF/ TRAFFIC Deutschland, Ausgestorbene Arten – Hintergrundinformation, www.wwf.de/imperia/md/content/pdf/arten/handel/ausgestorbene_arten.pdf.

[2]WWF/ TRAFFIC schätzen, dass von 2001-2011 2,5 % aller weltweit bekannten Arten ausgestorben sein werden; die Mehrzahl der bisher ausgestorbenen Arten starb in den letzten 150 Jahren aus: WWF/ TRAFFIC Deutschland, Ausgestorbene Arten – Hintergrundinformation, www.wwf.de/imperia/md/content/pdf/arten/handel/ausgestorbene_arten.pdf.

[3]Siehe Maaß/ Schütte, in: Koch, Umweltrecht, S. 297, 299, Rn 1 m.w.N.

Verlust von Arten und von Biodiversität insgesamt[4] wirkt sich aber auch direkt auf die Umwelt vor der eigenen Haustür aus[5]. Der Verlust an biologischer Vielfalt macht Ökosysteme anfälliger für Störungen, seien diese durch Naturereignisse oder von Menschen geschaffene. So kann ein in Monokultur errichteter Wald viel eher von einem einzigen Schädling zerstört werden als ein Mischwald. Entsprechendes gilt für Vögel oder Insekten, die für das Ökosystem Wald essentiell sind. Neben Verboten für das Pflücken, Sammeln und Jagen von Tieren und Pflanzen hat sich der Schutz von Lebensräumen – in der europäischen Terminologie Habitaten – als zentrales Instrument des Artenschutzes etabliert[6]. Er basiert auf der Erkenntnis, dass das Überleben vieler Arten nur in ihren speziellen Ökosystemen möglich ist. Die rechtlichen Aspekte des Habitatschutzes sind deswegen der Gegenstand dieser Untersuchung.

In Europa gab es erste Schritte zu einem systematischen und internationalen Schutz von Lebensräumen 1979 durch das Berner Übereinkommen des Europarats[7]. Danach hatten die Vertragsparteien die erforderlichen Maßnahmen zu ergreifen, die bestimmte wildlebende Tier- und Pflanzenarten und ihre Lebensräume schützten. Die Europäischen Gemeinschaften entwickelten zwei Richtlinien, die konkrete Verpflichtungen für die Mitgliedstaaten enthielten. Zeitlich parallel zum Berner Übereinkommen entstand 1979 die Vogelschutz-RL[8], die beschränkt auf Vogelarten u.a. einen Schutz von Lebensräumen vorschrieb. Umfassend sollte den Forderungen des Berner Übereinkommens dann durch die 1992 erlassene sog. Fauna-Flora-Habitat-Richtlinie (FFH-RL)[9] zur Durchsetzung verholfen werden. Zusammen prägen diese beiden Richtlinien maßgeblich das innerstaatliche Recht betreffend den Schutz von Lebensräumen in den Mitgliedstaaten der EU.

Das Mittel der rechtsvergleichenden Untersuchung wurde gewählt, weil es geeignet ist, Erkenntnisse hervorzubringen, die eine isolierte Untersuchung der Umsetzung einer Richtlinie in eine nationale Rechtsordnung nicht hervorbringen kann. Zunächst kann der Vergleich mit einem anderen Mitgliedstaat konkrete Vorbilder für eine bessere Umsetzung erbringen. Genauer gesagt ist also die Frage, ob die

---

[4]Biodiversität meint neben der Artenvielfalt auch die Vielfalt der genetischen Informationen, die innerhalb einer Art existieren, vgl. dazu Freiburg, S. 4-7.

[5]Siehe zu den Ursachen und Folgen des Aussterbens von Arten in Deutschland: Maaß/ Schütte, in: Koch, Umweltrecht, S. 297, 300, Rn 2-11.

[6]Einen Überblick über internationale Abkommen, die die Ausweisung von Schutzgebieten vorsehen, geben: Buck/ Verheyen, in: Koch, Umweltrecht, S. 1, 26 f., Rn 52 f.

[7]Übereinkommen vom 19.9.1979 über die Erhaltung der europäischen wildlebenden Pflanzen und Tiere und ihrer natürlichen Lebensräume, siehe BGBl. 1984 II, S. 620-632.

[8]Richtlinie 79/409/EWG vom 2.4.1979 über die Erhaltung der wildlebenden Vogelarten zuletzt geändert: ABl.EG 1997 Nr. L 223, S. 9.

[9]Richtlinie 92/43/EWG vom 21.5.1992 zur Erhaltung der natürlichen Lebensräume sowie der wildlebenden Tiere und Pflanzen zuletzt geändert: ABl.EG 1997 Nr. L 305, S. 42.

Umsetzung im jeweils anderen Mitgliedstaat eher den Zielen der Richtlinien entspricht und falls ja, ob insoweit bessere Regelungen übertragen werden können. Darauf beschränkt sich die Erkenntnis durch den Rechtsvergleich jedoch nicht. Vielmehr hat sich der Rechtsvergleich als sog. Fünfte Auslegungsmethode etabliert[10]. Dies ist im Ursprung gemünzt darauf, dass man erst durch die Kenntnis der anderen Rechtsordnung die Besonderheiten der eigenen Rechtsordnung erkennt. Bei der Untersuchung der Umsetzung einer Richtlinie kann der Rechtsvergleich auch bei der Auslegung der Richtlinie und der Aufdeckung ihrer Schwächen helfen[11].

Die mögliche Erkenntnis beim vorliegenden Untersuchungsgegenstand geht noch darüber hinaus. Das Europarecht sieht sich ganz allgemein dem Vorwurf ausgesetzt, in einer viel zu großen Zahl von Fällen sich in die nationalen Rechtsordnungen einzumischen. Vor allem wegen dieser Wahrnehmung der EU als überregulierendem Moloch wurde und wird die Debatte um Subsidiarität geführt. Diese mündete in die Aufnahme der Bestimmung des Art. Art. 3 b EGV durch den Vertrag von Maastricht (jetzt Art. 5 EGV). Insbesondere wird dem europäischen Gesetzgeber vorgeworfen, die Richtlinien so zu fassen, dass die Mitgliedstaaten keine echten Gestaltungsspielräume mehr haben, obwohl in diesem Bereich gem. Art. 249 Abs. 3 EGV den Mitgliedstaaten die Wahl der Formen und Mittel freistehen soll[12]. Zwar ist schon seit langem anerkannt, dass es zulässig ist, dass eine Richtlinie gar keine Wahlfreiheit mehr enthält, diese Freiheit also zu einem Gebot der perfekten Umsetzung schrumpft[13]. Die rechtliche Zulässigkeit alleine vermag jedoch nicht politische Akzeptanz zu ersetzen. Im Rahmen der Subsidiaritätsdebatte wurde deswegen verlangt, dass der Gemeinschaftsgesetzgeber sich aus vielen Bereichen ganz heraushält bzw. seine Regelungsdichte deutlich reduziert[14]. Die Kritik, die Mitgliedstaaten seien in ihren Gestaltungsmöglichkeiten zu stark durch EG-Richtlinien eingeschränkt, wird insbesondere am Beispiel von Vogelschutz- und FFH-RL geführt. So beklagen Vertreter der deutschen Bundesländer, dass der deutsche Föderalismus durch die Rechtsetzungsaktivitäten der EU ausgehöhlt

---

[10]Häberle, JZ 1989, 913, 916-918.

[11]Siehe zur Notwendigkeit der Untersuchung bereits erfolgter Umsetzungen von europäischem in nationales Recht: Haigh, in einem Joint Public Hearing (Europäisches Parlament and Kommission) 30.5.1996 (nachzulesen als Appendix 5 zu House of Lords, Select Committee on European Communities, Session 1997-98, 2nd Report, Community environmental law: Making it work), Nr. 3 (Conclusions).

[12]Bleckmann, Rn 2119 f.; Sharp, in: Lowe/Ward, S. 33, 41; dagegen argumentiert Hilf, EuR 1993, 1, 13.

[13]Ipsen, S. 459; Schweitzer/ Hummer, Rn 363.

[14]Siehe dazu die Erklärung des Europäischen Rates auf seiner Tagung in Edinburgh, Bulletin der Bundesregierung 28.12.1992, Nr. 140, S. 1283 f.

würde. Sie fordern u.a., dass sie stärker an der Auswahl der FFH-Gebiete beteiligt werden[15].

Eine rechtsvergleichende Untersuchung der Umsetzung dieser Richtlinien ist besonders gut geeignet, diesen Vorwurf zu untersuchen. Wenn in einem anderen Mitgliedstaat ganz andere Lösungen gewählt oder zumindest erwogen wurden, so spricht dies für entsprechende Gestaltungsspielräume, sind die gefundenen Regeln identisch, spricht mehr für eine strikte Bindung durch die Richtlinie. Diese Untersuchung wird also Argumente zu der Frage liefern können, wie zentralistisch FFH- und Vogelschutz-RL angelegt sind. Man wird zwar anhand dessen noch nichts sagen können, zu dem Vorwurf, die EU lasse ihren Mitgliedstaaten generell zu wenig Spielraum. Die Ergebnisse dieser Untersuchung können jedoch in eine solche Debatte einfließen.

Bei dem vorliegenden Rechtsvergleich handelt es sich in der Begrifflichkeit von Max Rheinstein um einen Mikrovergleich[16]. Dieser erfordert zwar anders als der Makrovergleich, der größere Teile von Rechtssystemen miteinander vergleicht, nicht die umfassende Einbeziehung gesellschaftlicher, historischer und wirtschaftlicher Rahmenbedingungen. Er erfordert aber gleichwohl die Untersuchung des Umfelds der verglichenen Regelungen. Gleichzeitig rechtfertigt die Begrenztheit des Untersuchungsgegenstandes auch nur eine begrenzte Sammlung von außerhalb des eigentlichen Gegenstands liegenden Daten.

Zum Rechtsvergleich mit Deutschland wurde das Vereinigte Königreich von Großbritannien und Nordirland gewählt. Jener Mitgliedstaat ist insofern ein taugliches Vergleichsobjekt, weil die politischen und wirtschaftlichen Rahmenbedingungen relativ ähnlich sind[17]. In beiden Staaten kam die Industrialisierung zu einem ähnlichen Zeitpunkt auf, was dann jeweils die typischen Folgen für Mensch und Umwelt hatte. So gab es bereits sehr früh Regelungen, die sich mit der Abwägung des Schutzes der Allgemeinheit vor Immissionen und den Erfordernissen der Wirtschaft beschäftigten[18]. Eine lange Tradition von Regulierung der industriellen Produktion bedeutet nicht zwangsläufig eine lange Tradition wirksamer Umweltgesetzgebung. Vielmehr war das frühe Wirtschaftsverwaltungsrecht vielfach ein Recht, das industrielle Produktion ermöglichen sollte und deswegen auch nachbarrechtliche Abwehransprüche beiseite schob[19].

---

[15]Klüver, SZ 13./ 14.11.1999; weitere Nachweise zur Kritik an der FFH-RL als zentralistisches Instrument bei Wils, JEL 1994, 85, 86.
[16]Rheinstein, S. 32; grundlegendes zur Umweltrechtsvergleichung bei Kloepfer/ Mast und bei Beaucamp, UPR 2001, 134-138.
[17]Kloepfer/ Mast, S. 114.
[18]Bell/ McGillivray, S. 10; Kloepfer, Umweltrecht, § 2 Rn 15-24.
[19]Kloepfer, Umweltrecht, § 2 Rn 21.

Einen Anstoß für umfassende Umweltgesetzgebung wurde gegeben, als Anfang der 70er Jahre des 20. Jahrhunderts die Debatte um die ökologischen Folgen ungebremsten Wachstums aufkam[20]. Deutschland und das Vereinigte Königreich hatten zu diesem Zeitpunkt beide einen umfassenden materiellen Wohlstand durch die Industrialisierung erreicht. So waren beide Gesellschaften ähnlich für diese Warnungen empfänglich.

Dennoch wird im europäischen Kontext Deutschland im allgemeinen als Vorreiter des Umweltschutzes und das Vereinigte Königreich als Nachzügler angesehen[21]. Wären die dieser Beobachtung zugrunde liegenden Unterschiede allein auf eine andere politische Priorität des Themas Umweltschutz zurückzuführen, so würde dies den Rechtsvergleich erschweren. Denn unterschiedlich effektiver Schutz von Habitaten wäre dann mit großer Wahrscheinlichkeit auf Ursachen zurückzuführen, die außerhalb rechtlicher Fragen liegen und die mit Methoden der Rechtswissenschaft nicht erfasst werden können.

Diese anscheinende Schwierigkeit relativiert sich aufgrund von zwei Aspekten. Zum einen ist die Bezeichnung als Nachzügler teilweise darauf zurückzuführen, dass die Europäischen Gemeinschaften in der Frühphase des EG-Umweltrechts Instrumente bevorzugten, die den Regeln im Vereinigten Königreich weniger ähnlich waren als etwa jenen in Deutschland[22]. Zwar kann – und sollte – eine Debatte um Instrumente nie ganz getrennt werden von der Frage der politischen Priorität von Umweltschutz. Wenn aber die umweltpolitische Differenz zwischen Deutschland und dem Vereinigten Königreich z. T. eine Debatte um Instrumente ist, kann gerade die Rechtswissenschaft durch Vergleiche Beiträge zu dieser Debatte liefern.

Die zweite Relativierung erfolgt durch den Umstand, dass Naturschutz im Vereinigten Königreich als ernsthaftes Anliegen eine weit längere Tradition hat als in Deutschland und so der möglicherweise für die Umweltpolitik im Allgemeinen zutreffende Nachzügler-Vorwurf in diesem Bereich nicht gilt. Im übrigen wurde die umweltpolitische Vorreiterrolle Deutschlands in den 90er Jahren des letzten Jahrhunderts in Frage gestellt, während Instrumente des Vereinigten Königreichs Eingang in die Gemeinschaftsgesetzgebung fanden[23].

---

[20]In der Form angestoßen durch Meadows, Die Grenzen des Wachstums: Bericht des Club of Rome zur Lage der Menschheit, 1972.
[21]Liefferink/ Andersen, in: Jordan, S. 63, 63 f.
[22]Kloepfer, NVwZ 2002, 645, 646.
[23]Albin/ Müller-Kraenner, ZUR 1999, 73-77; Bolesch, SZ 10.2.2000; Kloepfer/ Mast, S. 127, stellen 1995 fest, dass das Vereinigte Königreich seine Zurückhaltung gegenüber den EG-Umweltinstrumenten aufgegeben und Anschluss an die EG-Vorreiter gefunden hat.

Insgesamt ergibt sich also, dass die außerrechtlichen Rahmenbedingungen ausreichend ähnlich sind, damit Deutschland und das Vereinigte Königreich geeignete Objekte für einen Rechtsvergleich darstellen. Diese Untersuchung wird zeigen, dass im Bereich des Habitatschutzes keiner der beiden Mitgliedstaaten einen deutlichen Vorsprung vor dem anderen hat. Dennoch zeigt sich in der Gesamtbilanz, dass der Gesetzgeber im Vereinigten Königreich sich nach anfangs unbefriedigender Umsetzung lernfähiger zeigte als der in Deutschland, wo der erste Versuch der Umsetzung ebenfalls viele Mängel aufweist.

Nicht zu verkennen ist, dass die Rechtssysteme in Deutschland und im Vereinigten Königreich – auch in der europäischen Gesamtschau – insgesamt sehr stark voneinander abweichen. Soweit sich dies auf den Untersuchungsgegenstand auswirkt, wird dies in der Untersuchung berücksichtigt und erläutert.

Die untersuchten Richtlinien selbst beschränken ihren Geltungsbereich auf die europäischen Gebiete der Mitgliedstaaten, so dass etwaige überseeische Länder und Hoheitsgebiete außer Betracht bleiben können. Im Hinblick auf das Vereinigte Königreich ist der Untersuchungsgegenstand auf England, Wales, Schottland und Nordirland begrenzt. Der EGV findet gem. Art. 299 Abs. 6 lit. b EGV keine Anwendung auf die britischen Hoheitszonen auf Zypern[24]. Auch auf die Kanalinseln und die Insel Man finden die Bestimmungen über Umwelt keine Anwendung[25]. In Betracht kommt eine Anwendung der Richtlinien auf Gibraltar. Gibraltar ist zwar nicht Teil des britischen Staatsgebiets, sondern eine britische Kronkolonie[26]. Gleichwohl findet der EGV gem. Art. 299 Abs. 4 EGV auch auf jene Gebiete Anwendung, deren auswärtige Beziehung ein Mitgliedstaat wahrnimmt. Die Untersuchung der Rechtslage in Gibraltar ist gleichwohl ausgespart, weil eine qualifizierte Untersuchung der dortigen Rechtslage den Rahmen der Untersuchung gesprengt hätte[27].
Einbezogen sind jedoch die Meeresgebiete außerhalb des Hoheitsbereichs, über die die Mitgliedstaaten bestimmte Befugnisse ausüben, also Ausschließliche Wirtschaftszonen (AWZ) und die Meeresfläche über dem Festlandsockel.

---

[24]Siehe dazu Hummer, in: Grabitz/ Hilf, Art. 227 EWGV a.F. Rn 50.

[25]BeitrA 1972 Protokoll Nr. 3 ABl.EG L 73/164 f.; Hummer, in: Grabitz/ Hilf, Art. 227 EWGV a. F. Rn 51.

[26]Hummer, in: Grabitz/ Hilf, Art. 227 EWGV a. F. Rn 47.

[27]In Gibraltar wurde die Richtlinie umgesetzt durch die Nature Protection Ordinance (Amendment) Regulations 1995 (nachgew. bei DEFRA, First Report by the United Kingdom under Article 17 on implementation of the Directive from June 1994 to December 2000, S. 7).

II. Fragestellung und Gang der Untersuchung

Die Untersuchung widmet sich vier Fragen:

- Die rechtlichen Regeln in welchem der beiden Mitgliedstaaten sind besser geeignet, den Zielen der FFH- und der Vogelschutz-RL gerecht zu werden?

- Welche Handlungsbedarfe bestehen für die nationalen Gesetzgeber?

- Was sind die Spielräume der nationalen Gesetzgeber und nationalen Gerichte bei der Umsetzung von FFH- und Vogelschutz-RL?

- Welche Handlungsbedarfe bestehen für den Gemeinschaftsgesetzgeber und die Kommission?

Im folgenden Kapitel (§ 2) wird zunächst die Funktionsweise von Richtlinien erläutert. Besonders beleuchtet wird dabei, inwieweit Richtlinien bei fehlender oder mangelhafter Wirkung eine unmittelbare Wirkung entfalten können. Sodann werden FFH- und Vogelschutz-RL in ihrer wesentlichen Funktionsweise vorgestellt. Dabei wird auch ein Überblick über die bislang zu diesen Richtlinien ergangene Rechtsprechung des EuGH gegeben.

In den §§ 3 und 4 werden dann die Rechtslagen in den beiden untersuchten Mitgliedstaaten im Hinblick auf die Umsetzung der Richtlinien detailliert überprüft. Im Hinblick auf jeden untersuchten Punkt wird zunächst die gefundene Regelung untersucht und jeweils im Anschluss aufgezeigt, welche Alternativen im Gesetzgebungsprozess diskutiert wurden (soweit diese Relevanz haben). Für beide Mitgliedstaaten wird jeweils am Schluss der Kapitel die Kritik an der gewählten Umsetzung dargestellt.

Daran schließt der Vergleich der Rechtslagen im Bezug auf die untersuchten Details an (§ 5).

Das letzte Kapitel schließlich (§ 6) formuliert die Schlüsse aus der Untersuchung. Dabei wird zunächst eine generelle Bewertung der Umsetzungen in das jeweilige Recht vorgenommen. Dann wird für jeden Mitgliedstaat getrennt der Handlungsbedarf für die nationalen Gesetzgeber und die nationalen Gerichte formuliert. Dies wird abgeleitet aus der Kritik an der Umsetzung in dem betreffenden Mitgliedstaat und aus jenen Befunden aus dem Vergleich, wo sich die Regelung des anderen Staats als geeigneter erwiesen hat. Dem schließt sich an ein Überblick über die zu Tage getretenen Gestaltungsspielräume der Mitgliedstaaten bei der Umsetzung. Dies wird differenziert nach positiven und negativen Gestaltungsspielräumen.

Insbesondere auf letzteren bauen die Handlungsempfehlungen für den Gemeinschaftsgesetzgeber und die Kommission auf. Dabei werden aber auch solche Teile der untersuchten europäischen Regelungen einbezogen, die zwar keinen Gestaltungsspielraum lassen aber Anlass zu Missverständnissen boten.

§ 2: Das System der Richtlinien in der EU und die FFH-Richtlinie

I. Wirkungsweise von EG-Richtlinien

1. Grundsätzliche Wirkungsweise

Richtlinien der EG sind gem. Art. 249 Abs. 3 EGV hinsichtlich des zu erreichenden Ziels verbindlich, überlassen jedoch den innerstaatlichen Stellen die Wahl der Form und der Mittel der Umsetzung.

Richtlinien bedürfen daher der Umsetzung in innerstaatliches Recht. Dazu ist den Mitgliedstaaten eine Frist in der Richtlinie gesetzt. Solange diese Umsetzung nicht erfolgt ist, entfaltet die Richtlinie im innerstaatlichen Recht grundsätzlich keine Rechtswirkungen. Lediglich die Mitgliedstaaten selbst sind von vornherein durch die Richtlinien verpflichtet.

Die Freiheit des nationalen Gesetzgebers im Hinblick auf die Wahl der Form und der Mittel der Umsetzung ist durch die Rechtsprechung des EuGH eingeschränkt. Der EuGH fordert, dass bei der Auswahl die praktische Wirksamkeit des Umsetzungsaktes gewährleistet sein muss. Er stellt auch bestimmte Anforderungen im Hinblick auf die Rechtsklarheit und Rechtssicherheit auf[28].

Die Kommission kann einen Mitgliedstaat im Wege des Vertragsverletzungsverfahrens gem. Art. 226 EGV verklagen, wenn dieser seiner Verpflichtung zur Umsetzung einer Richtlinie nicht oder im Hinblick auf die inhaltlichen Vorgaben einer Richtlinie oder die rechtliche Qualität des Umsetzungsakts ungenügend nachgekommen ist.

2. Unmittelbare Wirkung und richtlinienkonforme Auslegung

Das beschriebene Verfahren allein führt zu unbefriedigenden Ergebnissen. Das Vertragsverletzungsverfahren ist zeitaufwändig. Es steht außerdem im Ermessen der Kommission, wann sie einen Mitgliedstaat verklagt. Angesichts vielfältiger Unzulänglichkeiten bei der Umsetzung von Richtlinien wäre die Wirksamkeit von Gemeinschaftsrecht grundsätzlich in Frage gestellt.

Im Hinblick auf Richtlinien, die für Bürger des Mitgliedstaats eine günstige Auswirkung haben, hat der EuGH deswegen die Rechtsprechung zur unmittelbaren Wirkung von Richtlinien entwickelt. Ein Bürger kann sich danach auf eine ihn

---

[28] EuGH, U. v. 15.10.1986 – Rs. 168/85 –, Slg. 1986, 2956, 2960 (Kommission/ Italien); Hilf, EuR 1993, 1, 12; Streinz, Rn 391-393 m.w.N.

begünstigende Richtlinie berufen, selbst wenn diese noch nicht in innerstaatliches Recht umgesetzt ist, sofern die Umsetzungsfrist abgelaufen und die Richtlinie hinreichend genau formuliert ist, so dass sich die Rechte des Bürgers unmittelbar ableiten lassen[29]. Die unmittelbare Wirkung im umgekehrten Fall, dass ein Bürger durch eine noch nicht umgesetzte Richtlinie belastet wird, ist nicht zulässig[30]. Nicht zugelassen wird durch den EuGH auch die sog. horizontale Wirkung. Die Heranziehung einer nicht umgesetzten Richtlinie zur Beurteilung von Rechtsverhältnissen zwischen Bürgern ist danach nicht möglich[31].

Unmittelbare Wirkung hat eine Richtlinie allerdings auf den Mitgliedstaat. Soweit die Richtlinienbestimmungen sich an staatliche Stellen richten, findet die Richtlinie auch ohne eine Umsetzung in innerstaatliches Recht Anwendung, sofern die Richtlinienbestimmungen wiederum hinreichend konkret sind[32].

Der bisherige Befund ist nur begrenzt befriedigend. Nicht oder nicht richtig umgesetzte Richtlinien können nur in dem begrenzten Bereich Wirkung entfalten, in dem Bürger durch sie direkt begünstigt werden oder soweit sie sich allein an staatliche Stellen richten. Begünstigende Normen sind im Bereich des Naturschutzrechts selten, die Bindung staatlicher Stellen nur in einem Teil der Fälle ausreichend. Vielmehr ist es hier von Interesse, inwieweit der Staat den Bürger belastende Entscheidungen erlassen kann und dann – in Folge der Bindung des Staates an die Richtlinie – erlassen muss.

Anerkannt ist die Verpflichtung der Mitgliedstaaten, nationales Recht richtlinienkonform auszulegen[33].

Die Umsetzung der untersuchten Richtlinien betrifft in erster Linie das Verwaltungsrecht. Eine richtlinienkonforme Auslegung kommt dabei insbesondere in den

---

[29]EuGH, U. v. 19.1.1982 – Rs. 8/81 –, Slg. 1982, 53-77 (Becker/ Finanzamt Münster); Hilf, EuR 1993, 1, 8; Krämer, in: Somsen, S. 99, 100-112; Schweitzer/ Hummer, Rn 364 f.; Streinz, Rn 394-404.

[30]EuGH, U. v. 8.10.1967 – Rs. 80/86 –, Slg. 1987, 3982, 3985 f. (Kolpinghuis Nijmegen); Streinz, Rn 400.

[31]EuGH, U. v. 26.2.1986 – Rs. 152/84 –, Slg. 1986, 737, 749 (Marshall/ Health Authority); Streinz, Rn 399-401; hier kann dadurch benachteiligten Bürgern allenfalls ein Schadensersatzanspruch gegen den säumigen Mitgliedstaat helfen, vgl. EuGH, U. v. 19.11.1991 – verb. Rs. C-6/90 und C-9/90 –, Slg. 1991, I-5403-5418 (Francovich u.a./ Italien); Hilf, EuR 1993, 1, 11; Jans, S. 193; Streinz, Rn 410-412.

[32]EuGH, U. v. 26.2.1986 – Rs. 152/84 –, Slg. 1986, 737, 749 (Marshall/ Health Authority); Gellermann, Natura 2000, S. 196.

[33]Jans, S. 194; Krämer, in: Somsen, S. 99, 128-133; Streinz, Rn 405 f. m.w.N; Hilf, EuR 1993, 1, 13 für die richtlinienkonforme Auslegung nach Umsetzung in das nationale Recht und wohl jetzt auch für den Zeitraum vor Umsetzung, nachdem mittlerweile die Richtlinien im Amtsblatt veröffentlicht werden (jetzt Art. 254 Abs. 2 EGV), vgl. ders., EuR 1993, 1, 10 f. und 19.

Bereichen in Betracht, in denen die Verwaltung nach deutscher Terminologie Ermessen hat[34]. Im Hinblick auf Beurteilungsspielräume ist dies nur dann der Fall, wenn der auszufüllende Rechtsbegriff dem Gemeinschaftsrecht entstammt oder unabhängig vom konkreten Fall stark gemeinschaftsrechtlich geprägt ist[35].

Die richtlinienkonforme Auslegung findet jedoch dort ihre absolute Grenze, wo der gesamte Ermessens- und Beurteilungsspielraum keine richtlinienkonforme Auslegung ermöglicht oder sogar ein Fall der gebundenen Entscheidung vorliegt[36]. Dann wird ein Bürger Anspruch auf eine ihn begünstigende Verwaltungsentscheidung haben bzw. eine ihn belastende abwehren können, obwohl diese Entscheidung der Richtlinie zuwiderläuft.

Ein Teil der Literatur sieht auch in jenen Fällen eine Möglichkeit, den Bestimmungen der Richtlinie Geltung zu verschaffen. Begründet wird dies insbesondere mit der Großkrotzenburg-Entscheidung[37]. Danach waren staatliche Stellen zur Vornahme einer bestimmten Umweltverträglichkeitsprüfung (UVP) verpflichtet, obwohl das nationale Recht die Verpflichtung zur Vornahme dieser konkreten UVP entgegen den Anforderungen der UVP-RL nicht vorsah. Daraus wird abgeleitet, dass eine unmittelbare Wirkung von Richtlinien immer dann zulässig sein soll, wenn zunächst staatliche Stellen verpflichtet werden und es dann nicht darauf ankommt, ob belastende Wirkungen für den Einzelnen entstehen[38]. Das würde die bisherige Rechtsprechung des EuGH, dass belastende Wirkungen des Einzelnen nicht unmittelbar aus der Richtlinie abgeleitet werden dürfen, weitgehend aushöhlen. Von dort ist es nur noch ein kleiner Schritt, auf dieses Erfordernis gänzlich zu verzichten[39].

Diese Interpretation geht jedoch fehl. Aus der angeführten Rechtsprechung lässt sich nicht schließen, der EuGH habe seinen Grundsatz, belastende Wirkungen für den Bürger nicht zuzulassen, aufgegeben.

Es wird übersehen, dass das Ergebnis der Großkrotzenburg-Entscheidung auch im Wege der richtlinienkonformen Auslegung erreicht werden kann[40]. Auch wenn das nationale Recht nicht die gleichen Anforderungen an eine UVP formuliert, die von der UVP-RL aufgestellt werden, so eröffnet das nationale Recht regelmäßig

---

[34]OVG Schleswig, U. v. 15.2.2001 – 4 L 92/99 –, UPR 2001, 282, 283.

[35]Diese Differenzierung ist allerdings nicht ohne weiteres auf andere Rechtsordnungen zu übertragen; vgl. im Hinblick auf das Gemeinschaftsrecht: Streinz, Rn 525.

[36]Jans, S. 201.

[37]EuGH, U. v. 11.8.1995 – Rs. C-431/92 –, Slg. 1995, I-2211-2227.

[38]Gellermann, Natura 2000, S. 205; im Ergebnis ähnlich Halama, NVwZ 2001, 506, 509.

[39]So Winter, ZUR 2002, 313, 314 f.

[40]So löst den Konflikt in einem die Vogelschutz-RL betreffenden Fall auch das OVG Schleswig, U. v. 15.2.2001 – 4 L 92/99 –, UPR 2001, 282, 283.

erheblichen Spielraum darüber, welche Informationen vor einer Entscheidung erhoben werden müssen. Im Fall Großkrotzenburg bescheinigte der EuGH dem Mitgliedstaat Deutschland zwar, die falsche Rechtsgrundlage für die UVP herangezogen zu haben, beanstandete jedoch nicht die Qualität der erhobenen Daten, weswegen im konkreten Fall ein Verstoß gegen die Richtlinie nicht gegeben war[41].

Es gibt jedoch andere Entscheidungen des EuGH, die stärkere Anhaltspunkte für die These bieten, dass belastende Wirkungen für einen Bürger einer unmittelbaren Wirkung nicht entgegenstehen. So entschied bei vergleichbarer Ausgangslage der EuGH in der Kraaijeveld-Entscheidung[42] und in der Bozen-Entscheidung[43], dass eine Genehmigung für ein Vorhaben nichtig ist, wenn für diese keine UVP durchgeführt wird, obwohl die UVP-RL dies verlangt. Auch in jenen Fällen sah das nationale Recht für die fraglichen Vorhaben keine UVP-Pflicht vor. Begründet wird dies damit, dass sich Bürger, die die Genehmigung für das Vorhaben anfechten wollen, auf die UVP-RL berufen könnten. Schon durch diese Möglichkeit entfaltet die UVP-RL eine unmittelbare Wirkung mit der Folge, dass staatliche Stellen und Gerichte von Amts wegen zu prüfen haben, ob die Anforderungen der UVP-RL eingehalten sind. Dass andere Bürger (hier die Träger des zu prüfenden Vorhabens) durch diese unmittelbare Wirkung belastet werden, wurde vom EuGH nicht angesprochen, ist aber offensichtlich.
Bereits früher hat der EuGH eine unmittelbare Wirkung einer Richtlinie bejaht, obwohl dadurch Bürger indirekt belastet wurden[44].

Eine unmittelbare Wirkung von Richtlinien zu Lasten von Bürgern wird vom EuGH also dann bejaht, wenn diese belastende Wirkung die Folge einer begünstigenden Wirkung einer Richtlinie ist, auf die sich Dritte berufen können. Die ausnahmsweise Belastung von Bürgern aufgrund direkter Wirkung von Richtlinien ist danach ein Reflex der von der Richtlinie angeordneten Begünstigung anderer Bürger[45]. Es ist zuzugeben, dass der EuGH hier dogmatische Friktionen aufwirft. Dennoch lässt sich aus der Rechtsprechung nicht ableiten, dass der Grundsatz aufgegeben wäre, dass eine unmittelbare Wirkung von Richtlinien zu Lasten von Bürgern unzulässig ist. Vielmehr stellen die angeführten Entscheidungen des EuGH eine Ausnahme zu diesem Grundsatz dar. Dadurch soll dem anderen Grundsatz zum Erfolg verholfen werden, dass staatliche Stellen Bürgern keine Rechte vorenthalten dürfen, die ihnen durch Richtlinien eingeräumt sind. Da das

---

[41]EuGH, U. v. 11.8.1995 – Rs. C-431/92 –, Slg. 1995, I-2211, 2225 f. (Rn 43 f.).
[42]EuGH, U. v. 24.10.1996 – Rs. C-72/05 –, Slg. 1996, I-5431-5456.
[43]EuGH, U. v. 16.9.1999 – Rs. C-435/97 –, Slg. 1999, I-5637-5664.
[44]EuGH, U. v. 22.6.1989 – Rs. 103/88 –, Slg. 1989, 1861, 1871 Rn 31 f. (Costanzo/ Stadt Mailand); siehe dazu Hilf, EuR 1993, 1, 10.
[45]Jans, S. 198-200.

Naturschutzrecht nicht in erster Linie andere Bürger begünstigt, kommt diese Wirkung in diesem Bereich selten zum Tragen.

Im Ergebnis lässt sich festhalten, dass die unmittelbare Wirkung von Richtlinien und die richtlinienkonforme Auslegung nationalen Rechts regelmäßig nicht in der Lage sind, Rechtspositionen von Bürgern zu beseitigen, die im nationalen Recht ausdrücklich festgeschrieben sind[46].

Praktisch ist die Auslegung nationalen Rechts in Konformität zur Richtlinie auch insofern der korrekten Umsetzung unterlegen, als dass ungenaue Gesetzesbestimmungen Rechtsunsicherheit schaffen und sogar die Gefahr besteht, dass die zuständigen staatlichen Stellen die Notwendigkeit zur richtlinienkonformen Auslegung nicht erkennen[47]. Im Übrigen entfällt auch für die Fälle der unmittelbaren Wirkung oder in denen eine richtlinienkonforme Auslegung möglich ist, nicht die Verpflichtung des Mitgliedstaats zur korrekten Umsetzung[48].

II. FFH- und Vogelschutz-RL

1. Gesetzgebung des Gemeinschaftsgesetzgebers

FFH- und Vogelschutz-RL bilden zusammen den rechtlichen Rahmen für das europäische Netz Natura 2000. Dieses dient dem Schutz des gemeinsamen europäischen Naturerbes. Dass diese beiden Richtlinien miteinander verknüpft werden, ist im Hinblick auf ihren Gegenstand sinnvoll und notwendig. Interessant dabei ist, dass bei Erlass der ersten der beiden Richtlinien an eine Ergänzung durch eine zweite Richtlinie nicht gedacht wurde und dass auch anlässlich der zweiten Richtlinie eine vollständige Integration der beiden Regelungssysteme nicht erfolgt ist.

a. Die Vogelschutz-RL

Die Vogelschutz-RL[49] ist bereits 1979 erlassen worden. Anlass war insbesondere, dass in einigen südeuropäischen Ländern Jagd auf vom Aussterben bedrohte Vögel gemacht wurde[50]. Hintergrund war aber auch, dass das Artensterben im Hinblick auf Vögel als erstes in das öffentliche Bewusstsein rückte[51].

---

[46] Jans, S. 201.
[47] Hilf, EuR 1993, 1, 3 und 17.
[48] Jans, S. 205 f.
[49] Richtlinie 79/409/EWG vom 2.4.1979 über die Erhaltung der wildlebenden Vogelarten zuletzt geändert: ABl.EG 1997 Nr. L 223, S. 9; siehe zur Geschichte der Vogelschutz-RL: Wils, JEL 1994, 219, 220.
[50] Freiburg, S. 38.
[51] Sharp, in: Lowe/Ward, S. 33, 36; Wils, JEL 1994, 219, 219 f.

Die Vogelschutz-RL betrifft zunächst alle Vogelarten, die im europäischen Gebiet der Mitgliedstaaten vorkommen[52]. Für sie ist eine ausreichende Vielfalt und eine ausreichende Flächengröße der Lebensräume vorzuhalten. Dies soll insbesondere durch die Einrichtung von Vogelschutzgebieten geschehen[53].

Besondere Schutzmaßnahmen sind für bestimmte in Anhang I der Vogelschutz-RL aufgeführte Arten und für Zugvogelarten zu treffen[54]. Alle Informationen über diese Schutzgebiete sind der Kommission zu übermitteln, damit diese die Aktivitäten koordinieren kann[55].

Die wichtigste Regelung im Hinblick auf den Habitatschutz bildet Art. 4 Abs. 4 Vogelschutz-RL. Dieser schreibt den Mitgliedstaaten ein bestimmtes Schutzregime für Gebiete vor, die Lebensraum für Arten des Anhangs I und für Zugvogelarten sind. Verschmutzungen, Beeinträchtigungen und Belästigungen der Vögel sind danach zu vermeiden[56].

Weitere Bestimmungen beziehen sich auf den Handel und das Jagen von Vögeln[57].

b. Die FFH-RL

Die FFH-RL[58] wurde 1992 erlassen. Sie erstreckt sich ihrem Anspruch nach auf alle bedrohte Arten außer auf Vögel. Neben einzelnen Arten und ihren Lebensräumen werden bestimmte Lebensräume auch in ihrer Gesamtheit unabhängig von der Anwesenheit einzelner Arten geschützt.

Zunächst etabliert die FFH-RL das Netz Natura 2000, dass sich aus den Vogelschutz- und den FFH-Gebieten zusammen ergeben soll.

Das Auswahlverfahren für die Gebiete ist verbindlicher als das bei der Vogelschutz-RL. Während bei letzterer die Mitgliedstaaten lediglich zur Meldung der ausgewiesenen Gebiete an die Kommission verpflichtet sind, sieht die FFH-RL einen mehrstufigen Auswahlprozess vor. Zunächst identifizieren die Mitglied-

---

[52]Art. 1 Vogelschutz-RL.
[53]Art. 3 Vogelschutz-RL.
[54]Art. 4 Abs. 1 und 2 Vogelschutz-RL.
[55]Art. 4 Abs. 3 Vogelschutz-RL.
[56]Auf die genauen Grenzen dieses Schutzregimes wird in den späteren Abschnitten eingegangen, soweit es auf diese Grenzen ankommt.
[57]Art. 6-9 Vogelschutz-RL.
[58]Richtlinie 92/43/EWG vom 21.5.1992 zur Erhaltung der natürlichen Lebensräume sowie der wildlebenden Tiere und Pflanzen zuletzt geändert: ABl.EG 1997 Nr. L 305, S. 42; siehe zur Entstehungsgeschichte der FFH-RL: Freiburg, S. 27-29; Sharp, in: Lowe/ Ward, S. 33, 36-40.

staaten die bedrohten Lebensräume des Anhangs I und die Lebensräume der Arten des Anhangs II[59]. Diese Gebiete werden dann der Kommission gemeldet, die dann einen Entwurf mit Gebieten für die ganze Gemeinschaft zusammenstellt. Diese werden Gebiete von gemeinschaftlicher Bedeutung genannt. Dabei sind bestimmte, sog. prioritäre Arten und Lebensräume besonders zu benennen[60]. Diese Liste sollte bis 1998 entstanden sein[61], existiert aber bislang nur für die Makaronesische Region (Kanarische Inseln, Madeira und Azoren). Die Mitgliedstaaten haben dann die Verpflichtung, die Gebiete auf der Liste binnen sechs Jahren als besondere Schutzgebiete auszuweisen[62].

Ist ein Gebiet nicht auf der nationalen Vorschlagsliste, das nach Ansicht der Kommission für den Erhalt eines prioritären Lebensraums oder das Überleben einer prioritären Art unerlässlich ist, so leitet sie ein Konzertierungsverfahren ein[63]. Ein solches Gebiet wird im Dissensfall nur dann Gegenstand der Gemeinschaftsliste, wenn der Rat einstimmig, also wiederum unter Einschluss des Mitgliedstaats, die Aufnahme beschließt.

Art. 6 FFH-RL enthält das Schutzregime für die Gebiete von gemeinschaftlicher Bedeutung. Die Mitgliedstaaten müssen Erhaltungsmaßnahmen für die Gebiete festlegen[64]. Art. 6 Abs. 2 FFH-RL enthält ein Verschlechterungs- und Störungsverbot. Maßnahmen, die sich erheblich auswirken könnten, sind zu vermeiden.

In Art. 6 Abs. 3 und 4 FFH-RL finden sich ausdrückliche Regelungen über Ausnahmen. Pläne und Projekte, die ein Gebiet erheblich beeinträchtigen könnten, sind einer Verträglichkeitsprüfung zu unterziehen. Sie dürfen grundsätzlich nur genehmigt werden, wenn das Gebiet als solches nicht beeinträchtigt wird.

Ausnahmen davon sind aber zulässig, wenn das Projekt oder der Plan überwiegenden öffentlichen Interessen dient und eine Alternativlösung nicht vorhanden ist. Ausdrücklich einbezogen sind dabei öffentliche Interessen wirtschaftlicher oder sozialer Art. Es sind Ausgleichsmaßnahmen zu ergreifen, die die globale Kohärenz von Natura 2000 sicherstellen. Sind prioritäre Arten oder Gebiete betroffen, so sollen grundsätzlich nur öffentliche Interessen im Zusammenhang mit der Gesundheit des Menschen, der öffentlichen Sicherheit und maßgeblich günsti-

---

[59] Art. 4 Abs. 1 FFH-RL.
[60] Art. 4 Abs. 2 FFH-RL.
[61] Sechs Jahre ab Bekanntgabe der Richtlinie, Art. 6 Abs. 3 FFH-RL.
[62] Art. 4 Abs. 4 FFH-RL.
[63] Art. 5 FFH-RL.
[64] Art. 6 Abs. 1 FFH-RL.

gen Auswirkungen auf die Umwelt vorgehen. Bei anderen Fällen sind Ausnahmen nur „nach Stellungnahme der Kommission" möglich[65].

Bis zur Ausweisung der Gebiete sind die Gebiete auf der Gemeinschaftsliste dem gleichen Schutzregime unterworfen[66].

Art. 7 FFH-RL unterwirft die Vogelschutzgebiete dem FFH-Schutzregime. Die Integration erfolgt nur teilweise, weil der Auswahlmechanismus der Vogelschutz-RL in Kraft bleibt. Die Integration ist durch den Gemeinschaftsgesetzgeber auch insofern lückenhaft, als dass die FFH-RL für prioritäre Arten einen besonderen Schutz vorsieht. Die Vogelschutz-RL kennt diese Differenzierung allerdings nicht. So ist nach dem Wortlaut der Richtlinien offen, ob alle Arten des Anhangs I der Vogelschutz-RL diesen besonderen Schutz genießen, ob keine der Arten besonders geschützt ist oder ob die Differenzierung nachträglich bei der Rechtsanwendung vorzunehmen ist.

Weitere Bestimmungen der FFH-RL betreffen den klassischen Artenschutz[67].

2. Rechtsprechung des EuGH zur FFH- und zur Vogelschutz-RL

Die bislang ergangene Rechtsprechung des EuGH zum Habitatschutz bezieht sich im Hinblick auf materielle Aussagen ganz überwiegend auf die Vogelschutz-RL. Diese Rechtsprechung wirkt sich jedoch auch auf die Auslegung der FFH-RL aus. Zur FFH-RL selbst gibt es einige Urteile im Hinblick auf das Verfahren der Umsetzung in einigen Mitgliedstaaten.

a. Entscheidungen zur Vogelschutz-RL ohne direkte Auswirkung auf die FFH-RL

Zur Vogelschutz-RL ergingen eine Reihe von Entscheidungen, die nicht die Ausweisung von Schutzgebieten betrafen, sondern sich mit den Jagd-, Fang-, Sammel- und Haltungsverboten im Hinblick auf bestimmte Arten befassten[68].

---

[65] Auf die genaue Bedeutung der verschiedenen Anforderungen wird, soweit es darauf ankommt, an den entsprechenden Stellen der Untersuchung eingegangen.
[66] Art. 4. Abs. 5 FFH-RL.
[67] Im Sinne von Verboten des Handels, des Jagens, des Sammelns, der Haltung und der Störung von Arten; Art. 12-16 FFH-RL.
[68] EuGH, U. v. 17.9.1987, Rs. C-412/85, NuR 1988, 53 f. (Kommission/ Deutschland); U. v. 23.3.1993, Rs. C-345/92, BayVbl. 1993, 525 (Kommission/ Deutschland); U. v. 7.12.2000, Rs. C-38/99, NuR 2001, 207-210 (Kommission/ Frankreich); U. v. 17.5.2001, Rs. C-159/99, DVBl. 2001, 1269-1272 (Kommission/ Italien).

b. Entscheidungen zur Vogelschutz-RL mit direkter Auswirkung auf die FFH-RL

Die Santoña-Entscheidung des EuGH[69] machte deutlich, dass Art. 4 Vogelschutz-RL in Vogelschutzgebieten nur in ganz eng begrenzten Ausnahmen beeinträchtigende Vorhaben zulässt. In den Entscheidungen zur Lappelbank[70] und zur Leybucht[71]wurde diese Rechtsprechung dahingehend konkretisiert, dass wirtschaftliche Überlegungen keinen Grund für eine Ausnahme darstellen können. Diese Rechtsprechung wirkte sich auch stark auf die Auslegung der Ausnahmevorschriften in Art. 6 Abs. 4 FFH-RL aus. Wichtiger noch ist in jenem Urteil die Feststellung, dass die Mitgliedstaaten bereits vor der Ausweisung eines Vogelschutzgebietes dieses Gebiet zu schützen haben. Damit wurde der Grundstein für faktische Vogelschutzgebiete gelegt, von denen sich wiederum die Diskussion um potentielle FFH-Gebiete ableitete. Eine Grundlage für die Entscheidung, welche Gebiete als faktische Vogelschutzgebiete anzusehen sind, lieferte der EuGH in einer Entscheidung gegen die Niederlande[72]. Er akzeptierte in jenem Urteil, dass die Kommission als Grundlage für ihre Klage, die Niederlande hätten nicht ausreichend Gebiete als Vogelschutzgebiete ausgewiesen, die sog. IBA-Liste heranzog[73]. Bei jener Liste handelt es sich um eine von Wissenschaftlern nach den Kriterien der Vogelschutz-RL zusammengestellten Liste. Im Ergebnis ist dadurch auch das Ermessen der Mitgliedstaaten bei der Auswahl der Schutzgebiete stark eingeschränkt. Zentrale Aussagen für das Zusammenwirken von FFH- und Vogelschutz-RL macht der EuGH in der Entscheidung Basses Corbières[74]. Darin stellt der EuGH fest, dass das – strengere – Schutzregime der Vogelschutz-RL auf faktische Vogelschutzgebiete bis zur Ausweisung als Vogelschutzgebiet Anwendung findet. Erst dann greift Art. 7 FFH-RL ein, indem das Regime von Art. 6 Abs. 2-4 FFH-RL angeordnet wird. In der Entscheidung zu den Poitou-Sümpfen[75] stellte der EuGH klar, dass auch eine entgegenstehende Landwirtschaftspolitik der EU keine Entschuldigung dafür ist, die Vorgaben der Vogelschutz-RL nicht einzuhalten.

[69]EuGH, U. v. 2.8.1993, Rs. C.-355/90, ZUR 1994, 305-307 (Kommission/ Spanien).
[70]EuGH, U. v. 11.7.1996, Rs. C-44/95, www.curia.eu.int (R v Secretary of State for the Environment ex p. Royal Society for the Protection of Birds (Vorlage des House of Lords)); dazu Harte, JEL 1997, 139-180; Reid, SPEL 57: 95.
[71]EuGH, U. v. 1991, Rs. C-57/89, Slg. I 1991, S. 924-933.
[72]EuGH, U. v. 19.5.1998 – Rs. C-3/96 –, www.curia.eu.int (Kommission/ Niederlande); s. dazu OVG Schleswig, U. v. 15.2.2001 – 4 L 92/99 –, ZUR 2001, 282, 283 f.; EuGH, U .v. 26.11.2002 – Rs. C-202/01 –, www.curia.eu.int (Kommission/ Frankreich).
[73]Important Bird Areas in Europe, nachgew. bei Gellermann, Natura 2000, S. 29, Fn. 47.
[74]EuGH, U. v. 7.12.2000, Rs. C-374/98, www.curia.eu.int (Kommission/ Frankreich).
[75]EuGH, U. v. 25.11.1999, Rs. C-96/98, NuR 2000, 206, 208 (Kommission/ Frankreich).

c. Entscheidungen zur FFH-RL

Zur FFH-RL selbst ergingen im wesentlichen Entscheidungen, die auf Klagen der Kommission beruhen, Mitgliedstaaten hätten ihre Pflicht zur Meldung von Gebieten und Übermittlung ausreichender Daten gem. Art. 4 Abs.1 FFH-RL nicht erfüllt[76]. Betroffen war davon auch Deutschland[77]. Der Gerichtshof traf hierbei auch grundsätzliche Feststellungen über den Ermessensspielraum der Mitgliedstaaten bei der Auswahl der Gebiete. In der Entscheidung zur Severn-Mündung[78] stellte der EuGH klar, dass wirtschaftliche Gesichtspunkte bei der Auswahl von FFH-Gebieten nicht berücksichtigt werden dürfen. Vom EuGH noch nicht entschieden ist die Frage, ob es potentielle FFH-Gebiete gibt[79]. Hier können bislang nur die Überlegungen zu faktischen Vogelschutzgebieten entsprechend herangezogen werden.

[76]EuGH, U. v. 11.9.2001, Rs. C-220/99, www.curia.eu.int (Kommission/ Frankreich); U. v. 11.9.2001, Rs. C-67/99, www.curia.eu.int (Kommission/ Irland).
[77]EuGH, U. v. 11.9.2001, Rs. C-71/99, www.curia.eu.int (Kommission/ Deutschland).
[78]EuGH, U. v. 7.11.2000 – Rs. C-371/98 –, NuR 2001, 206 f. = NVwZ 2001, 1147 f. (Q v Secretary of State for the Environment, Transport and Regions ex p. First Corporate Shipping (Vorlage des High Court of Justice)).
[79]Siehe dazu Jans, S. 181 f.

§ 3: Die Rechtslage in Deutschland

I. Verteilung der Gesetzgebungs- und Verwaltungskompetenzen

1. Gesetzgebungskompetenzen

Weite Teile des Umweltrechts liegen im Bereich der konkurrierenden Gesetzgebung (Art. 72 i.V.m. Art. 74 GG), faktisch liegt deswegen das Schwergewicht der Gesetzgebung beim Bund[80]. Eine Ausnahme ist hier jedoch das Naturschutzrecht, in dessen Rahmen der Gebietsschutz der FFH-Richtlinie im Wesentlichen umzusetzen war. Es fällt in den Bereich der Rahmengesetzgebung des Bundes (Art. 75 Abs. 1 Nr. 3 GG)[81]. Für die Ausfüllung des Rahmens haben die Länder die Gesetzgebungskompetenz. Allein schon aufgrund dieser Konstellation war es erforderlich, dass verschiedene Ebenen ihren Beitrag leisten, um eine vollständige Umsetzung der FFH-Richtlinie zu ermöglichen. Bleibt ein Land untätig, so bleibt der Rahmen unausgefüllt[82]. Dies hat weitreichende Konsequenzen für die Umsetzung von Richtlinien, die dem Naturschutz dienen, weil vielfach der Bund in seinem Rahmengesetz zwar relativ enge Vorgaben macht, diese Vorgaben aber dennoch nicht direkt angewandt und somit auch nicht einem beeinträchtigenden Vorhaben entgegengehalten werden können. Hinzu kommt, dass innerhalb des Verbands Bund die Länder erhebliches Gewicht haben, weil die Gesetzesvorhaben zur Umsetzung der FFH-RL gem. Art. 84 Abs. 1 GG der Zustimmung des Bundesrats bedurften, da sie Regelungen über das Verwaltungsverfahren enthielten.

Von den Anforderungen der FFH-RL ist teilweise auch das Baurecht betroffen. Das Bauplanungsrecht ist Gegenstand der konkurrierenden Gesetzgebung[83], die Raumordnung fällt unter die Rahmengesetzgebung[84].

2. Verwaltungskompetenzen

Die für die Umsetzung des Gebietsschutzes der FFH-Richtlinie erheblichen Verwaltungskompetenzen liegen fast vollständig bei den Ländern. Soweit es um den Vollzug von Bundesrecht geht, wird dies von den Ländern als eigene Angelegenheit vollzogen (Art. 84 GG). Hinzu kommt in den Flächenstaaten die Aufteilung

---

[80]Ein Überblick über die Gesetzgebungs- und Verwaltungskompetenzen findet sich bei Kloepfer, Umweltrecht, § 3 Rn 83-104; s. auch Hoppe/ Beckmann/ Kauch, § 4 Rn 101-116.
[81]S. dazu Freiburg, S. 63-71.
[82]§§ 11, 69 Abs. 1 BNatSchG n. F. regeln, welche Bestimmungen des BNatSchG ausnahmsweise unmittelbar gelten, darüber hinaus sind landesrechtliche Regelungen notwendig, um die Vorgaben des BNatSchG durchzusetzen.
[83]Art. 74 Abs. 1 Nr. 18 GG.
[84]Art. 75 Abs. 1 Nr. 4 GG

zwischen dem Vollzug durch die Länder und dem durch die Gemeinden[85]. Insbesondere im Baurecht bestehen vielfältige Kompetenzen selbst kreisangehöriger Gemeinden (s. z.B. § 36 BauGB)[86]. Diese können zwar nicht den Schutz von schützenswerten Gebieten verhindern, sie können jedoch durch Verweigerung der Erteilung des Einvernehmens zu bestimmten Bauvorhaben eine naturschonende Gesamtplanung erschweren.

Die Ausfüllung von Beurteilungsspielräumen und Ermessen liegt danach bei Landes-, Kreis- oder Gemeindeverwaltungen. Gemeinsam ist ihnen, dass jede Verwaltungsentscheidung durch die Behördenleitung (Minister, Landrat, Bürgermeister) getroffen werden kann, gleichzeitig aber auch, dass der Bund grundsätzlich keinen Einfluss auf einzelne Behördenentscheidungen hat.

3. Innerstaatliche Folgen einer unzureichenden Umsetzung der FFH-RL

Trotz der Verteilung der Gesetzgebungs- und Verwaltungskompetenzen auf verschiedene staatliche Ebenen in Deutschland richtet sich die europarechtliche Verpflichtung zur Umsetzung der Richtlinien an Deutschland als Gesamtstaat. Die Bundesländer kommen ihrer Verpflichtung sehr unterschiedlich nach[87]. Nach Art. 228 Abs. 2 EGV droht den Mitgliedstaaten ein Bußgeld, wenn sie nach erfolgter Verurteilung durch den EuGH wegen Nichtumsetzung einer Richtlinie ihren Verpflichtungen immer noch nicht nachkommen. Für Deutschland stellt dies die Frage, ob der Bund die Kosten eines Bußgelds auf ein Land abwälzen kann, wenn die Umsetzung der Verpflichtungen im alleinigen Zuständigkeitsbereich eines Bundeslandes zu erfolgen hätte. Für einen solchen Regress bräuchte es eine Rechtsgrundlage. Eine solche wird teilweise in Art. 104 a GG gesehen[88]. Dies ist jedoch abzulehnen, Art. 104 a GG kann für einen Regress weder direkt noch analog herangezogen werden. Erforderlich wäre vielmehr die Schaffung einer Rechtsgrundlage durch Gesetz[89].

4. Gesamtschau der Gesetzgebungs- und Verwaltungskompetenzen

Die Aufteilung der für den Gebietsschutz der FFH-Richtlinie erheblichen Gesetzgebungs- und Verwaltungskompetenzen macht deutlich, dass eine Vielzahl von

---

[85]Hoppe/ Beckmann/ Kauch, § 4 Rn 115 f. m.w.N.
[86]S. zur Rolle der Gemeinden in der Bauleitplanung und ihre Umweltrelevanz Bender/ Sparwasser/ Engel, S. 82-85.
[87]Bundesamt für Naturschutz, Stand der Gebietsmeldungen zur FFH-Richtlinie in Deutschland, Stand 15.3.2002, www.bfn.de. Insbesondere Bayern, Hessen und Sachsen erfüllen ihre Verpflichtungen nur ungenügend. Siehe auch „Bayern bringt Deutschland in Verruf" (Interview mit Bundesumweltminister Trittin), SZ 8.3.2001.
[88]Hölscheidt, BayVbl. 1997, 459, 463.
[89]Böhm, JZ 2000, 382-387.

Akteuren zusammenwirken muss, damit eine Umsetzung im Sinne der Ziele erfolgen kann[90]. Die Qualität der praktischen Umsetzung hängt wesentlich vom Mitwirken der Politik auf den Ebenen unterhalb des Bundes ab.

II. Geschichte der umwelt- und naturschutzrechtlichen Regulierung

1. Allgemeines Umweltrecht

Die Industrialisierung und die typischen Umweltbelastungen der Frühindustrialisierung setzten in Deutschland gegen 1850 und damit einige Jahre später als in England ein. Die auftretenden Belastungen waren dann jeweils sehr ähnlich[91].
In der Phase der Frühindustrialisierung (in Deutschland bis ca. 1870) fand eine Einschränkung von Umweltbelastungen durch Recht und Gesetz lediglich im Bereich des Immissionsschutzes statt. Nach und nach wurden bestimmte störende oder gesundheitsgefährdende Anlagen unter Genehmigungsvorbehalt gestellt, ihre Genehmigung konnte versagt werden[92]. Eine Absicherung durch feste Verfahren erfuhren die Rechte Dritter in Preußen erstmals durch die PrGewO[93]. Der materielle Gehalt des Drittschutzes wurde allerdings durch die RGewO von 1871 erheblich reduziert; Dritte hatten nur einen Anspruch auf Schutzvorrichtungen und Schadensersatz[94]. Im Bereich der Wasserversorgung, Abfall-, Abwasser- und Fäkalienbeseitigung gab es in der Zeit der Frühindustrialisierung keine Regelungen, die über den Bereich einzelner Kommunen hinausgingen; es gab allenfalls äußerst schwache zivilrechtliche Mittel z.B. für Unterlieger an Flüssen[95].
In der Phase der Hochindustrialisierung war kennzeichnend eine rasante technische Entwicklung, die mit erheblichen neuen Umweltbelastungen verbunden waren. Die Entwicklung wissenschaftlicher Erkenntnisse über die Wirkungszusammenhänge hinkte dieser Entwicklung zunächst hinterher[96]. Später mangelte es an effektivem staatlichem Handeln zur Eindämmung der Umweltprobleme. Das Immissionsschutzrecht basierte weiterhin auf der RGewO. Für Anlieger von Industriebetrieben wurde es durch Einführung des BGB sogar noch schwerer, Schadenersatz zu erlangen[97]. Für den Gewässerschutz wurden zwar gesetzliche Regelun-

[90]Vgl. zum Versuch, die Gesetzgebungskompetenzen zu bündeln in den 70er Jahren, Kloepfer, Umweltrecht, § 11 Rn 1; Soell, in: Salzwedel (Hrsg.), S. 481, 491 f. m.w.N.
[91]Kloepfer, Zur Geschichte des deutschen Umweltrechts, S. 32 f.
[92]Insbesondere zur Situation in Preußen, das Vorreiter war: Kloepfer, Zur Geschichte des deutschen Umweltrechts, S. 42 f.
[93]Allgemeine Gewerbeordnung für Preußen von 1845; s. dazu Kloepfer, Zur Geschichte des deutschen Umweltrechts, S. 42 f.
[94]Kloepfer, Umweltrecht, § 2 Rn 31; ders., Zur Geschichte des deutschen Umweltrechts, S. 45 f.
[95]Kloepfer, Zur Geschichte des deutschen Umweltrechts, S. 46-48.
[96]Kloepfer, Zur Geschichte des deutschen Umweltrechts, S. 49.
[97]Kloepfer, Zur Geschichte des deutschen Umweltrechts, S. 57 f.

gen eingeführt, diese erwiesen sich aber als zu zersplittert und vorhandene Ermessensspielräume wurden unzureichend genutzt[98].

In Deutschland gab es weder umfassende noch punktuell harte Umweltgesetzgebung. Das Problem des Smog wurde z. B. erkannt, aber nicht wirksam adressiert. Insoweit gab es eine Beschränkung auf das Zivilrecht, die Rechtsprechung gewährte den Emittenten allerdings auch hier im Namen des Fortschritts weitgehende Freiheiten[99].

Nach dem zweiten Weltkrieg stagnierte das Umweltrecht weitgehend[100]. Wichtig ist allerdings die Novellierung der umweltrechtlichen Urnorm § 906 BGB. Diese Regelung wandelte sich von einer weitgehenden Freistellung des Emittenten zu einem wirksamen Schutz des Nachbarn[101]. Umfassendere Umweltgesetzgebung erfolgte erst in der ersten Hälfte der 70er[102]. Dies basierte jedoch nicht auf politischem Druck von unten. Vielmehr wurde erst durch die Regierung ein breiteres Umweltbewusstsein geschaffen (politisch-rechtliche Steuerung durch die Bundesregierung; „Lenkung von oben")[103]. Die Umweltgesetzgebung bemühte sich zwar, alle relevanten Umweltprobleme zu adressieren, ist jedoch in sich sehr fragmentiert[104].

Die DDR wies beginnend mit einer Entwicklung ab dem Jahre 1970[105] insgesamt eine hohe Regelungsdichte im Umweltrecht auf. Mit dem Landeskulturgesetz (LKG)[106] erfolgte eine umfassende Kodifizierung des Umweltrechts, die durch eine Vielzahl weiterer Normen ergänzt wurde. Das umweltrechtliche Instrumentarium der DDR wies nicht nur Instrumente der direkten, sondern auch der indirekten Verhaltenssteuerung (in Form der sog. ökonomischen Instrumente wie z.B. eines Wassernutzungsentgelts) auf[107]. Trotz dieses recht fortschrittlichen Bestands im Umweltrecht ist die ökologische Bilanz der DDR nicht überzeugend gewe-

---

98 Kloepfer, Zur Geschichte des deutschen Umweltrechts, S. 58-68.
99 Kloepfer, Umweltrecht, § 2 Rn 31.
100 Kloepfer, Zur Geschichte des deutschen Umweltrechts, S. 81-90.
101 Kloepfer, Zur Geschichte des deutschen Umweltrechts, S. 83 und 86.
102 Siehe zu den einzelnen Bereichen der Gesetzgebung: Kloepfer, Zur Geschichte des deutschen Umweltrechts, S. 109-138.
103 Kloepfer, Umweltrecht, § 2 Rn 74.
104 Bothe/ Gündling, Neuere Tendenzen des Umweltrechts im internationalen Vergleich, S. 5; was jedoch für die meisten Industriestaaten der Fall ist, a.a.O. S. 93; Rehbinder, in: Salzwedel (1. Aufl.), S. 100 (III. B.) bezeichnet die Umweltgesetzgebung als segmentiert im Sinne von auf einzelne Umweltmedien bezogen.
105 Zur Entwicklung vor 1970 siehe: Kloepfer, Zur Geschichte des deutschen Umweltrechts, S. 90-95.
106 Gesetz über die planmäßige Gestaltung der sozialistischen Landeskultur in der Deutschen Demokratischen Republik – Landeskulturgesetz – vom 14.5.1970.
107 Kloepfer, Zur Geschichte des deutschen Umweltrechts, S. 142.

sen[108]. Auch aus diesem Grunde schlug sich die Umweltrechtstradition der DDR nicht im vereinigten Deutschland wieder[109].

Insgesamt dominieren in Deutschland klassischerweise ordnungsrechtliche Steuerungsansätze, die allmählich hin zu indirekten Instrumenten geöffnet werden[110]. Der Vertragsnaturschutz, also Vereinbarungen mit Grundeigentümern, ökologisch empfindliche Gebiete nur in einer bestimmten Weise zu nutzen und bestimmte störende Handlungen zu unterlassen, befindet sich allerdings bereits teilweise wieder auf dem Rückzug[111]. In der juristischen Diskussion in Deutschland spielt die Frage, wie in Deutschland reguliert wird, insgesamt keine große Rolle[112]. Diskutiert wird in der juristischen Debatte die Frage des Ermessens[113]. Das Ermessen der Verwaltung unterliegt sehr umfassender gerichtlicher Kontrolle. In dem Zusammenhang wird – eher am Rande – die Frage gestellt, ob die hohe Regelungsdichte in Deutschland sinnvoll ist[114]. Für die Frage der Art der Regulierung ist es erforderlich, auf die politikwissenschaftliche und soziologische Diskussion zurückzugreifen. Regulierung zum Immissionsschutz wird in aller erster Linie geprägt von Expertengremien, die sich von der Öffentlichkeit abschotten[115]. Die Formulierung und Durchsetzung umweltrechtlicher Normen obliegt der Ministerialbürokratie; Gerichte, politische Öffentlichkeit, Parteien und Parlamente sind von diesen Prozessen weitgehend ausgeschlossen. Erscheint das umweltrechtliche Normenwerk in Deutschland sehr stark als dirigistisches Gebilde, das von oben herab verordnet, so zeigt sich ein anderes Bild, wenn man den Entstehungsprozess dieser Normen einbezieht. Die Ministerialbürokratie hat ihren Gegenpart in technischen Experten bei Industrieverbänden und -unternehmen. In Zusammenarbeit mit diesen werden jeweils neue Grenzwerte und technische Normen entwickelt; jeweils orientiert am technischen Fortschritt. Der Öffentlichkeit wird dieser Prozess als nicht politisch, sondern als rein fachlich dargestellt. Unter dem Blickwinkel wird aus einer dirigistischen Steuerung des Staates (was ja alle drei Gewalten einschließen würde) gegenüber Bürgern und beteiligten Unternehmen eine Mitsteuerung der Unternehmen zu Lasten des demokratischen Prozesses[116]. Die Normgebung ist nur eingeschränkt kooperativ, Deutschland hängt eher hinterher,

---

[108]Kloepfer, Zur Geschichte des deutschen Umweltrechts, S. 142.
[109]Kloepfer, Zur Geschichte des deutschen Umweltrechts, S. 144.
[110]Kloepfer, Umweltrecht, § 9 Rn 135; ders., Das Umweltrecht des Auslandes, S. 317; ders., Zur Geschichte des deutschen Umweltrechts, S. 147 f.; ders., Zur Rechtsumbildung durch Umweltschutz, S. 37-39; Hoppe/ Beckmann/ Kauch, § 6 Rn 2.
[111]Siehe dazu § 3 VII 2.
[112]Ansätze finden sich etwa bei Kloepfer, Zur Rechtsumbildung durch Umweltschutz, S. 25-31.
[113]Siehe z.B. Schwarze, S. 254-263.
[114]Kritik bei Schwarze, S. 260.
[115]Zur Luftreinhaltepolitik: Stark/ Peters, in: Münch/ Lahusen, S. 185-187.
[116]Kritisch auch Kloepfer, Zur Rechtsumbildung durch Umweltschutz, S. 28 f.

wenn es um umfassende und verbindlich mit einer Vielzahl von Akteuren vereinbarte Strategien geht[117].

2. Naturschutzrecht

Naturschutz beschränkte sich im 19. Jahrhundert im Wesentlichen auf den Schutz einzelner Natur- bzw. Kulturdenkmäler, die staatlich unter Schutz gestellt wurden[118]. Einen Naturschutz etwa auf privater Basis gab es in Deutschland nur sehr vereinzelt. So gab es eine private Initiative zum Schutz des Gebiets rund um den Wilseder Berg (Lüneburger Heide)[119]. Getrieben waren diese Aktivitäten in erster Linie von ästhetischen Gesichtspunkten und romantischen Motiven. Daneben waren aber auch Ideen des politischen Konservativismus und das wissenschaftliche Interesse von Biologen zu Beginn des 20. Jahrhunderts prägend[120]. Bereits zu jenem Zeitpunkt gab es, die Nationalparke der USA waren da Vorbild, die Idee, Staatsparke einzurichten, große Gebiete, die dem Naturschutz dienten. Diese Idee konnte sich jedoch nicht durchsetzen.
Mit der Verknüpfung des Naturschutzes mit sozialpolitischen Überlegungen (Erhaltung der Natur zur Erholung der städtischen Bevölkerung) erfolgte erstmals in der Zeit der Weimarer Republik Gesetzgebung für die staatliche Ausweisung von zu schützenden Flächen auf landesgesetzlicher Ebene. In der Zeit gab es auch erstmals in einzelnen Regionen eine Raumplanung, die die Belange des Naturschutzes einbezog[121]. Die Grundlagen für das heutige Naturschutzrecht wurden schließlich in der Nazi-Zeit durch das Reichsnaturschutzgesetz von 1935 gelegt[122]. Die Konzeption für dieses Gesetz wurde bereits in der Weimarer Republik gelegt[123]. Die Motivation verlagerte sich in der Nazi-Zeit hin zu ideologischen Motiven, die die deutsche Natur eng mit dem deutschen Volk verknüpfte. Trotz erheblicher gesetzlicher Eingriffsmöglichkeiten erhöhte sich das Schutzniveau nicht erheblich[124]. Es legte aber erstmals eine systematische Grundlage für Naturschutzarbeit[125].
Ungeachtet des völkischen Begründungszusammenhangs galt dieses Gesetz noch geraume Zeit in der Bundesrepublik als Landesrecht in weitgehend unveränderter

---

[117] Jänicke/ Jörgens/ Kohl, in: Jänicke/ Jörgens, S. 221, 222 f.
[118] Kloepfer, Umweltrecht, § 2 Rn 47; ders. Zur Geschichte des deutschen Umweltrechts, S. 70-74; Ott/ Potthast/ Gorke/ Nevers, in: Heyen, S. 1 f.
[119] Kloepfer, Umweltrecht, § 2 Rn 50.
[120] Ott/ Potthast/ Gorke/ Nevers, in: Heyen, S. 1-55.
[121] Kloepfer, Zur Geschichte des deutschen Umweltrechts, S. 74-76.
[122] Kloepfer, Umweltrecht, § 2 Rn 52-55; Bender/ Sparwasser/ Engel, S. 167.
[123] Ott/ Potthast/ Gorke/ Nevers, in: Heyen, S. 1, 54.
[124] Kloepfer, Zur Geschichte des deutschen Umweltrechts, S. 78.
[125] Bender/ Sparwasser/ Engel, S. 167.

Form fort[126]. Eine Neudefinition der Ziele, die mit dem Naturschutz verfolgt werden sollen, fand nicht statt[127].

Auch in die naturschutzrechtliche Diskussion kam mit dem Regierungswechsel 1969 und der Politisierung des Umweltschutzthemas Bewegung[128]. Die Länder erließen in der Folge eigene Naturschutzgesetze, die das RNatSchG ablösten[129]. Es dauerte allerdings bis zum Jahre 1976, bis das BNatSchG in Kraft trat. In dem recht umfassenden umweltpolitischen Gesetzgebungsprogramm der sozialliberalen Koalition war das Naturschutzrecht ein Nachzügler, weil zunächst zwischen Bund und Ländern Streitigkeiten über die Gesetzgebungskompetenz entstanden. Der Bund wollte für den Naturschutz eine Vollregelung und versuchte, dafür die erforderlichen Gesetzgebungskompetenzen zu erlangen, hatte er ja bislang nur die Kompetenz zur Rahmengesetzgebung. Dies wiesen die Länder zurück. Sie beharrten auf ihrem Anteil an der Gesetzgebung mit dem Hinweis, dass dies eine an die verschiedenen Landschaften angepasste Gesetzgebung erlaube[130].

Das BNatSchG wurde dann als Rahmengesetz erlassen und hatte eine moderne Konzeption[131]: Naturschutz und Landschaftspflege wurden als umfassende und gestalterische Aufgabe verstanden, sowohl in sachlicher wie in räumlicher Hinsicht, das BNatSchG umfasste sowohl funktionellen wie optischen Landschaftsschutz. Leitbild ist ein nicht nur konservierender, sondern auch ein regenerativer und kreativer Naturschutz. Damit machte sich das BNatSchG bereits Element des Nachhaltigkeitsgebots zu eigen. Dieser umfassende Anspruch drückte sich auch in dem weiteren Inhalt des Gesetzes aus. Es eröffnete nicht nur die Möglichkeit, bestimmte Gebiete unter Schutz zu stellen, sondern sah eine umfassende Landschaftsplanung vor und war mit anderen Planungsgesetzen verzahnt.
Allerdings verstand das BNatSchG Naturschutz primär anthropozentrisch[132]. Erst durch die 2002 in Kraft getretene Novelle sind Schutz der Natur um ihrer selbst willen und als Lebensgrundlage für den Menschen gleichwertige Ziele[133]. Ob ein weit gefasster anthropozentrischer Ansatz praktische Differenzen zu einem (auch) ökozentrischen Ansatz hat, lässt sich kaum beantworten, in Abwägungssituationen mag das eine Rolle spielen.
Generell standen und stehen die Belange des Naturschutzes gem. § 1 Abs. 2 BNatSchG a. F. (jetzt in § 2 Abs. 1 BNatSchG n. F.) unter dem Vorbehalt der

---

[126]Kloepfer, Zur Geschichte des deutschen Umweltrechts, S. 77 f. vertritt die Auffassung, dass das RNatSchG inhaltlich nicht von primär nationalsozialistischem Gedankengut geprägt sei.
[127]Soell, in: Salzwedel, 1. Aufl., S. 491.
[128]Siehe zu einzelnen Beiträgen einer Reformdiskussion: Lorz, BNatSchG, Vorbem. 2 c).
[129]Kloepfer, Zur Geschichte des deutschen Umweltrechts, S. 125.
[130]Soell, in: Salzwedel, 1. Aufl., S. 491.
[131]Kloepfer, Umweltrecht, § 11 Rn 9-13; Soell, in: Salzwedel, 1. Aufl., S. 490.
[132]Soell, in: Salzwedel, 1. Aufl., S. 488 u. S. 494 f.
[133]§ 1 BNatSchG n.F.; dazu Gellermann, NVwZ 2002, 1025, 1026.

Abwägung mit Belangen der Allgemeinheit[134]. Unterliegt ein Belang des Naturschutzes in der Abwägung, so greifen die Regeln über Ausgleichsmaßnahmen[135]. Dadurch soll der Schaden für die Natur im räumlichen Zusammenhang zum Eingriff ausgeglichen werden. Ist dies nicht möglich, so muss der Verursacher des Eingriffs lediglich Ersatzmaßnahmen vornehmen oder gar nur finanzielle Ausgleichsleistungen erbringen[136]. Insoweit war von der Ausgangskonzeption her ein absoluter Schutz selbst besonders seltener Arten oder besonders wertvoller Gebiete nicht garantiert.
Einer Abwägung im Einzelfall weitgehend entzogen waren die Maßnahmen der Land- und Forstwirtschaft. Diese genossen bis zum dritten Gesetz zur Änderung des BNatSchG — das erst nach der Umsetzung der FFH-Richtlinie erging — das sogenannte Agrarprivileg des § 1 Abs. 3 BNatSchG[137]. Danach diente ordnungsgemäße Landwirtschaft in der Regel den Zielen des BNatSchG. Erst durch die 2002 in Kraft getretene Novelle unterliegen Land-, Forst- und Fischereiwirtschaft Kriterien der Naturverträglichkeit (§ 5 BNatSchG n. F.).

Das Reichsnaturschutzgesetz, das auch in der DDR zunächst ebenfalls fortgalt, wurde dort bereits im Jahre 1954 durch das Naturschutzgesetz (NSchG)[138] abgelöst. Zugrunde liegende Motivation für Naturschutz waren gesellschaftliche, wirtschaftliche und vor allem sozialpolitische und kulturelle Aspekte[139]. Einen hohen Stellenwert hatte die Kooperation zwischen Naturschutzverwaltung und wissenschaftlichen Forschungsinstitutionen. Das 1970 erlassene LKG fasste auch die im NSchG geregelte Materie zusammen. Der Naturschutz wurde fortan geregelt durch die Rahmenregelungen des LKG und durch spezielle Verordnungen[140].

III. Stand des Naturschutzrechts vor Umsetzung der FFH-RL

1. Die Schutzgebietskategorien des BNatSchG

Interessant für die Betrachtung, auf welchen rechtlichen Bestand die Umsetzung des Gebietsschutzsystems der FFH-Richtlinie traf, sind vor allem die Bestimmungen des vierten Abschnitts des BNatSchG über den besonderen Flächen- und Objektschutz. Ursprünglich umfasste das Gesetz die Flächenschutz-Kategorien Naturschutzgebiete (NSG), Nationalparke, Landschaftsschutzgebiete (LSG) und

[134] S. dazu Gellermann, NVwZ 2002, 1025, 1026.
[135] Legaldefinition des Ausgleichs in § 19 Abs. 2 S. 2 BNatSchG n. F. (früher § 8 Abs. 2 S. 4 BNatSchG).
[136] Vgl. im Einzelnen bei Kloepfer, Umweltrecht, § 11 Rn 40-52.
[137] Bender/ Sparwasser/ Engel Kap. 5 Rn 83; Soell, in: Salzwedel, 1. Aufl., S. 503-505.
[138] Gesetz zur Erhaltung und Pflege der heimatlichen Natur – Naturschutzgesetz vom 4.8.1954.
[139] Kloepfer, Zur Geschichte des deutschen Umweltrechts, S. 93.
[140] Siehe für Nachweise im Einzelnen: Kloepfer, Zur Geschichte des deutschen Umweltrechts, S. 140, FN 725.

Naturparke sowie die Objektschutz-Kategorien Naturdenkmale und geschützte Landschaftsbestandteile. Erst nach der Umsetzung der FFH-Richtlinie wurde der Flächenschutz ergänzt durch die Biosphärenreservate[141]. Interessant ist im Kontext des Gebietsschutzsystems der FFH-Richtlinie allerdings auch der gesetzliche Biotopschutz[142].

a. Naturschutzgebiete (NSG)

NSG sind die höchste Schutzkategorie des Flächenschutzes im BNatSchG und unterliegen grundsätzlich einem absoluten Veränderungsverbot. Sie können eingerichtet werden aus Gründen des Artenschutzes[143], aus wissenschaftlichen[144] oder auch aus ästhetischen Gründen[145]. Entscheidend für den tatsächlichen Schutzstandard sind jedoch die jeweiligen Schutzgebietserklärungen, in denen im Einzelnen geregelt wird, welche Handlungen erlaubt und welche verboten sind[146].

b. Nationalparke

Nationalparke sind großflächige Schutzgebiete. Sie müssen in ihrem überwiegenden Teil Naturschutzgebietscharakter haben, im übrigen kann ein abgeschwächter Schutz gelten. Sie sollen der Allgemeinheit zugänglich sein[147].

c. Biosphärenreservate

Biosphärenreservate sind Bestandteil des BNatSchG erst seit dem Dritten Gesetz zur Änderung des BNatSchG 1998[148] und damit erst nach der legislativen Umsetzung der FFH-Richtlinie Bundesrecht geworden. Sie sind insoweit nicht Teil des Bestands an Schutzkategorien, auf den die Umsetzung der FFH-Richtlinie traf. Da

---

[141]Diese Schutzkategorie existierte in der DDR und war zwischenzeitlich in einigen Landesgesetzen verankert.
[142]Siehe zu Angaben über den Anteil der Gebietskategorien an der Fläche Deutschlands Hoppe/ Beckmann/ Kauch, § 15 113-136.
[143]Zur Erhaltung, Entwicklung oder Wiederherstellung von Biotopen oder Lebensgemeinschaften bestimmter wildlebender Tier- und Pflanzenarten, § 23 Abs. 1 Nr. 1 BNatSchG n. F. (früher § 13 Abs. 1 Nr. 1 BNatSchG).
[144]Aus wissenschaftlichen, naturgeschichtlichen oder landeskundlichen Gründen, § 23 Abs. 1 Nr. 2 BNatSchG n. F. (früher § 13 Abs. 1 Nr. 2 BNatSchG).
[145]Wegen ihrer Seltenheit, besonderen Eigenart oder hervorragenden Schönheit, § 23 Abs. 1 Nr. 3 BNatSchG n. F. (früher § 13 Abs. 1 Nr. 3 BNatSchG).
[146]Kritisch bezüglich des tatsächlichen Schutzstandards Kloepfer, Umweltrecht, § 11 Rn 65; Bender/ Sparwasser/ Engel Kap. 5 Rn 24.
[147]S. auch Kloepfer, Umweltrecht, § 11 Rn 66 f. mit einer Auflistung der deutschen Nationalparke.
[148]Damals als § 14 a BNatSchG (jetzt § 25 BNatSchG).

sie aber bereits vorher Bestandteil von Landes-[149] und auch schon der DDR-Gesetzgebung waren, seien auch sie hier kurz dargestellt.
Biosphärenreservate müssen wie die Nationalparke im Kern die Voraussetzungen für NSG, im übrigen die von LSG erfüllen. Mit den Schutzzwecken vereinbare wirtschaftliche Nutzung ist nicht nur ausnahmsweise erlaubt, sondern ist ausdrücklich Ziel der gesetzlichen Regelung. Das leitet sich aus dem Zweck der Biosphärenreservate ab: Als schützenswert wird das intakte und historisch gewachsene Zusammenspiel von Mensch und Natur in einem bestimmten Gebiet begriffen. Die Biosphärenreservate gehen zurück auf das Programm Mensch und Umwelt der UNESCO, das ein großräumiges Netz der charakteristischen Ökosysteme der Erde schaffen soll[150].

d. Landschaftsschutzgebiete (LSG)

LSG bieten einen deutlich geringeren Schutz als NSG. Ist bei NSG bereits jede Veränderung grundsätzlich verboten (absolutes Veränderungsverbot), so ist im LSG zunächst nur der Charakter des Gebiets geschützt (relatives Veränderungsverbot mit Erlaubnisvorbehalt). Insbesondere bleibt die landwirtschaftliche Nutzung des Gebiets durch die Ausweisung als LSG unberührt, sofern sie nicht den Gebietscharakter verändert oder dem besonderen Schutzzweck zuwiderläuft[151]. Zweck der Ausweisung eines LSG kann sein die Leistungsfähigkeit des Naturhaushalts[152], die Schönheit des Landschaftsbildes[153] oder die besondere Bedeutung für die Erholung[154] sein.

e. Naturparke

Nicht zu verwechseln mit den Nationalparken sind die Naturparke. Während die Nationalparke in erster Linie dem Naturschutz als solchem dienen sollen, sollen die Naturparke sich für die Erholung besonders eignen. Nicht im Vordergrund steht also der Schutz von Natur und Landschaft für sich, sondern der Naturschutz als Voraussetzung für die Erholung der Menschen. Naturparke sollen gem. § 27 Abs. 1 Nr. 2 BNatSchG n. F. überwiegend LSG oder NSG sein.

---

[149] Z. B. § 25 BbgNatSchG, § 19 NatSchG LSA, § 15 b HENatG, § 18 SächsNatSchG.
[150] Kloepfer, Umweltrecht, § 11 Rn 75 m.w.N.
[151] § 26 Abs. 2 i.V.m. § 5 Abs. 1 BNatSchG n. F. (früher § 15 Abs. 2 i.V.m. § 2 Abs. 3 BNatSchG); Hoppe/ Beckmann/ Kauch § 15 Rn 125..
[152] Erhaltung, Entwicklung oder Wiederherstellung der Leistungs- und Funktionsfähigkeit des Naturhaushalts oder der Regenerationsfähigkeit und nachhaltigen Nutzungsfähigkeit der Naturgüter, § 26 Abs. 1 Nr. 1 BNatSchG n. F. (früher in anderer Form § 15 Abs. 1 Nr. 1 BNatSchG).
[153] Vielfalt, Eigenart und Schönheit oder der besonderen kulturhistorischen Bedeutung der Landschaft, § 26 Abs. 1 Nr. 2 BNatSchG n. F. (früher § 15 Abs. 1 Nr. 2 BNatSchG).
[154] § 26 Abs. 1 Nr. 3 BNatSchG n. F. (früher § 15 Abs. 1 Nr. 3 BNatSchG).

f. Naturdenkmale

Naturdenkmale können sog. Einzelschöpfungen der Natur sein. Dies kann ein einzelner Baum aber auch flächenhafte Naturdenkmale geschützt werden, wie z.B. kleine Wasserflächen, Moore, Wiesen oder Brutgebiete[155]. Im Kern handelt es sich jedoch um eine Kategorie des Objekt- und nicht des Flächenschutzes, außerdem können sie nicht für allgemeine ökologische Belange ausgewiesen werden[156].

g. Geschützte Landschaftsbestandteile

Ebenfalls dem Objektschutz zuzurechnen sind geschützte Landschaftsbestandteile. Dazu rechnen insbesondere Grünbestände wie Baumgruppen, Hecken und Alleen. Möglich ist auch der Schutz bestimmter Landschaftsbestandteile in einem gesamten Gebiet, wie es z.B. in Form von Baumschutzverordnungen nach Landesrecht geschieht.
Zweck der Unterschutzstellung kann sein die Sicherstellung der Leistungsfähigkeit des Naturhaushalts[157], die Gliederung des Landschaftsbildes[158], der passive Immissionsschutz[159] und die Bedeutung als Lebensstätten bestimmter wild lebender Tier- und Pflanzenarten[160].

h. Biotopschutz

Gesetzlichen Schutz durch Landesrecht, ohne dass es einer weiteren behördlichen Ausweisung bedürfte, sollen gem. § 30 BNatSchG n. F. bestimmte enumerativ aufgezählte Biotope genießen. § 20 c BNatSchG a. F. sah bis zur Novelle 2002 einen direkt durch Bundesrecht wirkenden gesetzlichen Schutz vor. Durch die Einordnung in Abschnitt 4 des BNatSchG ist der gesetzliche Biotopschutz auch systematisch in den Flächenschutz eingeordnet[161].

[155]Kloepfer, Umweltrecht, § 11 Rn 71.
[156]Hoppe/ Beckmann/ Kauch § 15 Rn 130.
[157]§ 29 Abs. 1 Nr. 1 BNatSchG n. F. (früher § 18 Abs. 1 Nr. 1 BNatSchG).
[158]Belebung, Gliederung oder Pflege des Orts- und Landschaftsbildes, § 29 Abs. 1 Nr. 2 BNatSchG n. F. (früher § 18 Abs.1 Nr. 2 BNatSchG).
[159]Abwehr schädlicher Einwirkungen, § 26 Abs. 1 Nr. 3 BNatSchG n. F. (früher § 18 Abs. 1 Nr. 3 BNatSchG).
[160]Neu eingeführt durch die Novelle 2002 in § 26 Abs. 1 Nr. 4 BNatSchG n. F.
[161]Bis zu Novelle 2002 fand sich die entsprechende Bestimmung im Fünften Abschnitt über den Artenschutz; im Abschnitt 5 finden sich weiterhin auch Biotopschutzbestimmungen: §§ 41 Abs. 1 Nr. 3 (früher 20 d Abs. 1 Nr. 3), 42 Abs. 1 Nr. 1, 3, 4 (früher 20 f Abs. 1 Nr. 1, 3, 4); siehe zum Trend der Ausweitung des Artenschutzes zum umfassenden Biotopschutz auch Hoppe/ Beckmann/ Kauch, § 15 Rn 168 m.w.N.

2. Bisherige Umsetzung der Vogelschutzrichtlinie und sonstiger internationaler Verpflichtungen des Habitatschutzes

Zur Umsetzung der Verpflichtungen aus der Vogelschutz-RL und sonstiger internationaler Verpflichtungen des Habitatschutzes musste vor der legislativen Umsetzung der FFH-RL auf das vorstehend beschriebene Instrumentarium zurückgegriffen werden.

IV. Rechtsprechung deutscher Gerichte zur FFH- und Vogelschutz-RL

Die bislang ergangene Rechtsprechung deutscher Gerichte zur FFH- und Vogelschutz-RL bezieht sich zu starken Teilen auf die Frage ob es grundsätzlich potentielle FFH-Gebiete und faktische Vogelschutzgebiete gibt, an welchen Maßstäben das Schutzregime zu messen ist und ob im Einzelfall ein potentielles FFH- oder faktisches Vogelschutzgebiet vorliegt.

Der EuGH hatte lediglich die Frage geklärt, dass es faktische Vogelschutzgebiete gibt[162], offen war die Frage, ob es im Vorgriff auf eine Ausweisung als Schutzgebiet oder die Aufnahme eines Gebietes in die Gemeinschaftsliste bzw. in das Konzertierungsverfahren auch entsprechende Vorwirkungen bei möglichen FFH-Gebieten gibt. Im Urteil von 1998 zur Ostseeautobahn[163] zog das BVerwG die rechtliche Möglichkeit von potentiellen FFH-Gebieten in Betracht. Erst in späteren Entscheidungen legte sich das BVerwG darauf fest, dass unter bestimmten Bedingungen ein potentielles FFH-Gebiet vorliegt[164]. Ein Gebiet, das die Merkmale des Art. 4 Abs. 1 FFH-RL erfülle und dessen Aufnahme in die Gemeinschaftsliste sich aufdränge, müsse als potentielles FFH-Gebiet behandelt werden[165]. In weiteren Entscheidungen entschied das BVerwG, dass das Schutzregime für potentielle FFH-Gebiete unter dem für ausgewiesene Schutzgebiete liegt[166]. Der Klarstellung des EuGH, dass für faktische (also noch nicht ausgewiesene) Vogelschutzgebiete das Schutzregime der FFH-RL keine Anwendung findet[167], gingen teilweise Entscheidungen in anderer Richtung voraus[168]. Es ergin-

[162] Siehe dazu unter § 2 II 2. b.

[163] Bezogen auf den Streckenabschnitt Trave-Querung, BVerwG, U. v. 19.5.1998 – 4 A 9/97 –, DVBl. 1998, 900; im Anschluss daran OVG Münster, Beschl. v. 11.5.1999 – 20 B 1464/98.AK –, NuR 2000, 165, 172 (Schloss Röttgen).

[164] BVerwG, U. v. 27.1.2000 – 4 C 2/99 –, DVBl. 2000, 814-820 (Ortsumgehung Hildesheim).

[165] Zur Konkretisierung, wann ein „Aufdrängen" vorliegt: BVerwG, Beschl. v. 24.8.2000 – 6 B 23/00 –, DVBl. 2001, 375, 376 = NuR 2001, 45-48 = DVBl. 2001 375-377 (Flugplatz im NSG „Monbijou").

[166] BVerwG, U. v. 27.10.2000 – 4 A 18/99 –, NVwZ 2001, 673-682 = UPR 2001, 144-147 = DVBl. 2001, 386-393 = NuR 2001 216-224 (A 71).

[167] Siehe dazu unter § 2 II. 2. b.

[168] OVG Münster, Beschl. v. 11.5.1999 – 20 B 1464/98.AK –, NuR 2000, 165-173 (Neubaustrecke Köln/ Rhein-Main – Schloss Röttgen).

gen eine Reihe weiterer Entscheidungen, die sich damit befassten, ob in konkreten Fällen ein potentielles FFH-Gebiet oder ein faktisches Vogelschutzgebiet vorliegt und ob gegen das anzuwendende Schutzregime verstoßen wird[169] sowie zu den Fragen der Alternativlösung[170] und des Ausgleichs von Beeinträchtigungen[171].

Breiten Raum nimmt in der Rechtsprechung der Rechtsschutz von Grundeigentümern[172] und Gemeinden[173] gegen die Auswahl und die Meldung von FFH-Gebieten ein. Mangels Rechtsschutzinteresse konnten sich diese nicht vor den deutschen Gerichten durchsetzen.

Wichtig für die Durchsetzung der der FFH- und der Vogelschutz-RL dienenden Normen ist schließlich die Rechtsprechung zum Verbandsklagerecht[174].

---

[169] BVerfG, Beschl. v. 5.9.2001 – 1 BvR 418, 518/01 –, DVBl. 2001, 1836 f. (Mühlenberger Loch); BVerwG, Beschl. v. 21.11.2001 – 4 VR 13/00 –, ZUR 2002, 225-227 (B 173); U. v. 31.1.2002 – 4 A 15/01 –, NuR 2002, 539-548 = DVBl. 2002, 990-994 = NVwZ 2002, 1103-1111 = ZUR 2002, 403-409 = UPR 2002, 344-348 (Ostseeautobahn – Wakenitzniederung); VGH München, Beschl. v. 9.10.1998 – B CS 98/1428 und B 1 S 97/1048 –, ZUR 1999, 153-156 (Straßenbauvorhaben im Main- und Bieberbachtal); OVG Lüneburg, U. v. 14.9.2000 – 1 L 2153/99 –, NuR 2001, 333-338 (Windkraftanlagen im Gebiet des Nordkehdinger Außendeichs); OVG Schleswig, U. v. 15.2.2001 – 4 L 92/99 –, ZUR 2001, 282-286 (Abfalldeponie im Naturpark Lauenburgische Seen); OVG Koblenz, Beschl. v. 27.9.2001 – 1 B 10290/01 –, NuR 2002, 417, 419 f. (B 50); das VG Hamburg, Beschl. v. 15.1.2001 – 15 VG 3932/2000 –, www.hamburg.de/StadtPol/Gerichte/VG/ae20010115.htm, sieht zwar die Verfüllung des Mühlenberger Lochs auch wegen seiner Eigenschaft als faktisches Vogelschutzgebiet als rechtswidrig an, dies wirkt sich jedoch mangels Verbandsklagerecht nicht aus.

[170] BVerwG, U. v. 27.1.2000 – 4 C 2/99 –, DVBl. 2000, 814-820 (Ortsumgehung Hildesheim); U. v. 17.5.2002 – 4 A 28/01 –, NVwZ 2002, 1243-1249 (A 44); OVG Lüneburg, Beschl. v. 1.6.2001 – 7 MB 1546/ 1 B 196/01 –, NuR 2002. 369-373 (Hahnöfer Sand als Ausgleich für das Mühlenberger Loch); VG Oldenburg, Beschl. v. 26.11.1998 – 1 B 3953/98 –, ZUR 1999, 168-170; Beschl. v. 26.10.1999 – 1 B 3319/99 –, NuR 2000, 398-405 (beide Emssperrwerk).

[171] OVG Lüneburg, Beschl. v. 1.6.2001 – 7 MB 1546/ 1 B 196/01 –, aaO; VG Schleswig, Beschl. v. 24.8.1999 – 1 B 61/99 –, NuR 2000, 653-658; Beschl. v. 10.10.2001 – 12 B 10/01 –, ZUR 2002, 213-215; Beschl. v. 16.10.2001 – 12 B 16/01 –, NuR 2002, 376-380 (alle drei Haseldorfer Marsch und Twielenflether Sand als Ausgleich für das Mühlenberger Loch); VG Oldenburg, Beschl. v. 26.10.1999 – 1 B 3319/99 –, aaO.

[172] VGH Kassel, Beschl. v. 20.3.2001 – 4 TZ 822/01 –, NVwZ 2001, 1178 f. (im ersten Rechtszug: VG Frankfurt a. M., Beschl. v. 2.3.2001 – 3 G 501/01 –, NVwZ 2001, 1188-1191 = NuR 2001, 414-418); VG Oldenburg, Beschl. v. 2.2.2000 – 1 B 82/00 –, NVwZ 2001, 349 f.; Beschl. v. 29.6.2000 – 1 B 2016/00 –, NuR 2000, 713 f.; VG Lüneburg, Beschl. v. 6.4.2000 – 7 B7/00 –, NuR 2000, 396-398; VG Freiburg, Beschl. v. 26.4.2000 – 4 K 981/00 –, NuR 2000, 537; für Inhaber von Nutzungsrechten: VG Oldenburg, Beschl. v. 20.1.2000 – 1 B 4196/99 –, NuR 2000, 295-299.

[173] VG Düsseldorf, Urt. v. 21.12.2000 – 4 K 6745/99 –, NVwZ 2001, 591 f.

[174] Jene kann hier nicht umfassend zitiert werden. Genannt seien hier nur die Entscheidungen über die Frage, ob aus der Aarhus-Konvention oder der FFH-RL ein Verbandsklagerecht folgt (BVerfG, Beschl. v. 10.5.2001 – BvR 481/01 –, ZUR 2001, 403 f. = DVBl. 2001, 1139-1141 = NVwZ 2001, 1148-1150; BVerwG, U. v. 24.5.1996 – 4 A 16/95 –, Buchholz 406.401 § 29 BNatSchG Nr. 10; OVG Hamburg, Beschl. v. 19.2.2001 – 2 Bs 370/00 –, NVwZ 2001, 1173, 177;

V. Gesetzgebungsverfahren

Die Umsetzung des Gebietsschutzsystems der FFH-Richtlinie in nationales Recht erfolgte im wesentlichen durch das Zweite Gesetz zur Änderung des Bundesnaturschutzgesetzes[175]. Durch das Dritte Gesetz zur Änderung des Bundesnaturschutzgesetzes[176] wurden einige Regelungen eingeführt und verändert, die den Gegenstand der FFH-Richtlinie am Rande berühren. Schließlich soll mit dem Gesetz zur Neuregelung des Rechts des Naturschutzes und der Landschaftspflege[177], das am 3.4.2002 im Bundesgesetzblatt bekannt gegeben wurde[178], auch der Kritik an der Umsetzung in Deutschland Rechnung getragen werden.
Die Alternativen, die im Rahmen der Gesetzgebungsverfahren eingebracht wurden, werden im einzelnen im nächsten Abschnitt dargestellt, wenn die einzelnen Teile der erfolgten Umsetzung der Richtlinie dargestellt werden.
Berücksichtigt werden sollen dabei auch die aus den Entwürfen für das gegenwärtig nicht mehr verfolgte Umweltgesetzbuch (UGB) hervorgehenden Vorschläge.

Da ein Teil der legislativen Umsetzung durch die Länder zu erfolgen hat[179], soll am Ende dieses Abschnittes der Stand der dortigen Umsetzung dargestellt werden.

1. Zweites Gesetz zur Änderung des Bundesnaturschutzgesetzes 1998

Das Zweite Gesetz zur Änderung des Bundesnaturschutzgesetzes 1998 hat eine recht bewegte Gesetzgebungsgeschichte. In den offiziellen Gesetzgebungsprozess als erstes eingebracht wurde ein Entwurf der SPD-Fraktion zur Novellierung des BNatSchG im Bundestag am 3.7.1995[180]. Dem folgte am 5.12.1995 ein umfassender und ambitionierter Entwurf der Fraktion Bündnis 90/ Die Grünen[181]. Das Land Schleswig-Holstein brachte am 9.2.1996 einen auf die Umsetzung der FFH-Richtlinie reduzierten Entwurf im Bundesrat ein[182]. Inhaltlich orientierte sich die-

---

Beschl. v. 27.2.2001 – 2 Bs 38/01 –, www.hamburg.de/StadtPol/Gerichte/OVG/ae20010227.htm, 5.; VG Hamburg, Beschl. v. 15.1.2001 – 15 VG 3932/2000 –, www.hamburg.de/StadtPol/Gerichte/VG/ae20010115.htm, II. 2. u. 3.) und jene, die sich mit der Reichweite enumerativ gefasster Verbandsklagen im Hinblick auf § 19 c BNatSchG a. F. befassten (VG Gera, Beschl. v. 16.8.1999 – 1 E 2355/98 –, NuR 2000, 393-396).

175 Vom 30.4.1998, BGBl. I S. 823.

176 Vom 26.8.1991, BGBl. I S. 2481.

177 Und zur Anpassung anderer Rechtsvorschriften (BNatSchGNeuregG), Entwurf der Bundesregierung vom 1.6.2001, BR-Ds. 411/01.

178 BGBl. I 2002, S. 1193-1218.

179 S. zur Notwendigkeit landesgesetzlicher Regelungen die Ausführungen unter § 3 I. 1.

180 BT-Ds. 13/1930.

181 BT-Ds. 13/3207.

182 BR-Ds. 118/96. Später brachte das Land-Schleswig-Holstein noch einen umfassenden Vorschlag zur Novellierung des BNatSchG ein (BR-Ds. 464/97). Dieser Vorschlag war in den Passa-

ser an den entsprechenden Bestimmungen des Entwurfs der SPD-Fraktion. Dieser erfuhr in den Ausschüssen des Bundesrates einige Modifikationen, bevor sich der Bundesrat als Ganzes sich diesen Ansatz zu eigen machte. In zeitlicher Überschneidung zu diesen Beratungen brachte die Bundesregierung am 6.9.1996 einen Entwurf zur umfassenden Novellierung des BNatSchG ein, der erhebliche strukturelle Gemeinsamkeiten mit dem Entwurf der Fraktion Bündnis 90/ Die Grünen aufwies[183]. Die Beratungen des Umweltausschusses des Bundestages passierte der Entwurf weitgehend unverändert[184]. Erforderlich war jedoch die Zustimmung des Bundesrates[185]. Umstritten war vor allem, ob die Länder zu Ausgleichszahlungen verpflichtet werden sollten, wenn die Landwirtschaft aufgrund von Vorgaben aufgrund der FFH-RL eingeschränkt werden[186]. Deswegen war das Gesetzgebungsverfahren lange blockiert. Erst eine Verurteilung Deutschlands brachte dann Bewegung in den Prozess[187]. In den Beratungen des Vermittlungsausschusses wurde von dem Vorhaben der umfassenden Novellierung des BNatSchG Abstand genommen und orientiert am Entwurf Schleswig-Holsteins eine auf die Umsetzung der FFH-Richtlinie beschränkte Gesetzesänderung ausgearbeitet[188]. Nach Beschluss von Bundesrat[189] und Bundestag[190] trat das Zweite Gesetz zur Änderung des BNatSchG am 8.5.1998 in Kraft[191].

2. Drittes Gesetz zur Änderung des Bundesnaturschutzgesetzes 1998

Das Dritte Gesetz zur Änderung des Bundesnaturschutzgesetzes betraf die FFH-Richtlinie nur indirekt. Es befasste sich mit dem Vertragsnaturschutz[192], dem Ausgleich von Nutzungsbeschränkungen[193], der guten fachlichen Praxis in der Landwirtschaft[194] und führte die Schutzkategorie Biosphärenreservate ein[195].

---

gen, die der Umsetzung der FFH-RL im engeren Sinne dienten, identisch mit BR-Ds. 118/96 und schlug sich im weiteren Gesetzgebungsverfahren nicht nieder.

[183] BR-Ds. 636/96.

[184] BT-Ds. 13/7778.

[185] Gem. Art. 84 Abs. 1 GG.

[186] S. dazu m.w.N: Freiburg, S. 75 f.

[187] EuGH, Urt. v. 11.12.1997 – Rs. C-83/97 – Slg. 1997, I-7195-7199 (Kommission/Deutschland).

[188] BT-Ds. 13/9638; BT-Ds. 13/10003.

[189] 26.3.1998, Gellermann, Natura 2000, S. 139 m.w.N.

[190] 27.3.1998, Gellermann, Natura 2000, S. 139 m.w.N.

[191] S. zu dem Gesetzgebungsprozess auch Niederstadt, NuR 1998, 515, 517.

[192] § 3 a BNatSchG a. F.

[193] § 3 b BNatSchG a. F.

[194] § 8 Abs. 7 BNatSchG a. F.

[195] § 14 a BNatSchG a. F.

3. BNatSchG-Novelle 2001/2002

Für das Gesetz zur Neuregelung des Rechts des Naturschutzes und der Landschaftspflege und zur Anpassung anderer Rechtsvorschriften (BNatSchG-NeuregG) brachten Bundesregierung[196] und die Koalitionsfraktionen SPD und Bündnis 90/ Die Grünen[197] im Juni 2001 textidentische Gesetzentwürfe ein. Die PDS-Fraktion brachte bereits im April 2001 einen Gesetzentwurf für ein Gesetz zur Neuordnung des Naturschutzes und der Landschaftspflege ein[198], dessen Beratung dann mit dem Entwurf von Regierung und Koalitionsfraktionen zusammengefasst wurde. Das Gesetz bedurfte nicht der Zustimmung des Bundesrats; der Antrag einen Einspruch einzulegen[199], wurde abgelehnt[200]. Aus den Beratungen des Bundesrats[201] wurden nur wenige Änderungen übernommen[202]. Einige Veränderungen erfuhr das Gesetz jedoch durch die Beratungen des Umweltausschusses des Bundestags[203]. In Kraft getreten ist es schließlich am 26.3.2002[204].

Die Novelle beinhaltet die Stärkung des Naturschutzes insbesondere durch die Einführung eines Biotopverbunds auf 10 % der Landesfläche, durch Einführung eines Verbandsklagerechts durch bundesgesetzliche Regelung und die Definition von Standards für die Landwirtschaft. Im Hinblick auf die harten Anforderungen der FFH-Richtlinie (insbes. Art. 4-6) erfolgen so gut wie keine Änderungen. Allerdings gab es hier im Laufe der Beratungen im Bundesrat Versuche, die Verpflichtungen abzuschwächen. Es gibt jedoch eine Reihe von Änderungen, die sich maßgeblich auf die Erreichung der von der FFH-Richtlinie gesetzten Ziele auswirken. Neben den erwähnten Hauptzielsetzungen der Reform ist dies der Schutz von Gewässern (§ 31 BNatSchG n. F.), die Änderung der Seeanlagenverordnung und neue Regelungen im BNatSchG zum Naturschutz in der AWZ sowie die Einführung einer regelmäßigen und systematischen Umweltbeobachtung (§ 12 BNatSchG n. F.). Nur eine scheinbare Stärkung der Umsetzung der FFH- und der Vogelschutz-RL bringt die Regelung des § 2 Abs. 2 BNatSchG n. F. Die dort formulierten allgemeinen Verpflichtungen bleiben weit hinter den Anforderungen zurück, die europäisches Primär- und Sekundärrecht aufstellen[205].

---

[196] BR-Ds. 411/01.
[197] BT-Ds. 14/6378.
[198] BT-Ds. 14/5766.
[199] BR-Ds. 65/1/02 (neu).
[200] BR-Ds. 65/02.
[201] BR-Ds. 411/01 (Beschluss); BR-Ds. 1004/01 (Beschluss).
[202] Siehe dazu Louis, NuR 2002, 385, 385.
[203] BT-Ds. 14/7490.
[204] BGBl. I., 2002, 1193-1218.
[205] Louis, NuR 2002, 385, 386.

4. Entwurf für ein Umweltgesetzbuch

Der Kommissionsentwurf für ein Umweltgesetzbuch (UGB-KomE)[206] sah ebenfalls Bestimmungen vor, die die Gebietsschutzbestimmungen der FFH-Richtlinie umsetzten. Im Wesentlichen entsprechen die dortigen Vorschläge denen, die im Rahmen des Zweiten Änderungsgesetztes zum BNatSchG gemacht wurden. In einigen Details jedoch weicht der Entwurf zugunsten des Schutzes von Lebensräumen von der gewählten gesetzlichen Regelung ab.

5. Prozess der Umsetzung in den Ländern

Niederschlag in Landesnaturschutzgesetzen hat die FFH-Richtlinie bislang nur in Bayern, Hessen, Bremen, Mecklenburg-Vorpommern, Nordrhein-Westfalen und in Hamburg gefunden. In den übrigen Ländern steht eine Umsetzung noch aus.

In den vorliegenden Landesgesetzen reduzieren sich die Passagen, die sich ausdrücklich auf die FFH-Richtlinie beziehen, im Wesentlichen auf Regelungen zur Zuständigkeit und wiederholen ansonsten die Regelungen des BNatSchG[207]. Bei der Untersuchung einzelner Verpflichtungen aus der FFH-Richtlinie, die durch Bundesrecht nicht abschließend erfüllt sind, werden die Regelungen in den Landesnaturschutzgesetzen im Detail zu untersuchen sein.

VI. Legislative Umsetzung der FFH- und der Vogelschutz-RL

1. Zuständigkeiten für die Umsetzung der Regelungen

Die Ausweisung der Gebiete, die sich in der Liste der Gebiete von gemeinschaftlicher Bedeutung befinden, als geschützte Teile von Natur und Landschaft i. S. v. § 22 Abs. 1 BNatSchG n. F. (früher § 12 Abs. 1 BNatSchG) obliegt den Ländern als eigene Verwaltung. Sie müssen auch die notwendigen Ge- und Verbote sowie Pflege- und Entwicklungsmaßnahmen bestimmen. Innerhalb der Länder sind die Zuständigkeiten für die Ausweisung wiederum aufgeteilt zwischen verschiedenen Ebenen[208]. Dabei weichen die Kompetenzverteilungen in den verschiedenen Ländern voneinander ab. Als Regelfall lässt sich jedoch sagen, dass die Ausweisung von Naturschutzgebieten und Naturparks durch die höhere Naturschutzbehörde

[206] Entwurf der Unabhängigen Sachverständigenkommission zum Umweltgesetzbuch beim Bundesministerium für Umwelt, Naturschutz und Reaktorsicherheit, 1997; siehe auch allgemein zum UGB Storm, WiVerw 1999, 158-176.

[207] Gellermann, Natura 2000, S. 141.

[208] Die Umweltministerien als obere Naturschutzbehörden, im Regelfall die Kreise und kreisfreien Städte als untere Naturschutzbehörden; teilweise entfallen auch Kompetenzen auf die mittlere Ebene der Regierungsbezirke.

festgelegt werden, während die weniger intensiven Schutzarten auch von den unteren Naturschutzbehörden vorgenommen werden können[209].

Die Zuständigkeit für die Genehmigung von Eingriffen in Gebiete von gemeinschaftlicher Bedeutung liegt in der Regel bei der unteren Naturschutzbehörde[210]. Ist das fragliche Vorhaben bereits aus anderen Vorschriften genehmigungsbedürftig, so erfolgt die Genehmigung durch die für die andere Genehmigung zuständige Behörde[211], die das Einvernehmen – teilweise nur das Benehmen – der unteren Naturschutzbehörde einzuholen hat (Konzentrationswirkung der Genehmigung). Die zuständige Genehmigungsbehörde holt ggf. über das Bundesministerium für Umwelt, Naturschutz und Reaktorsicherheit eine Stellungnahme der Kommission ein[212].

2. Auswahl der Schutzgebiete

Die Auswahl der Gebiete, die in Deutschland zum Netz Natura 2000 beitragen sollen, erfolgt nach § 33 Abs. 1 BNatSchG n. F. (früher § 19 b Abs. 1 BNatSchG)[213]. Es handelt sich dabei um die Phase 1 der Entstehung von Natura 2000, die in Art. 4 Abs. 1 der FFH-RL geregelt ist[214]. Danach obliegt es den Ländern, die Gebiete auszuwählen. Sie haben aber das Benehmen mit dem Bundesministerium für Umwelt, Naturschutz und Reaktorsicherheit (BMU) herzustellen.

---

[209]Kloepfer, Umweltrecht, § 11 Rn 78; hinzu kommt die Beteiligung der Kommunen durch die obere Naturschutzbehörde nach § 6 Abs. 3 BNatSchG n. F. (früher § 3 Abs. 3 BNatSchG); s. dazu Gebhard, NuR 1999, 361, 364.

[210]§ 16 Abs. 4 LNatG M-V; § 6 Abs. 4 LG NRW; § 7 Abs. 3 HENatG; in Bayern und Baden-Württemberg sind je nach Schutzkategorie unterschiedliche Behörden zuständig, Art. 49 Abs. 3 S. 1 BayNatSchG und §§ 58, 63 NatSchG B-W; in Bremen führt die oberste Naturschutzbehörde die Verträglichkeitsprüfung durch, § 26 c Abs. 1 S. 3 BremNatSchG.

[211]§ 16 Abs. 2 LNatG M-V; § 48 d Abs. 2 LG NRW; Art. 49 Abs. 3 S. 2 BayNatSchG; § 7 Abs. 1 HENatG; § 26 c Abs. 6 S. 1 NatSchG B-W; in Bremen ist auch in diesem Fall die oberste Naturschutzbehörde zuständig, § 26 c Abs. 1 S. 3 BremNatSchG.

[212]Teilweise zusätzlich auch über die oberste Naturschutzbehörde; § 18 Abs. 6 LNatG M-V; Art. 49 a Abs. 2 S. 3 BayNatSchG; § 48 d Abs. 6 S. 2 LG NRW; § 20 d Abs. 4 S. 2 HENatG; § 26 c Abs. 3 S. 2 BremNatSchG; § 26 c Abs. 5 S. 2 NatSchG B-W.

[213]Siehe zur – im Rahmen dieser rechtsvergleichenden Untersuchung nicht entscheidenden – Frage, inwieweit ein Ermessen bei der Auswahl der Gebiete besteht: BVerwG, Beschl. v. 24.8.2000 – 6 B 23.00 -, DVBl. 2001, 375, 376 f.; Gellermann, Natura 2000, S. 21 f.; ders. NVwZ 2001, 500, 502; siehe zur Frage, ob es für die Erstellung der Gebietsliste überhaupt eines legislativen Akts auf der Ebene des Mitgliedstaats bedurfte und ob im Lichte von Art. 75 GG eine bundesgesetzliche Reglung zulässig war: Freiburg. S. 89-91.

[214]Freiburg, S. 84 sieht die Pflicht zur Erstellung nicht durch Art. 4 Abs. 1 FFH-RL begründet, vielmehr setze Art. 4 FFH-RL diese Pflicht voraus, begründet werde sie durch Art. 3 Abs. 2 FFH-RL; a.A. Gellermann, Natura 2000, S. 49.

In den Landesvorschriften, soweit bereits erlassen[215], befinden sich teilweise entsprechende Regelungen, die die Zuständigkeit für die Benennung genauer regeln. Bezüglich der Kriterien wird auf die Maßgaben von Art. 4 Abs. 1 FFH-RL verwiesen. In Mecklenburg-Vorpommern fand zunächst eine Abweichung vom Umsetzungsbefehl der Richtlinie statt, indem bei der Auswahl der zu meldenden Gebiete auch die Ziele und Grundsätze der Raumordnung und Landesplanung beachtet und abgewogen werden sollten[216].

Interessant ist jedoch, was in § 33 Abs. 1 S. 2 BNatSchG n. F. der Begriff „Benehmen" bedeutet. Es stellt sich die Frage, ob nur „Benehmen" über die tatsächlich an das BMU gemeldeten Gebiete bestehen muss oder ob das „Benehmen" auch dann betroffen ist, wenn ein Land keine oder zu wenige Gebiete benennt. Im Anschluss stellt sich die Frage, wann ein Benehmen hergestellt ist und was ein Fehlen eines Benehmens nach sich zieht.
In den im Übrigen im Gesetzgebungsprozess dominierenden Gesetzentwürfen der SPD-Fraktion[217] und von Schleswig-Holstein[218] war nur eine Mitteilung an das BMU vorgesehen. Ein „Benehmen" mit dem BMU war allerdings im Entwurf der Fraktion von Bündnis 90/ Die Grünen[219] vorgesehen, im Entwurf der Bundesregierung[220] ein Benehmen mit dem BMU und auch dem für Raumordnung zuständigen Ministerium. Erst durch die Beratungen des Vermittlungsausschusses fand der Begriff „Benehmen" Einfluss in die Beratungen des Bundesrates. In der Begründung des grünen Gesetzentwurfs und dem der Bundesregierung wird aus der Bundeskompetenz zur Wahrung gesamtstaatlicher Belange ein Anspruch auf Unterrichtung und Beratung hergeleitet[221]. Davon ausgehend lässt sich sagen, dass Benehmen auch dann betroffen sein kann, wenn aus Sicht des BMU zu wenig oder gar keine Gebiete gemeldet werden: Denn insbesondere in dem Fall sind die gesamtstaatlichen Belange berührt.
„Benehmen" geht nicht so weit wie Einvernehmen. Erforderlich ist keine Willensübereinstimmung. Die Länder müssen lediglich die Stellungnahme der Bundesregierung anhören und deren Argumente einbeziehen, können aber auf ihrem

[215] § 28 Abs. 1 S. 1 LNatG M-V; § 48 b LG NRW; § 14 a Abs. 2 HmbNatSchG; § 26 b Abs. 1 BremNatSchG; § 26 a Abs. 2 NatSchG B-W; im BayNatSchG und im HENatG finden sich keine entsprechenden Regelungen.
[216] § 28 Abs. 1 S. 2 LNatG M-V v. 21.7.1998, gestrichen durch 1. ÄndG LNatG M-V v. 14.5.2002; Kritik an der alten Regelung auch bei Fischer-Hüftle, ZUR 1999, 66, 66 (Fn. 5); Gellermann, NVwZ 2001, 500, 503; ungenau dazu ders., Natura 2000, S. 147; für die Zulässigkeit der Einbeziehung dieser Kriterien ist Goppel, in: Jarass, EG-Naturschutzrecht und räumliche Gesamtplanung, S. 9, 11.
[217] BT-Ds. 13/1930.
[218] BR-Ds. 118/96; siehe zum Gesetzgebungsprozess oben § 3 V 1.
[219] BT-Ds. 13/3207.
[220] BR-Ds. 636/96.
[221] BT-Ds. 13/3207 S. 50; BR-Ds. 636/96, S. 60.

Standpunkt beharren[222]. Grenzen ergeben sich erst durch den Grundsatz der Bundestreue, eine Verletzung dagegen dürfte aber nur in wenigen Ausnahmefällen zu bejahen sein[223]. Die Praxis deutet darauf hin, dass das BMU keine Möglichkeit sieht, die Länder zur Benennung von Gebieten zu zwingen. Vielmehr belassen es Bundesumweltministerium und Bundesamt für Naturschutz bei harter Kritik[224]. Offen bleibt aber die Frage, welche Rechtsfolge ein fehlendes Benehmen hat. Da die Herstellung des Benehmens bereits durch die Anhörung der Bundesregierung und Berücksichtigung deren Argumente erfolgen kann, entstünde im Falle fehlenden Benehmens nur ein Anspruch auf Anhörung der Bundesregierung und Einbeziehung deren Argumente in das Auswahlverfahren[225].

3. Ausweisung der Schutzgebiete

Art. 4 Abs. 4 der FFH-Richtlinie findet seine Entsprechung in § 33 Abs. 2, Abs. 3 S. 1, 2 und Abs. 4 BNatSchG n. F. (früher § 19 b Abs. 2, Abs. 3 S. 1, 2 und Abs. 4 BNatSchG). Die Pflicht zur Ausweisung der Gebiete zu geschützten Teilen von Natur und Landschaft im Sinne von § 22 Abs. 1 BNatSchG n. F. (früher § 12 Abs. 1 BNatSchG) obliegt den Ländern. Eine ausdrückliche Frist ist den Ländern nicht gesetzt. § 33 Abs. 2 BNatSchG n. F. verweist jedoch auf Art. 4 Abs. 4 FFH-Richtlinie („nach den Maßgaben"), so dass die Länder auch an die Frist gebunden sind[226]. In den Landesgesetzen finden sich entsprechende Reglungen nur teilweise[227]. So weit und solange diese Regelung keine Entsprechung im Landesrecht findet, ist hier ein Umsetzungsdefizit festzustellen[228].

4. Auswahl von und Erklärung zu Vogelschutzgebieten

Die Regelungen über die Auswahl von und die Erklärung zu Vogelschutzgebieten weichen von denen für die FFH-Gebiete erheblich ab, deswegen empfiehlt sich eine getrennte Betrachtung. Art. 4 Abs. 1, 2 Vogelschutz-RL macht sehr detail-

---

[222] VG Lüneburg, Beschl. v. 6.4.2000 – 7 B7/99 -, NuR 2000, 396, 396; Freiburg, S. 94 f.

[223] Apfelbacher/ Adenauer/ Iven, NuR 1999, 63, 65 f. m.w.N.; gar keine Zwangsmöglichkeiten sahen noch Freytag/ Iven, NuR 1995, 109, 110.

[224] SZ vom 22.12.1999: „Deutschland beim Naturschutz stark in Verzug"; SZ vom 10.2.2000: „Von der treibenden Kraft zum Hemmschuh"; SZ vom 17.2.2000: „Naturschutzamt attackiert Länder"; SZ vom 1.8.2000: Brüsseler Spitzen gegen zu wenig Umweltschutz; SZ vom 8.3.2001: „„Bayern bringt Deutschland in Verruf"";Freiburg, S. 73 f. empfiehlt dem Bund die Einleitung eines Bund-Länder-Streits gem. Art. 93 Abs. 1 Nr. 3 GG, §§ 13 Nr. 7, 68 ff. BVerfGG.

[225] Im Ergebnis identisch Iven, UPR 1998, 361, 362; kritisch zu der verteilten Verantwortung zwischen Bund und Ländern die Kommission, Handbook for Implementation of EU Environmental Legislation, S. 23 f.

[226] § 279 Abs. 2 UGB-KomE schreibt die Frist von sechs Jahren ausdrücklich vor.

[227] Z.B. § 28 Abs. 2 LNatG M-V; Art. 13 b Abs. 1 S. 1 BayNatSchG; § 26 b Abs. 2 BremNatSchG; § 20 b HENatG; § 48 c LG NRW; § 26 a Abs. 3 NatSchG B-W; nicht jedoch im HmbNatSchG.

[228] Gellermann, NVwZ 2001, 500, 503; allgemein: ders., Natura 2000, S. 147.

lierte Vorgaben für die Erklärung zu Vogelschutzgebieten. Diese fanden bis zur Novelle 2002 jedoch keine Entsprechung im deutschen Bundesrecht. § 19 b BNatSchG a. F. nahm eben gerade nicht die Vogelschutz-RL in Bezug, sondern nur die FFH-RL. Gerade wegen der erheblichen Abweichungen zwischen den beiden Richtlinien in diesem Punkt ist dies problematisch[229]. Die detaillierten Anforderungen, wann ein Gebiet zu einem Vogelschutzgebiet zu erklären ist, wurden im Bundesrecht nicht wiedergegeben[230]. Im Rahmen der Novelle 2002 wurde allerdings die Auswahl von und die Erklärung zu Vogelschutzgebieten ausdrücklich in § 33 BNatSchG n. F. aufgenommen. Im Hinblick auf die Landesgesetze gelten damit im Wesentlichen die Aussagen zu den FFH-Gebieten. Anzumerken ist, dass, soweit auf die Bekanntmachung nach § 19 a Abs. 4 BNatSchG a. F. (jetzt § 10 Abs. 6 BNatSchG) verwiesen wird, einige Landesgesetzgeber insoweit fehl gehen, als dass nur bereits als solche erklärte Vogelschutzgebiete nach § 19 a Abs. 4 BNatSchG a. F. bekannt zu machen sind. Es ergäbe sich also ein Zirkelschluss (weil so eine Pflicht zur Ausweisung ausgewiesener Gebiete entsteht)[231].

5. Festlegung der Erhaltungsmaßnahmen

In der rahmenrechtlichen Regelung des BNatSchG ist die Umsetzung von Art. 6 Abs. 1 FFH-RL (Festlegung von Erhaltungsmaßnahmen) mit der von Art. 4 Abs. 4 FFH-RL (Ausweisung der Gebiete) in den Absätzen 2-4 des § 33 BNatSchG n. F. (früher § 19 b BNatSchG) eng verzahnt. § 33 Abs. 2 verpflichtet die Länder, die Gebiete nach einer der Schutzgebietskategorien des § 22 Abs. 1 BNatSchG n. F. (früher § 12 Abs. 1 BNatSchG) zu schützen. Maßgaben für die Unterschutzstellung macht § 33 Abs. 3 S. 3 und Abs. 4 BNatSchG n. F., diese Bestimmungen korrespondieren mit Art. 6 Abs. 1 FFH-RL. Da § 33 Abs. 3 S. 3 BNatSchG n. F. den Ländern die Anforderungen des Art. 6 FFH-RL zur inhaltlichen Maßgabe macht und ihnen freistellt, dies sowohl durch Gebote und Verbote als auch durch Pflege- und Entwicklungsmaßnahmen zu erreichen, ist diese bundesrechtliche Regelung nicht zu kritisieren[232]. Gleiches gilt für die Regelung über vertragliche Vereinbarungen u.ä. in § 33 Abs. 4 BNatSchG n. F., weil diese Regelung einen

---

[229]Freiburg, S. 179.

[230]Gellermann, Natura 2000, S. 142 f.

[231]§ 15 Abs. 3 S. 2 HmbNatSchG; § 48 c Abs. 1 S. 2 LG NRW; § 26 b Abs. 2 Nr. 2 BremNatSchG; Kritik daran auch Gellermann, Natura 2000, S. 143 f., der insoweit fehlgeht, als dass er von einer Pflicht zur Ausweisung gemeldeter Gebiete ausgeht, tatsächlich knüpft die Vogelschutz-RL Pflicht zur Ausweisung lediglich an die inhaltlichen Kriterien von Art. 4 Abs. 1 und 2 Vogelschutz-RL.

[232]Ähnlich: Niederstadt, NuR 1998, 515, 518; im Gesetzgebungsprozess zur Änderung des BNatSchG sahen nur die Entwürfe der Bundesregierung (BR-Ds. 636/96, § 34 Abs. 3) und der Fraktion Bündnis 90/ Die Grünen (BT-Ds. 13/3207, § 34 Abs. 3) Erhaltungsmaßnahmen vor; die Entwürfe der SPD-Fraktion (BT-Ds. 13/1930) und von Schleswig-Holstein (BR-Ds. 118/96) kannten nur Gebote und Verbote; auch der UGB-KomE sieht keine Erhaltungsmaßnahmen vor.

gleichwertigen Schutz verlangt wie er durch die Ausweisung nach § 33 Abs. 2 und 3 BNatSchG n. F. zu erreichen ist. Praktisch dürfte diese Regelung aber nur geringen Wert haben, weil mit rein vertraglichen Regelungen kein hinreichender Schutz zu erreichen ist[233]. Daran ändert auch § 8 BNatSchG n. F. (früher § 3 a BNatSchG[234]) nichts. Denn diese Bestimmung schreibt lediglich vor, dass geprüft wird, ob der Zweck auch durch vertragliche Maßnahmen erzielt werden kann[235]. Dem lässt sich kein Vorrang des Vertragsnaturschutzes entnehmen[236]. Im übrigen sind vertragliche Maßnahmen in vielen Fällen nicht hinreichend, um den Anforderungen der FFH-RL zu genügen.
Entscheidend ist die Ausfüllung auf Landesebene. Soweit diese bislang nicht vorliegt, ist auch Art. 6 Abs. 1 FFH-RL noch nicht umgesetzt. Soweit diese vorliegt, ist die Umsetzung nur begrenzt befriedigend. Art. 13 b BayNatSchG spricht nur von Geboten und Verboten; es fehlt eine Entsprechung zu den in Art. 6 Abs. 1 FFH-RL geforderten Bewirtschaftungsplänen. Den Anforderungen des Art. 6 Abs. 1 FFH-RL genügen dagegen die Umsetzungen in Hamburg[237], Bremen[238], Hessen[239], Nordrhein-Westfalen[240], Baden-Württemberg[241] und Mecklenburg-Vorpommern[242].
Eine weitere wichtige Anforderung für die Landesgesetzgeber ergibt sich aus der Notwendigkeit aus Art. 6 Abs. 2 FFH-RL, auch Einwirkungen von außerhalb der Schutzgebiete untersagen zu können. Während die Schutzkategorie Naturschutzgebiet im Übrigen einen ausreichenden Schutz für FFH-Gebiete bereithält, weist sie in ihrer Ausgestaltung in einigen Landesnaturschutzgesetzen erhebliche Defizite auf[243].

Auch für Vogelschutzgebiete sind Erhaltungsmaßnahmen festzusetzen. Zwar gilt Art. 6 Abs. 1 FFH-RL nicht für Vogelschutzgebiete, aber auch Art. 4 Vogelschutz-RL enthält eine Reihe von Verpflichtungen zur Vornahme von Erhal-

[233]Apfelbacher/ Adenauer/ Iven, NuR 1999, 63, 66 f.; Fischer-Hüftle, ZUR 1999, 66, 68; Freiburg, S. 106; Niederstadt, NuR 1998, 515, 517; Fälle, in denen vertragliche Maßnahmen hinreichend sind nennt die Kommission, Natura 2000 – Gebietsmanagement, S. 21.
[234]Durch die Novelle 2002 fand diese Bestimmung eine sprachlich zutreffende Form.
[235]Eine Bestandsaufnahme des Vertragsnaturschutzes findet sich bei Rehbinder, DVBl. 2000, 859-868.
[236]Maaß/ Schütte, in: Koch, § 7 Rn 111.
[237]§ 15 Abs. 4 und 5 HmbNatSchG.
[238]§ 26 b Abs. 4 BremNatSchG.
[239]§ 20 b Abs. 1 S. 4 HENatG.
[240]§ 48 b Abs. 2 S. 3 LG NRW.
[241]§ 26 a Abs. 3 S. 4 NatSchG B-W.
[242]§ 28 Abs. 4 LNatG M-V; kritisch dazu Fischer-Hüftle, ZUR 1999, 66, 66 (Fn. 5).
[243]Freiburg, S. 113. Auch die Schutzgebietskategorien Biosphärenreservat und Nationalpark kann hier nicht helfen, weil in § 25 Abs. 2 bzw. § 24 Abs. 3 BNatSchG n. F. wiederum lediglich auf die Schutzregime von Naturschutzgebieten und Landschaftsschutzgebieten verwiesen wird.

tungsmaßnahmen[244], die in Einzelfragen von denen der FFH-RL abweichen[245]. Erst durch die Novelle 2002 fanden in § 33 BNatSchG n. F. die Vogelschutz-RL und Vogelschutzgebiete Eingang. Die bisherigen Regelungen in § 19 b Abs. 2-4 BNatSchG a. F. begründeten Pflichten für die Vornahme von Erhaltungsmaßnahmen nur für FFH-Gebiete[246]. Ein gewisses Bemühen, auch die Vogelschutzgebiete einzubeziehen, zeigt sich auch schon vor der Novelle 2002 bei einigen Ländern. § 15 Abs. 4 HmbNatSchG verweist allgemein auf die Fälle von § 15 Abs. 3 HmbNatSchG, der sowohl FFH-Gebiete als auch Vogelschutzgebiete umfasst[247]. Im übrigen gelten hier die Feststellungen im Hinblick die Erhaltungsmaßnahmen für FFH-Gebiete.

6. Zwischenzeitliches Verschlechterungs- und Störungsverbot im Bezug auf Konzertierungs- und auf Gebiete auf der Gemeinschaftsliste

Das Konzertierungsverfahren des Art. 5 FFH-RL selbst bedarf keiner nationalen Umsetzung. Nationaler Gesetzgebung bedarf es jedoch für den zwischenzeitlichen Schutz der fraglichen Gebiete. Gem. Art. 5 Abs. 4 FFH-RL gilt für diese Konzertierungsgebiete das gleiche Verschlechterungs- und Störungsverbot wie für die Gebiete, die Aufnahme in die Gemeinschaftsliste gefunden haben. Sowohl Gebiete von gemeinschaftlicher Bedeutung (also solche, die Aufnahme in die Liste gefunden haben) als auch die Konzertierungsgebiete werden im deutschen Recht durch § 33 Abs. 5 i.V.m. § 10 Abs. 6 BNatSchG n. F. (früher § 19 b Abs. 5 i.V.m. § 19 a Abs. 4 BNatSchG) vor „erheblichen Beeinträchtigungen" geschützt. Für Konzertierungsgebiete wird durch § 33 Abs. 5 S. 2 BNatSchG n. F. klargestellt, dass der Anknüpfungspunkt die vorkommenden prioritären Arten oder prioritären Biotope sind. Gem. § 69 Abs. 1 S. 1 BNatSchG n. F. gilt diese Regelung bis zum 8.5.2003 unmittelbar. Im Landesrecht, soweit bereits erlassen, findet diese Regelung teilweise wörtliche[248] bzw. inhaltlich deckungsgleiche[249] Umsetzung. Teilweise sehen die Regelungen sogar einen etwas weitergehenden Schutz der Konzertierungsgebiete vor; so schützt Art. 13 c Abs. 1 BayNatSchG nicht nur vor erheblichen, sondern auch vor nachhaltigen Beeinträchtigungen.

---

[244] Gellermann, Natura 2000, S. 69.

[245] Freiburg, S. 183 f.

[246] § 19 b Abs. 2 BNatSchG a. F. sprach von „Gebieten von gemeinschaftlicher Bedeutung", was gem. § 19 a Abs. 2 Nr. 2 BNatSchG a. F. nur FFH-Gebiete waren.

[247] Entsprechendes gilt für § 48 c Abs. 1 LG NRW; § 15 Abs. 3 HmbNatSchG und § 48 c Abs. 1 LG NRW weisen allerdings das beschriebene Defizit im Hinblick auf die Pflicht zur Ausweisung auf (siehe § 3 VI 4.); § 28 Abs. 4 LNatG M-V spricht zwar auch von Erhaltungsmaßnahmen für Vogelschutzgebiete, nimmt allerdings für jene nur Art. 6 Abs. 2-4 FFH-RL in Bezug, nicht jedoch Art. 4 Abs. 1 und 2 Vogelschutz-RL; gänzliche Fehlanzeige beim BayNatSchG.

[248] § 28 Abs. 5 LNatG M-V.

[249] § 21a Abs. 2 HmbNatSchG; § 20 c HENatG; § 48 c Abs. 4 LG NRW; § 26 b Abs. 5 BremNatSchG.

Unbefriedigend ist an dieser Umsetzung bereits der tatbestandliche Anknüpfungspunkt: Die Bekanntmachung der Konzertierungsgebiete gem. § 10 Abs. 6 BNatSchG n. F. müsste unverzüglich gefordert sein, so eröffnet zögerliches Handeln des BMU Spielräume für die Zerstörung von Konzertierungsgebieten, obwohl die Richtlinie Schutz ab Beginn der Konzertierungsphase fordert[250]. Des weiteren stellt die Einschränkung auf den Schutz vor erheblichen Beeinträchtigungen eine Einschränkung dar, die so nicht von der Richtlinie gedeckt ist. Art. 6 Abs. 2 FFH-RL erfasst jede Verschlechterung und macht lediglich für Störungen die Einschränkung, dass diese „sich im Hinblick auf die Ziele der Richtlinie erheblich auswirken könnten"[251].
Schließlich fehlt bei der Regelung im BNatSchG der Schutz vor Einwirkungen von außen: Für eine solche Einschränkung findet sich in Art. 6 Abs. 2 FFH-RL kein Anknüpfungspunkt[252].
Die beschriebenen Probleme werden sämtlich vermieden, durch die in Baden-Württemberg gefundene Regelung. Danach sind Gebiete bereits ab der Meldung an die Kommission und nicht erst mit der Aufnahme in die Gemeinschaftsliste geschützt. Sie unterfallen dann dem gleichen Schutz wie bereits ausgewiesene Schutzgebiete[253].
In einem Teil der anderen Länder ist lediglich der im Bundesrecht fehlende Schutz von außen aufgenommen[254].

Im Gesetzgebungsprozess sahen die übrigen Varianten durchaus Regelungen vor, die dem Auftrag von Art. 5 Abs. 4 i.V.m. Art. 6 Abs. 2 FFH-RL entsprochen hätten. Der Entwurf der Bundesregierung[255] und der der Fraktion Bündnis 90/ Die Grünen[256], verzichteten auf die Einschränkung auf „erhebliche Beeinträchtigungen". Durch einen schlichten Verweis auf Art. 6 Abs. 2 FFH-RL sind auch die Beeinträchtigungen von außen erfasst. Auch der Vorschlag, das BMU zur unverzüglichen Bekanntmachung zu verpflichten, war Bestandteil des Gesetzgebungsverfahrens[257].

---

[250]Gellermann, Natura 2000, S. 148; weniger problematisch findet dies Freiburg, S. 93 f., da sich das Verschlechterungsverbot sich lediglich an staatliche Stellen richte.
[251]Epiney, UPR 1997, 303, 308; Gellermann, Natura 2000, S. 150; Niederstadt, NuR 1998, 515, 519.
[252]Gellermann, Natura 2000, S. 149 f.; Niederstadt, NuR 1998, 515, 519.
[253]§ 26 e NatSchG B-W.
[254]Art. 13 c Abs. 1 S. 1 BayNatSchG, § 28 Abs. 5 LNatG M-V, § 21 a Abs. 1 HmbNatSchG; Gellermann, Natura 2000, S. 183.
[255]BR-Ds. 636/96, § 34 Abs. 4 S. 2.
[256]BT-Ds. 13/3207, § 34 Abs. 5 S. 2 i.V.m. § 4 Nr. 1; auch die Ausschüsse des Bundesrats schlossen sich dieser Fassung an, BR-Ds. 118/1/96, S. 8; die Fassung im UGB erlaubt eine richtlinienkonforme Auslegung (§ 279 Abs. 4 UGB-KomE).
[257]BR-Ds. 118/1/96, S. 3.

Für Vogelschutzgebiete stellt sich die Frage nach einem zwischenzeitlichen Schutz nicht. Die Vogelschutz-Richtlinie sieht weder einen gemeinschaftsweiten Prozess der Auswahl der Gebiete, noch ein Konzertierungsverfahren vor. In dem Moment, in dem die Mitgliedstaaten ein Gebiet als schützenswert erkannt haben, haben sie es als Schutzgebiet auszuweisen.

7. Schutz von FFH- und Vogelschutzgebieten vor sie beeinträchtigenden Plänen und Projekten

Zu untersuchen ist nun, welchem Schutz vor beeinträchtigenden Plänen und Projekten die Gebiete von gemeinschaftlicher Bedeutung (FFH-Gebiete) unterliegen, sobald sie nach den § 33 BNatSchG n. F. (früher § 19 b BNatSchG) entsprechenden landesrechtlichen Regelungen ausgewiesen sind. Die FFH-RL macht dafür Vorgaben in Art. 6 Abs. 3-4. Im BNatSchG finden sich darauf bezogene Regelungen in den §§ 34 – 36 (früher §§ 19 c- 19 e BNatSchG), außerhalb des BNatSchG in den §§ 1 a Abs. 2 Nr. 4 BauGB, 7 Abs. 7 S. 3 ROG und 6 Abs. 2 WHG. Die Darstellung der einzelnen Verfahrensschritte erfolgt entlang der Bestimmungen in der FFH-RL. Art. 7 FFH-RL erklärt das Schutzregime des Art. 6 Abs. 2-4 für Vogelschutzgebiete erst dann für anwendbar, wenn die Mitgliedstaaten die Gebiete zu Vogelschutzgebieten (besondere Schutzgebiete nach der Vogelschutz-RL) erklärt haben. Da die Vogelschutz-RL auch vor der Erklärung bzw. Anerkennung zum Schutzgebiet einen Schutz der Gebiete verlangt, die nach ihr auszuweisen sind (Lehre über sog. faktische Vogelschutzgebiete), findet solange das Schutzregime der Vogelschutz-RL Anwendung[258]. Die Bestimmungen der Vogelschutz-RL (Art. 4 Vogelschutz-RL) werden deswegen jeweils ergänzend zu den entsprechenden Bestimmungen der FFH-RL untersucht.

[258]So auch der EuGH entgegen der Ansicht der Kommission in U. v. 7.12.2000 – C-374/98 –, NuR 2001, 210-213 (Rn 47); BVerwG, Beschl. v. 21.11.2001 – 4 VR 13/00 –, ZUR 2002, 225, 226; VGH München, Beschl. v. 9.10.1998 – B CS 98.1428 u. B 1048 –, ZUR 1999, 153 f.; Bundesamt für Naturschutz, Das europäische Schutzgebietssystem NATURA 2000, S. 37; Erbguth, Wilfried, NuR 2000, 130, 135; ders., in: Jarass, EG-Naturschutzrecht und räumliche Gesamtplanung, S. 58, 74 f.; Gellermann, NuR 1996, 548, 549; weitergehender (Schutzregime der Vogelschutz-RL findet Anwendung, solange FFH-RL nicht vollständig umgesetzt ist) VG Schleswig, Beschl. v. 16.10.2001 – 12 B 16/01 –, NuR 2002, 376, 380; a.A. Kommission, Natura 2000 – Gebietsmanagement, S. 12; OVG Münster, Beschl. v. 11.5.1999 – 20 B 1464/98.AK –, NuR 2000, 165, 169; Apfelbacher/ Adenauer/ Iven, NuR 1999, 63, 71 f.; Goppel, in: Jarass, EG-Naturschutzrecht und räumliche Gesamtplanung, S. 9, 15; Halama, NVwZ 2001, 506, 513; Iven, UPR 1998, 361, 363; Niederstadt, NuR 1998, 515, 519; Rengeling, UPR 1999, 281, 286; Schink, UPR 1999, 417, 421 f.; Schrödter, in: Jarass, Bauleitplanung und Umweltschutz, S. 61, 87 f.; Thyssen, DVBl. 1998, 877, 885.

a. Verträglichkeitsprüfung

Art. 6 Abs. 3 S. 1 FFH-RL ordnet eine Verträglichkeitsprüfung an, wenn ein Plan oder ein Projekt ein Gebiet erheblich beeinträchtigen könnte[259]. Die §§ 34, 35 BNatSchG n. F. (früher §§ 19 c, 19 d BNatSchG) setzen die Begriffe „Projekte" bzw. „Pläne" voraus. Diese Begriffe werden in § 10 Abs. 1 Nr. 11, 12 BNatSchG n. F. (früher § 19 a Abs. 2 Nr. 8, 9 BNatSchG) definiert, um sie dann im Hinblick auf die Forderung von Art. 6 Abs. 3 S. 1 FFH-RL in den §§ 34, 35 BNatSchG n. F. zur Anwendung zu bringen. Die Forderung aus Art. 6 Abs. 3. S. 1 FFH-RL wird damit in mehrere Teile getrennt: In die Definitionen einerseits und andererseits in Projekte und Pläne.

Für Vogelschutzgebiete vor ihrer Erklärung als solche trifft Art. 4 Vogelschutz-RL keine Regelungen zur Vornahme einer Verträglichkeitsprüfung. Zwar wird eine solche notwendig sein, um das Vorliegen eventueller Ausnahmen zu beurteilen, es ergeben sich jedoch keine Maßstäbe für die Verträglichkeitsprüfung als solche, an denen die nationale Umsetzung gemessen werden könnte.

aa. Projekte

(1) Definition des Projektbegriffs

Die Definition der Projekte in § 10 Abs. 1 Nr. 11 BNatSchG n. F. deckt den Tatbestand des Art. 6 Abs. 3 S. 1 FFH-RL weitgehend ab. Die Definition in der früheren Fassung (§ 19 a Abs. 2 Nr. 8 BNatSchG) ging über den Projektbegriff der FFH-RL insoweit hinaus, als dass auch solche Projekte erfasst waren, die unmittelbar der Verwaltung der Gebiete dienten – insoweit sind die Bestimmungen jetzt deckungsgleich[260]. Ein Defizit weist der Projektbegriff des BNatSchG jedoch insoweit auf, als dass nur jene Vorhaben oder Maßnahmen erfasst sind, die einer behördlichen Entscheidung oder einer behördlichen Anzeige bedürfen oder von einer Behörde durchgeführt werden[261]. Relevant dürfte dies insbesondere sein für Maßnahmen, die Bestandteil der ordnungsgemäßen land- oder forstwirtschaftli-

[259]Ob es dazu erforderlich ist, dass die zu befürchtenden Beeinträchtigungen sich auf die Erhaltungsziele beziehen oder ob es ausreichend ist, dass das Gebiet in irgend einer Weise beeinträchtigt wird (so Ramsauer, NuR 2000, 601, 602) kann dahinstehen, weil eine solche Differenzierung vor Vornahme der Verträglichkeitsprüfung schwer möglich sein dürfte. Ähnliches gilt an dieser Stelle für die Definition der Erheblichkeitsschwelle.
[260]Art. 6 Abs. 3 S. 1 FFH-RL stellt allerdings nur jene Aspekte des Bewirtschaftungsplans frei, die mit der Erhaltung verbunden sind, im Hinblick auf die übrigen Aspekte ist eine Verträglichkeitsprüfung erforderlich, Kommission, Natura 2000 – Gebietsmanagement, S. 20, 34.
[261]Kritik daran übt die Kommission in ihrer Stellungnahme auf Ersuchen der Bundesregierung, NuR 2000, 625, 625 f.; ebenso Ramsauer, NuR 2000, 601, 602.

chen Nutzung sind[262]. Ob eine Regelungslücke tatsächlich vorliegt, kann aber bezweifelt werden[263]. Das Verschlechterungsverbot aus Art. 6 Abs. 2 FFH-RL wirkt bis zur Unterschutzstellung über § 33 Abs. 5 BNatSchG n. F. (früher § 19 b Abs. 5 BNatSchG), danach müssen die Länder gem. § 33 Abs. 3 S. 3 BNatSchG n. F. (früher § 19 b Abs. 3 S. 3 BNatSchG) durch geeignete Ge- und Verbote eine Verschlechterung ausschließen[264]. Überdies dürfte eine eventuell bestehende Lücke durch die Anforderungen an eine natur- und landschaftsverträgliche Landwirtschaft im durch die Novelle 2002 eingeführten § 5 BNatSchG n. F. verkleinert worden sein.

Schließlich sind nach § 10 Abs. 1 Nr. 11 a BNatSchG n. F. (früher § 19 a Abs. 2 Nr. 8 a BNatSchG) nur solche Maßnahmen erfasst, die selbst innerhalb des Gebietes stattfinden[265]. Diese Beschränkung kennt Art. 6 Abs. 3 S. 1 FFH-RL nicht[266]; soweit ein Schutzgebiet von außen beeinträchtigende Projekte nicht unter die Definitionen von § 10 Abs. 1 Nr. 11 b und c BNatSchG n. F. fallen, sind sie nach deutschem Recht nicht erfasst[267]. Im deutschen Recht liegt an dieser Stelle ein Umsetzungsdefizit vor.

(2) Verpflichtung zur Durchführung einer Verträglichkeitsprüfung

Die Pflicht zur Durchführung einer Verträglichkeitsprüfung bei Projekten findet sich in § 34 Abs. 1 BNatSchG n. F. (früher § 19 c Abs. 1 BNatSchG). Die legislative Konzeption begegnet keinen Beanstandungen. In der Praxis hängt die vollständige Umsetzung der Richtlinie jedoch davon ab, ob die Schutzerklärungen für ein Gebiet nach § 22 Abs. 2 BNatSchG n. F. (früher § 12 Abs. 2 BNatSchG) den Anforderungen der FFH-RL genügen[268].

§ 36 BNatSchG n. F. (früher § 19 e BNatSchG) formuliert für Anlagen nach § 4 BImSchG keine Besonderheiten für den Inhalt der Verträglichkeitsprüfung[269]. Abweichungen ergeben sich erst bei der Frage, wann festgestellte Beeinträchti-

262 Gellermann, Natura 2000, S. 156; Ramsauer, in: Erbguth, Wilfried, Europäisierung des nationalen Umweltrechts, S. 107, 115.
263 Kritischer Niederstadt, NuR 1998, 515, 523; Schink, UPR 1999, 417, 419.
264 Letzteres übersieht Gellermann, Natura 2000, S. 156.
265 Vgl. zur Kritik Gellermann, Natura 2000, S. 156; Freiburg, S. 143.
266 Kommission, Natura 2000 – Gebietsmanagement, S. 37.
267 Beispiele bei Fischer-Hüftle, ZUR 1999, 66, 68; Freiburg, S. 143 f.; Gellermann, Natura 2000, S. 159 f.
268 Gellermann, Natura 2000, S. 163 f. will deswegen bei nicht ausreichender Formulierung des Schutzzwecks auch nach Unterschutzstellung die Erhaltungsziele in ihrer Definition nach § 19 a Abs. 2 Nr. 7 BNatSchG a. F. (jetzt § 10 Abs. 1 Nr. 9 BNatSchG) zum Maßstab machen; kritisch zum Verweis auf die Erhaltungsziele auch die Kommission, Stellungnahme auf Ersuchen der Bundesregierung, NuR 2000, 625, 626.
269 Gellermann, Natura 2000, S. 164 f.

gungen zur Ablehnung des Projekts führen müssen[270]. Für das Verfahren ergibt sich schon durch Bundesrecht eine Konzentrationswirkung auf die nach BImSchG zuständige Behörde, die ein Benehmen mit der zuständigen Naturschutzbehörde herzustellen hat. § 6 Abs. 2 WHG trifft für erlaubnis- oder bewilligungspflichtige Gewässerbenutzungen Anordnungen, die zu § 36 BNatSchG n. F. analog sind[271].

(3) Ausnahmen von der Verträglichkeitsprüfung

Von der Vornahme einer Verträglichkeitsprüfung ausgenommen sind gem. § 37 Abs. 1 BNatSchG n. F. (früher § 19 f Abs. 1 BNatSchG) jedoch Projekte, wenn sie Bauvorhaben sind, die sich an die Vorgaben eines Bebauungsplanes halten. Die Prüfung der Verträglichkeit mit den Vorgaben der FFH-RL hat dann bei Aufstellung des B-Planes zu erfolgen. Fraglich ist aber, was gilt, wenn ein Vorhaben den Anforderungen eines älteren B-Planes entspricht, dieser jedoch bei seiner Aufstellung nicht an den Anforderungen der FFH-RL gemessen wurde. Nach dem Wortlaut des § 37 Abs. 1 BNatSchG n. F. wäre auch ein solches Bauvorhaben von einer FFH-Verträglichkeitsprüfung ausgenommen.

Ähnliches gilt bei Vorhaben, die zwar in Gebieten mit B-Plänen nach § 30 BauGB verwirklicht werden sollen, für die aber eine Befreiung gem. § 31 Abs. 2 BauGB notwendig ist. Auch für jene ist gem. § 37 Abs. 1 BNatSchG n. F. keine projektbezogene Verträglichkeitsprüfung durchzuführen, obwohl sich die planbezogene Verträglichkeitsprüfung bei Aufstellung des B-Planes nicht auf eventuelle Befreiungen bezieht[272].

Schließlich ist auch kritisch, dass § 37 Abs. 1 S. 1 BNatSchG n. F. auch jene Bauvorhaben freistellt, für deren Fläche ein B-Plan sich in der Aufstellung befindet[273].

Die vorgenannten Ausnahmen sollen durch eine restriktive Interpretation der Regelung begrenzt werden. Sie sollen nur auf solche B-Pläne für anwendbar erklärt werden, die bei ihrer Aufstellung selbst einer Verträglichkeitsprüfung unterzogen wurden[274]. Dafür bietet jedoch der Wortlaut des § 37 Abs. 1 BNatSchG n. F. keinen Anhaltspunkt.

---

[270] S. dazu die Ausführungen über den Ausgleich von Beeinträchtigungen unter § 3 VI 7. d. ee.
[271] Gellermann, Natura 2000, S. 165.
[272] A.A. Gellermann, Natura 2000, S. 181.
[273] Kommission, Stellungnahme auf Ersuchen der Bundesregierung, NuR 2000, 625, 626.
[274] Gellermann, Natura 2000, S. 181; im Hinblick auf B-Pläne, die nach Ablauf der Umsetzungsfrist der FFH-RL erlassen wurden: Schink, UPR 1999, 417, 420 f.

(4) Der Einfluss der EuGH-Rechtsprechung zur UVP

Fraglich ist, inwieweit die Rechtsprechung des EuGH zur unmittelbaren Anwendbarkeit der UVP[275] kompensieren kann, dass der Projektbegriff zu eng und die Ausnahmen von der Verträglichkeitsprüfung zu weit gefasst sind. Danach war für ein Vorhaben eine UVP auch dann vorzunehmen, wenn das nationale Recht entgegen der UVP-RL diese gar nicht vorschrieb. Das böte einen Anhaltspunkt dafür, dass auch die FFH-Verträglichkeitsprüfung in Fällen vorzunehmen ist, in denen das Gesetz keine Verträglichkeitsprüfung vorsieht.

Abgesehen davon, dass in jedem Falle zweifelhaft bleiben wird, ob dies die zuständigen Stellen bei der Rechtsanwendung erkennen, würde das Problem dadurch keinesfalls gelöst. Zum einen ist nach dieser Rechtsprechung Voraussetzung für die unmittelbare Wirkung, dass sich aus der fraglichen Richtlinienbestimmung begünstigende Wirkungen für Bürger ergeben. In jener Situation kann als Reflex unmittelbar aus der Richtlinie auch die belastende Verpflichtung zur Vornahme einer Verträglichkeitsprüfung abgeleitet werden. Beim Regelungsgegenstand der FFH-RL dürfte eine begünstigende Wirkung für Bürger nur in seltenen Fällen gegeben sein. Außerdem ändert die Verträglichkeitsprüfung nichts an den Festsetzungen eines B-Plans. Sofern sich ein beantragtes Bauvorhaben innerhalb der Festsetzungen eines B-Plans bewegt und eine Befreiung nicht notwendig ist, ist die Entscheidung über einen Bauantrag keine Ermessens- sondern eine gebundene Entscheidung. Die Ergebnisse einer Verträglichkeitsprüfung können also gar nicht einfließen, das Bauvorhaben ist in jedem Falle zu genehmigen. Insoweit ist die Entscheidung des Bundesgesetzgebers, auf eine Verträglichkeitsprüfung in solchen Fällen zu verzichten, sogar folgerichtig, wird doch die Vorgabe der FFH-RL in jedem Falle missachtet.

Bei den Fällen der Befreiung von den Festsetzungen des B-Plans kann zwar in einigen Fällen eine richtlinienkonforme Auslegung des nationalen Rechts helfen[276]. Das setzt aber voraus, dass die anzustellenden Ermessenserwägungen Raum für Überlegungen des Naturschutzes lassen. Die Festsetzungen von B-Plänen, die Ausgangspunkt für die Entscheidung über die Befreiung sind, dienen jedoch vielfach lediglich dem Schutz der benachbarten Bebauung vor sie beeinträchtigenden neuen Bauvorhaben.

Für Projekte, die nicht innerhalb eines Gebietes stattfinden, sondern sich nur darauf auswirken, gilt entsprechendes: Selbst wenn die Verträglichkeitsprüfung an-

[275] EuGH, U. v. 11.8.1995 – Rs. C-431/92 –, Slg. 1995, I-2211-2227 (Großkrotzenburg); EuGH, U. v. 24.10.1996 – Rs. C-72/05 –, Slg. 1996, I-5431-5456 (Kraaijeveld); EuGH, U. v. 16.9.1999 – Rs. C-435/97 –, Slg. 1999, I-5637-5664 (Bozen); siehe § 2 I 2.

[276] Siehe § 2 I. 2.

geordnet werden kann, kann die begehrte Genehmigung nur versagt werden, wenn die zuständige Behörde entsprechendes Ermessen hat.

Festzustellen bleibt deswegen ein eklatantes Umsetzungsdefizit[277].

(5) Verträglichkeitsprüfung für Projekte in den Landesgesetzen

Galten bis zur Novelle 2002 die Begriffsbestimmungen des § 19 a Abs. 2 BNatSchG a. F. gem. § 4 S. 3 BNatSchG a. F. unmittelbar, so sind die entsprechenden Bestimmungen in § 10 Abs. 1 BNatSchG der neuen Fassung nicht von der Anordnung direkter Wirkung durch § 11 BNatSchG n. F. erfasst. Insoweit kommt es auch auf die Umsetzung der Begriffsbestimmungen im Landesrecht an. Diese übernehmen den Projektbegriff im wesentlichen[278], Bayern und Mecklenburg-Vorpommern unterwerfen mehr Projekte einer Verträglichkeitsprüfung[279]. Interessant ist jedoch vor allem die Ausfüllung des § 34 Abs. 1 BNatSchG n. F. im Hinblick auf die Ausgestaltung des Verfahrens[280].
Die Länder, soweit überhaupt schon entsprechende Bestimmungen erlassen wurden, sehen in der Regel eine Konzentration dahingehend vor, dass die Behörde für die Verträglichkeitsprüfung zuständig ist, die nach anderen Gesetzen für die behördliche Gestattung oder Entgegennahme einer Anzeige zuständig ist[281]. Diese Behörde hat das Benehmen bzw. Einvernehmen mit der zuständigen Naturschutzbehörde herzustellen. Teilweise ist für die Verträglichkeitsprüfung auch die oberste Naturschutzbehörde zuständig[282]. Damit wird hier das Regelungsmuster des § 36 BNatSchG n. F. (früher § 19 e BNatSchG) auch auf andere Projekte übertragen. Teilweise wird auch die Prüfung nach der FFH-RL mit der UVP zusammengefasst[283].

---

[277] So auch Louis, Landschaftsarchitektur 1998, Heft 7, S. 12, 13; im Hinblick auf B-Pläne, die nach Ablauf der Umsetzungsfrist der FFH-RL erlassen wurden: Düppenbecker/ Greiving, UPR 1999, 173, 176; Iven, UPR 1998, 361, 363 f.

[278] § 2 c HENatG; § 26 c Abs. 1 S. 1 BremNatSchG; § 48 d Abs. 1 i. V. m. Abs. 3 LG NRW; das NatSchG B-W nimmt keine eigene Projektdefinition vor.

[279] Art. 13 c Abs. 2 BayNatSchG: Es werden nicht nur sich erheblich, sondern auch sich nachhaltig auswirkende Projekte umfasst; § 18 Abs. 1 LNatG M-V: Jeder Eingriff wird überprüft.

[280] Diese Bestimmung gilt gem. § 69 Abs. 1 BNatSchG n. F. (früher § 39 Abs. 1 BNatSchG) bis zum 8.5.2003 unmittelbar, sofern die Länder nicht vorher eigene Bestimmungen erlassen; § 36 BNatSchG gilt gem. § 11 S. 1 BNatSchG n. F. (früher §§ 19 e und 4 S. 3 BNatSchG) unmittelbar.

[281] § 48 d Abs. 2 LG NRW; Art. 49 Abs. 3 S. 2 BayNatSchG; § 16 Abs. 2 S. 1 LNatG M-V; § 10 Abs. 1 HmbNatSchG; § 20 d Abs. 8 HENatG; § 26 c Abs. 6 S. 1 NatSchG B-W.

[282] § 26 c Abs. 1 S. 3 BremNatSchG.

[283] § 18 Abs. 5 S. 2 LNatG M-V; über Synergieeffekte der Integration von naturschutzrechtlicher Eingriffsregelung, UVP und FFH-Verträglichkeitsprüfung: Lorenz, in: Jarass, Bauleitplanung und Umweltschutz, S. 97-109.

bb. Pläne

Die Definition des Planbegriffs in § 10 Abs. 1 Nr. 12 BNatSchG n. F. (früher § 19 a Abs. 2 Nr. 9 BNatSchG) entspricht den Anforderungen aus Art. 6 Abs. 3 FFH-RL. Im Gegensatz zum Projektbegriff waren schon in der alten Fassung des § 19 a Abs. 2 Nr. 8 BNatSchG wie in der Richtlinie vom Planbegriff auch solche Pläne ausgenommen, die unmittelbar der Verwaltung der Gebiete dienen.

§ 35 S. 1 BNatSchG n. F. (früher § 19 d S. 1 BNatSchG) erklärt § 34 BNatSchG n. F. für entsprechend anwendbar. Damit unterliegen auch Pläne der Pflicht zur Verträglichkeitsprüfung, wie sie in § 34 Abs. 1 S. 1 BNatSchG n. F. angeordnet ist[284]. Von der Anwendung des § 34 Abs. 1 S. 1 BNatSchG n. F. sind jedoch Raumordnungspläne, Bauleitpläne und Ergänzungssatzungen ausdrücklich ausgenommen. Hier greift § 1 a Abs. 2 Nr. 4 BauGB, § 7Abs. 7 ROG ein. Diese wiederum ordnen die entsprechende Anwendung der Vorschriften des BNatSchG zur Prüfung nach der FFH-RL an[285].

Die Länder haben im Hinblick auf die Verträglichkeitsprüfung für Pläne nur geringen Spielraum. § 35 S. 1 Nr. 1 und S. 2 BNatSchG n. F. ist gem. § 11 S. 1 BNatSchG n. F. direkt anwendbar. Lediglich die direkte Anwendbarkeit des Planbegriffes aus § 19 a Abs. 2 Nr. 9 BNatSchG a. F. (jene findet sich jetzt in § 10 Abs. 1 Nr. 12 BNatSchG) ist mit der Novelle 2002 entfallen. Gestaltungsspielraum besteht ansonsten nur hinsichtlich § 35 S. 1 Nr. 2 BNatSchG n. F. Tatsächlich wird teilweise der materielle Gehalt des § 34 Abs. 1 S. 1 BNatSchG n. F. (früher § 19 c Abs. 1 S. 1 BNatSchG) im wesentlichen wiederholt[286]. Teilweise unterlassen Landesgesetzgeber eine Regelung über die Zulässigkeit von Plänen[287], es besteht dadurch ein Umsetzungsdefizit, weil die in § 35 S. 1 Nr. 2 BNatSchG n. F. genannten Pläne keiner Verträglichkeitsprüfung unterworfen sind. Dieser Mangel dürfte jedoch insofern nur begrenzt ins Gewicht fallen, weil die FFH-RL die staatlichen Stellen auch direkt verpflichtet und diese bei der Aufstellung von Plänen regelmäßig weites Ermessen haben.

---

[284]Skeptisch im Hinblick auf Fernstraßenausbaugesetz und Bundesschienenwegeausbaugesetz: Freiburg, S. 145 f.

[285]Gellermann, Natura 2000, S. 169 f. kritisiert diese Anordnung als zu vage und damit den Anforderungen des EuGH an Ausdrücklichkeit nicht gerecht werdend; s. auch Erbguth, Wilfried, NuR 2000, 130, 131 f.

[286]Soweit bereits entsprechende Landesgesetze bestehen: § 21 a Abs. 1 HmbNatSchG; Art. 49 a Abs. 3 i.V.m. Abs. 1 BayNatSchG; § 20 d Abs. 7 HENatG; § 26 c Abs. 5 BremNatSchG; § 26 c Abs. 8 i. V. m. Abs. 1 NatSchG B-W.

[287]So etwa in Nordrhein-Westfalen und z. T. in Mecklenburg-Vorpommern (vgl. § 18 Abs. 7 LNatG M-V).

cc. Alternativen im Gesetzgebungsverfahren, aus der Literatur und im UGB-KomE

Im Rahmen des Gesetzgebungsverfahrens für das Zweite Gesetz zur Änderung des BNatSchG, durch das die FFH-RL im wesentlichen umgesetzt wurde, gab es sowohl im Hinblick auf die Fassung von Projekt- und Planbegriff wie auch für das Verfahren vom jetzigen BNatSchG abweichende Regelungen. So wurde für den Projektbegriff teilweise einfach auf die Richtlinie verwiesen[288], teilweise sind mehr Projekte von der Pflicht zur Verträglichkeitsprüfung erfasst, als von der Richtlinie verlangt[289]. Interessant sind die abweichenden Verfahrensregelungen. So wurde in den Entwürfen für eine umfassende Novelle des BNatSchG eine Zusammenfassung mit der allgemeinen Eingriffsprüfung[290] wie auch mit der UVP[291] vorgeschlagen. Die in einem Teil der Landesgesetze gewählte Konzentration auf die Stelle, die ohnehin über ein Projekt zu entscheiden hat, wird teilweise bereits für die bundesrechtliche Regelung vorgeschlagen[292].

Eine engere Zusammenfassung von UVP und FFH-Verträglichkeitsprüfung wird auch in der Literatur diskutiert. Dagegen wird eingewandt, dass die Anknüpfungspunkte sehr unterschiedlich sind und deswegen keine der beiden Prüfungen die jeweils andere überflüssig machen kann. Allenfalls könne der verfahrensrechtliche Rahmen genutzt werden[293]. Dem wiederum wird entgegnet, dass sich die UVP nach dem jeweils einschlägigen Fachrecht richte und eine Einbeziehung der FFH-Kriterien möglich sei[294]. Zu beachten ist in jedem Falle, dass eine UVP nicht in allen Fällen der FFH-Verträglichkeitsprüfung vorzunehmen ist. De lege lata sind die Behörden in Deutschland nicht gehindert, beide Verfahren miteinander zu verzahnen. Voraussetzung dafür ist jedoch, dass für beide Prüfungen die gleiche Behörde zuständig ist. Dies ist regelmäßig der Fall[295]. In Mecklenburg-Vorpommern ist sogar die Zusammenfassung von UVP und FFH-Verträglich-

---

[288] Entwurf Bündnis 90/ Die Grünen, BT-Ds. 13/3207, § 20 Abs. 6.

[289] Entwurf SPD, BT-Ds. 13/1930, § 12 c (es reichen nachteilige Auswirkungen); Entwurf Bundesregierung, BR-Ds. 636/96, § 20 Abs. 1 (sowohl zu befürchtende erhebliche als auch nachhaltige Auswirkungen lösen die Prüfungspflicht aus).

[290] Bundesregierung, BR-Ds. 636/96, §§ 18 f.; Bündnis 90/ Die Grünen, BT-Ds. 13/3207, § 20; kritisch dazu Niederstadt, NuR 1998, 515, 523; Freiburg, S. 135-142.

[291] Bundesregierung, BR-Ds. 636/96, § 20 Abs. 5.

[292] SPD, BT-Ds. 13/1930, § 12 c.

[293] Bundesamt für Naturschutz, Das europäische Schutzgebietssystem NATURA 2000, S. 39; Niederstadt, NuR 1998, 515, 523.

[294] Apfelbacher/ Adenauer/ Iven, NuR 1999, 63, 64 f.; Lorenz, in Jarass, Bauleitplanung und Umweltschutz, S. 97-109; dies., NuR 2001, 128-133; Thyssen, DVBl. 1998, 877, 880 (letzterer in Details kritisch).

[295] Siehe § 3 VI 1.

keitsprüfung vom Gesetz angeordnet[296]. Im Übrigen liegt eine Zusammenfassung in der Entscheidung der (im Regelfall für beide Prüfungen) zuständigen Behörde.

Der UGB-KomE sieht keine Definition von Projekt oder Plan vor, so dass auf die FFH-RL zurückgegriffen werden müsste. Es sind ebenfalls mehr Projekte von der Pflicht zur Verträglichkeitsprüfung erfasst[297]. Auch das UGB will die Verfahren konzentrieren[298].

b. Beeinträchtigungsverbot

Art. 6 Abs. 3 S. 2 FFH-RL verpflichtet die Mitgliedstaaten, Plänen oder Projekten nur zuzustimmen, wenn das Gebiet „als solches" nicht beeinträchtigt wird. Im BNatSchG wird daraus in § 34 Abs. 2 (früher § 19 c Abs. 2), dass ein Projekt[299] unzulässig ist, wenn es zu erheblichen Beeinträchtigungen des Gebiets in seinen für die Erhaltungsziele oder den Schutzzweck maßgeblichen Bestandteilen führen kann. Erkennbar ist zunächst, dass dem Wortlaut nach eine deutliche Abweichung vorliegt. Es wäre auch fraglich, ob der Bundesgesetzgeber gut daran getan hätte, die Formulierung der Richtlinie zu übernehmen. Wann das Gebiet „als solches" beeinträchtigt wird, bedarf der Auslegung. Aus Satz 2 des Art. 6 Abs. 3 FFH-RL allein lässt sich die Bedeutung der Wendung nicht gewinnen[300]: Es kann schwerlich darum gehen, Projekte und Pläne auszuschließen, deren Umsetzung das Wort „Gebiet" als Bezeichnung für einen Teil der Erdoberfläche in Frage stellen würden[301]. Vielmehr geht es um Gebiete, wie sie die Richtlinie im vorhergehenden definiert. Heranzuziehen ist insbesondere Art. 6 Abs. 3 S. 1 FFH-RL. Die Verträglichkeitsprüfung ist vorzunehmen als Prüfung auf Verträglichkeit mit den für das Gebiet festgelegten Erhaltungszielen. Eine Beeinträchtigung des „Gebiets als solchem" lässt sich demnach definieren als Beeinträchtigung des Gebiets in einer Art und Weise, die die Erhaltungsziele gefährdet[302]. Für diese Auslegung spricht auch, dass Art. 6 Abs. 4 UAbs. 1 S. 1 FFH-RL wiederum an die Ergebnisse der Verträglichkeitsprüfung anknüpft. Da Art. 6 Abs. 4 FFH-RL systematisch die Ausnahme zum Beeinträchtigungsverbot darstellt, würde jede andere Ausfüllung

[296] § 18 Abs. 5 S. 2 LNatG M-V.
[297] § 281 Abs. 1 S. 1 UGB-KomE.
[298] § 284 Abs. 1 UGB-KomE.
[299] Für Pläne verweist § 35 (früher § 19 d) wiederum auf § 34 BNatSchG n. F. (früher § 19 c BNatSchG), hinzu treten außerdem §§ 36 BNatSchG n. F. (früher 19 e BNatSchG), 6 Abs. 2 WHG.
[300] A.A. Freiburg, S. 127 f., die der Wendung „Gebiet als solches" einen eigenen Bedeutungsgehalt geben will, mit der Folge, dass bei Beeinträchtigungen des Gebiets als solchem die Ausnahmetatbestände des Art. 6 Abs. 4 FFH-RL gar nicht zum Zuge kämen.
[301] Ähnlich Freiburg, S. 127.
[302] Ähnlich die Kommission, Natura 2000 – Gebietsmanagement, S. 42 f.; ähnlich auch Gellermann, Natura 2000, S. 87, der die Versagungsfolge durch jegliche negative Auswirkungen auf schutzwürdige Lebensraumtypen oder Habitate ausgelöst sieht.

der Wendung „Gebiet als solches" als der Gegenstand der Verträglichkeitsprüfung zu einem widersprüchlichen Prüfschema führen.

Sofern sich eine Verträglichkeitsprüfung auf ein potentielles FFH-Gebiet bezieht und deswegen noch keine Erhaltungsziele festgelegt sind, gelten die Maßgaben des Verschlechterungsverbots aus Art. 6 Abs. 2 FFH-RL (Verschlechterung der natürlichen Lebensräume und der Habitate der Arten sowie Störungen von Arten für die das Gebiet auszuweisen ist) als Maßgabe für die Ausfüllung des Begriffs „Gebiet als solchem".

Dieser Teil von Art. 6 Abs. 3 S. 2 FFH-RL (keine Beeinträchtigung des Gebiets als solchem) findet eine akzeptable Entsprechung in § 34 Abs. 2 BNatSchG n. F. Jene Bestimmung ordnet an, dass die Beeinträchtigungen sich auf die für die Erhaltungsziele oder den Schutzzweck maßgeblichen Bestandteile beziehen müssen[303]. Somit sind sowohl die ausgewiesenen (Erhaltungsziele) als auch die nicht ausgewiesenen Gebiete (Schutzzweck) erfasst.

Fraglich ist aber, ob die Einschränkung auf „erhebliche" Beeinträchtigungen richtlinienkonform ist. Da aber, wie gezeigt, die Richtlinie bereits unscharf ist, lässt sich die Frage nur schwer beantworten. Dafür wird angeführt, dass Art. 6 Abs. 3 S. 1 FFH-RL eine Pflicht zur Vornahme einer Verträglichkeitsprüfung erst dann anordnet, wenn erhebliche Beeinträchtigungen zu befürchten sind[304]. Art. 6 Abs. 3 S. 2 FFH-RL dagegen, in dem der Verträglichkeitsgrundsatz aufgestellt wird, spricht nicht von erheblichen Beeinträchtigungen, sondern will sicherstellen, dass das „Gebiet als solches nicht beeinträchtigt" wird. In der Wendung „Gebiet als solchem" liegt weder eine Aussage in die eine noch in die andere Richtung. Vielmehr ergibt sich der Gehalt – wie gezeigt – aus den vorgehenden Regelungen. Danach ist das „Gebiet als solches" durch die Erhaltungsziele definiert. Gem. Art. 6 Abs. 3 S. 2 FFH-RL ist also eine Genehmigung dann zu versagen, wenn die Erhaltungsziele beeinträchtigt werden. Eine Einschränkung auf erhebliche Beeinträchtigungen findet sich dort nicht. Die Einführung eines ausfüllungsbedürftigen Begriffes „erhebliche" Beeinträchtigungen macht auch systematisch keinen Sinn, weil Art. 6 Abs. 4 FFH-RL ausdrückliche Ausnahmen vorsieht, die Abwägungen notwendig machen. Das Ergebnis ist, dass nach der FFH-RL zwar nur bei der Gefahr von erheblichen Beeinträchtigungen eine Verträglichkeitsprüfung vorzunehmen ist, eine Genehmigung aber auch dann zu versagen ist, wenn diese Prüfung

[303] Anders Gellermann, Natura 2000, S. 173, der bereits in der Regelung, die sich jetzt in § 34 Abs. 2 BNatSchG n. F. findet, eine zu weit gehende Einschränkung der Forderung des Art. 6 Abs. 3 S. 2 FFH-RL sieht.

[304] OVG Münster, Beschl. v. 11.5.1999 – 20 B 1464/98.AK –, NuR 2000, 165, 170; Apfelbacher/ Adenauer/ Iven, NuR 1999, 63, 75; Thyssen, DVBl. 1998, 877, 881.

ergibt, dass das Vorhaben zu Beeinträchtigungen führt, die die Erheblichkeitsschwelle nicht überschreiten. Die deutsche Umsetzung ist insoweit fehlerhaft[305].

Unbefriedigend ist die Regelung des § 34 Abs. 2 BNatSchG n. F. auch, weil sie nur auf den status quo des Gebiets abstellt und notwendige Optimierungsmaßnahmen außer Blick lässt. Damit verfolgt diese Regelung einen anderen Ansatz als die Verträglichkeitsprüfung, die gem. § 34 Abs. 1 S. 1 BNatSchG n. F. an den Erhaltungszielen auszurichten ist und damit auch Optimierungsmaßnahmen umfasst[306].

Nicht mit den Vorgaben der FFH-RL zu vereinbaren sind die Sonderregelungen der §§ 36 BNatSchG n. F. (früher 19 e BNatSchG) und 6 Abs. 2 WHG für nach BImSchG zu genehmigende Anlagen bzw. Gewässerbenutzungen nach WHG. Das Beeinträchtigungsverbot mit seinen eng begrenzten Ausnahmen kommt hier überhaupt nicht zum Tragen, wenn die durch das Projekt verursachten Beeinträchtigungen ausgeglichen werden können. Eine solche Ausnahme sieht Art. 6 FFH-RL nicht vor[307]. Hinzu kommt, dass jedenfalls für die Anlagen, die nach BImSchG zu genehmigen sind, die Behörden gar nicht die Möglichkeit haben, die Ergebnisse der Verträglichkeitsprüfung zu berücksichtigen, wie dies Art. 6 Abs. 3 S. 2 FFH-RL verlangt[308].

Von den Regelungen des BNatSchG, die der Umsetzung des Beeinträchtigungsverbots dienen, beansprucht nur § 36 BNatSchG gem. § 11 S. 1 BNatSchG n. F. (früher §§ 19 e und § 4 S. 3 BNatSchG) unmittelbare Wirkung. Die in § 34 (früher §19 c) befindlichen Regelungen sind ausfüllungsfähig und -bedürftig. Die Ausfüllung durch Landesgesetze ist auch insoweit interessant, als dass erhebliche Defizite in der bundesgesetzlichen Umsetzung bestehen. Die Landesgesetze weisen jedoch weitgehend identische Formulierungen und damit die gleichen Umsetzungsdefizite auf wie das BNatSchG[309]. Teilweise wird die Einschränkung im BNatSchG auf solche Projekte, die erhebliche Beeinträchtigungen mit sich bringen, abgemildert dadurch, dass nicht nur erheblich, sondern auch nachhaltig beeinträchtigende Projekte erfasst sind[310].

---

[305] A.A. Halama, NVwZ 2001, 506, 510, der zwar die RL ähnlich streng auslegt, eine Konformität mit der RL aber dann als gegeben ansieht, wenn der Begriff der Erheblichkeit bei der Anwendung entsprechend ausgelegt wird.
[306] Gellermann, Natura 2000, S. 172.
[307] Kritisch auch Gellermann, Natura 2000, S. 174 f.; Freiburg, S. 147-150.
[308] So auch Gellermann, Natura 2000, S. 174.
[309] Soweit überhaupt bereits auf die FFH-RL bezogene Regelungen bestehen: § 18 Abs. 1 LNatG M-V; § 48 d Abs. 4 LG NRW; § 21 a Abs. 2 S. 1 HmbNatSchG; § 26 c Abs. 2 BremNatSchG; § 20 d Abs. 2 HENatG; § 26 c Abs. 2 NatSchG B-W.
[310] Art. 13 c Abs. 2 BayNatSchG.

Im Rahmen des Gesetzgebungsverfahrens zur 1998 in Kraft getretenen Novelle gab es eine ganze Reihe von Varianten, die die Umsetzungsdefizite vermieden oder abgemildert hätten. Zum einen findet sich auch hier das Verbot von nachhaltigen Beeinträchtigungen neben dem von erheblichen Beeinträchtigungen[311]. Zum zweiten wurde vorgeschlagen, allgemein auf die Richtlinie zu verweisen[312] – das hätte Umsetzungsdefizite im engeren Sinne vermieden, aber die gezeigten Auslegungsprobleme auf die Länder bzw. die zuständigen Behörden verlagert. Die Sonderregelung des § 19 e BNatSchG (jetzt § 36 BNatSchG) für nach BImSchG zu genehmigende Pläne war in den meisten Entwürfen, die dem Gesetzgebungsverfahren zugrunde lagen, nicht vorgesehen, fand aber durch den Entwurf der Bundesregierung[313] Einzug in das Gesetzgebungsverfahren.

Im Rahmen des Gesetzgebungsverfahrens für die Novelle 2001/2002 wurde wiederum der Vorschlag gemacht, § 19e BNatSchG a. F. zu streichen und § 6 Abs. 2 WHG zu ändern[314]. Dies sollte die Genehmigungen nach BImSchG und die Gewässerbenutzungen den gleichen Anforderungen unterwerfen wie die übrigen Projekte, was das hier bestehende Umsetzungsdefizit beseitigt hätte.

Für noch nicht als solche erklärte aber zu erklärende Vogelschutzgebiete trifft Art. 4 Abs. 1 S. 1 Vogelschutz-RL ein Beeinträchtigungsverbot. Für solche Gebiete fehlt im Bundesrecht eine entsprechende Regelung. § 33 Abs. 3 BNatSchG n. F. (früher § 19 b Abs. 3 BNatSchG) verweist lediglich auf Art. 6 FFH-RL, der für die hier in Rede stehenden (faktischen) Vogelschutzgebiete gerade nicht gilt. Auch das Beeinträchtigungsverbot in § 33 Abs. 5 BNatSchG n. F. umfasst nicht all diese Gebiete, weil es das Erfordernis der Bekanntmachung im Bundesanzeiger gem. § 10 Abs. 6 BNatSchG n. F. (früher § 19 a Abs. 4 BNatSchG) verlangt. Nur für einen Teil der bislang ergangenen Landesgesetze ist ein besserer Befund zu vermelden[315]. Art. 13 c Abs. 1 S. 1 BayNatSchG verbietet Störungen sowohl von FFH- wie auch von Vogelschutzgebieten. Zu kritisieren ist allerdings, dass der Schutz auf erhebliche und nachhaltige Störungen beschränkt wird, obwohl Art. 4 Abs. 4 Vogelschutz-RL eine Beschränkung durch das Wort „erheblich" nur

[311] Entwurf SPD, BT-Ds. 13/1930, § 12 d Abs. 1; Entwurf Schleswig-Holstein, BR-Ds. 118/96, § 19 d Abs. 1; Entwurf Bundesregierung, BR-Ds. 636/96, § 20 Abs. 1; entfiel im Gesetzgebungsverfahren durch Beratung der Ausschüsse des Bundesrates BR-Ds. 118/1/96; auch der UGB-KomE spricht von erheblichen und nachhaltigen Beeinträchtigungen, § 283 Abs. 1 S. 1.
[312] Entwurf Bündnis 90/ Die Grünen, BT-Ds. 13/3207, § 20 Abs. 6.
[313] BR-Ds. 636/96, § 21.
[314] Entwurf PDS, BT-Ds. 14/5766, § 35 Abs. 3.
[315] Unbefriedigend wie im Bundesrecht: § 28 Abs. 4 S. 3 LNatG M-V; § 48 c Abs. 3 S. 2 LG NRW; § 20 b Abs. 1 S. 4 HENatG.

im Hinblick auf Belästigungen, nicht jedoch auch auf sonstige Beeinträchtigungen zulässt[316].

c. Anhörung der Öffentlichkeit

Art. 6 Abs. 3 S. 2 FFH-RL trifft auch eine Aussage zur Anhörung der Öffentlichkeit. Durch die Wendung „gegebenenfalls“ soll den Mitgliedstaaten jedoch weitgehend freigestellt sein, wann sie eine Beteiligung der Öffentlichkeit für geboten halten[317]. Nicht zulässig wäre jedoch, in jedem Falle auf eine Beteiligung der Öffentlichkeit zu verzichten[318]. Da jedenfalls im Verfahren zur Aufstellung von Bauleitplänen (§ 3 BauGB) eine Beteiligung von Bürgern vorgesehen ist und auch das UVPG in § 9 eine Einbeziehung der Öffentlichkeit vorsieht, kann an dieser Stelle das Ergebnis der Überprüfung nicht ein Verdikt der Gemeinschaftsrechtswidrigkeit sein[319].

Im BNatSchG fanden sich bis zur Novelle 2002 keine Regelungen über die Anhörung der Öffentlichkeit.

Nun befindet sich in § 2 Abs. 1 Nr. 15 S. 2 BNatSchG n. F. eine sehr allgemeine Bestimmung, dass bei Maßnahmen des Naturschutzes ein frühzeitiger Informationsaustausch mit Betroffenen und interessierter Öffentlichkeit zu gewährleisten sei. Bislang fand sich im BNatSchG lediglich die Beteiligung der Verbände – diese ist jedoch nicht mit der Beteiligung der Öffentlichkeit gleichzusetzen. Die Landesgesetze teilweise ebenso allgemeine Regeln über die Beteiligung der Öffentlichkeit auf[320].

Da § 2 Abs. 1 Nr. 15 S. 2 BNatSchG n. F. nur eine sehr allgemeine Vorgabe macht, hängt es von den Landesnaturschutzgesetzen und – soweit diese keine engeren Vorgaben machen – der Verwaltungspraxis ab, ob durch diese Bestimmung ein Mehr an Öffentlichkeitsbeteiligung zustande kommt.

---

[316]Gellermann, Natura 2000, S. 119 f. m.w.N.; ähnliches gilt für § 26 b Abs. 4 S. 2 BremNatSchG und § 26 b NatSchG B-W.
[317]Gellermann, Natura 2000, S. 88; Thyssen, DVBl. 1998, 877, 879 f.
[318]Gellermann, NuR 1996, 548, 552 f.
[319]Auch durch die Art und Weise der Umsetzung der Umweltinformationsrichtlinie (RL 90/313/EWG) durch das Umweltinformationsgesetz und andere Maßnahmen zur Schaffung von Transparenz, wie etwa die Einführung von Informationsfreiheitsgesetzen in einigen Bundesländern sind Auswirkungen auf die Qualität der Umsetzung der FFH- und der Vogelschutz-RL zu erwarten. Dies kann jedoch an dieser Stelle nicht eingehend untersucht werden.
[320]So z. B. § 7 LNatG M-V.

d. Ausnahmen vom Beeinträchtigungsverbot

Wann ausnahmsweise ein Plan oder ein oder Projekt zugelassen werden kann, der ein FFH-Gebiet als solches beeinträchtigt, bestimmt Art. 6 Abs. 4 FFH-RL. Im bundesdeutschen Recht findet sich die Entsprechung in § 34 Abs. 3-5 BNatSchG n. F. (früher § 19 c Abs. 3-5 BNatSchG). Es handelt sich dabei gem. § 11 S. 1 BNatSchG n. F. (früher § 4 S. 1 BNatSchG) um eine Rahmenvorschrift, die die Länder auszufüllen haben. Bis dahin und längstens bis zum 8.5.2003 gilt § 34 gem. § 69 Abs. 1 (früher § 39 Abs. 1) unmittelbar. Interessant sind deswegen auch hier die bislang erlassenen landesrechtlichen Vorschriften zur Umsetzung der FFH-RL. Soweit bereits erlassen, geben die Landesnaturschutzgesetze jedoch fast wörtlich den Inhalt von § 34 Abs. 3-5 BNatSchG n. F. wieder[321].

Auch auf Dauer findet § 34 Abs. 3-5 BNatSchG n. F. auch ohne landesgesetzliche Umsetzung Anwendung auf Genehmigungen, die Behörden des Bundes erlassen[322] und durch die entsprechende Anwendung für Pläne gem. § 35 BNatSchG n. F. (früher § 19 d BNatSchG) und § 1 a Abs. 2 Nr. 4 BauGB, § 7 Abs. 7 ROG und § 6 Abs. 2 WHG.

aa. Überwiegende öffentliche Interessen

Grundlegende Voraussetzung für eine Ausnahme vom Beeinträchtigungsverbot ist gem. Art. 6 Abs. 4 UAbs. 1 S. 1 FFH-RL das Vorliegen zwingender Gründe überwiegenden öffentlichen Interesses. § 34 Abs. 3 Nr. 1 BNatSchG n. F. übernimmt die Begriffe der Richtlinie; die Formulierung verklart die von der Richtlinie gewollte Prüfungsfolge. Eine höhere Anforderung als durch die FFH-RL gefordert könnte darin gesehen werden, dass das BNatSchG verlangt, dass Projekte und Pläne[323] aus zwingenden Gründen des überwiegenden öffentlichen Interesses *notwendig* sein müssen. Ein zusätzlicher Bedeutungsgehalt gegenüber der FFH-RL ergibt sich dadurch allerdings nicht: Die Formulierung „durchzuführen" und auch der übrige Kontext lassen es unplausibel erscheinen, auch solche Projekte und Pläne für zulässig zu halten, die lediglich einem öffentliche Interesse nützlich

[321] § 18 Abs. 2-4, 6 LNatG M-V; § 48 d Abs. 5-7 LG NRW; § 26 c Abs. 2-4 BremNatSchG; § 20 d Abs. 3-5 HENatG; § 26 c Abs. 3-5 NatSchG B-W; § 48 a HmbNatSchG weicht zwar etwas in den Formulierungen, nicht jedoch im Inhalt ab; Art. 49 a BayNatSchG weicht dem Inhalt nach im Hinblick auf die Rechtfertigungsgründe nicht ab, weist jedoch Unterschiede im Hinblick auf Alternativenprüfung und Ausgleichsfähigkeit auf.

[322] Gem. § 11 S. 2 BNatSchG n. F. (früher § 4 S. 4 BNatSchG).

[323] Gem. der analogen Anwendung von § 34, die § 35 BNatSchG n. F. anordnet; die Regelung der Abs. 3-5 von § 34 gelten gem. § 35 S. 2 auch für Bauleitpläne und Satzungen entsprechend. Ebenfalls entsprechende Anwendung finden jene Bestimmungen gem. § 6 Abs. 2 WHG auch für Gewässerbenutzungen. Auf jene wird im folgenden Abschnitt über die Ausnahmen vom Beeinträchtigungsverbot nicht ausdrücklich verwiesen, sie sind miterfasst, wenn von Projekten die Rede ist.

sind, ohne für seine Wahrnehmung notwendig zu sein. Wesentlich weicht der Gehalt der Regelung des BNatSchG jedoch durch die vorhergehend festgestellten Defizite im Hinblick auf die Pflicht zur Durchführung einer Verträglichkeitsprüfung ab[324]. Dieses Defizit überträgt sich im Prüfschema weiter; so entziehen sich Projekte und Pläne der Überprüfung auf zwingende Gründe des überwiegenden öffentlichen Interesses, für die die Richtlinie eine solche Überprüfung verlangt[325].

(1) Öffentliche Interessen

Der Begriff der öffentlichen Interessen umfasst ausdrücklich auch öffentliche Interessen sozialer und wirtschaftlicher Art. Diese Setzung verwehrt es, das Vorliegen eines öffentlichen Interesses bereits dann zu verwehren, wenn ein Plan oder ein Projekt überwiegend privatnützig ist. Soll ein öffentliches Interesse wirtschaftlicher Art befriedigt werden, so bedarf es in marktwirtschaftlich orientierten Staaten typischerweise eines privaten Akteurs, der nicht ohne Gewinnerwartung tätig werden wird. Ausgeschlossen werden können jedoch solche Projekte und Pläne, die ausschließlich privaten Interessen zugute kommen[326]. Vielmehr sind an diese Projekte bestimmte Anforderungen zu stellen, die das öffentliche Interesse begründen (so z.B. die Schaffung von Arbeitsplätzen[327]). Dieser sehr weite Begriff der öffentlichen Interessen wurde gewählt, um den engen Rahmen, die die Vogelschutz-RL in Ihrer Interpretation durch den EuGH[328] setzt, zu erweitern[329].

(2) Überwiegen des Interesses

Das Interesse muss nicht nur gegeben sein, es muss auch überwiegen. Die Beeinträchtigung eines FFH-Gebiets und der Bau einer Straße lassen sich allerdings nur schwer gegeneinander abwägen. Einzubeziehen ist jedoch, dass es bei der FFH-RL in jedem Fall um die Erhaltung des gemeinsamen Naturerbes der Gemeinschaft geht. Jedes Gebiet ist demnach Teil dieses gemeinsamen Naturerbes. Einzustellen ist die Schwere der Gebietsbeeinträchtigung, Anzahl und Bedeutung der betroffenen Lebensraumtypen und Arten und der Grad der Unvereinbarkeit mit

---

[324] Siehe § 3 VI 7. a. aa.

[325] So auch Gellermann, Natura 2000, S. 176.

[326] Kommission, Natura 2000 – Gebietsmanagement, S. 47; Düppenbecker/ Greiving, UPR 1999, 173, 178; Gellermann, Natura 2000, S. 92; Schink, UPR 1999, 417, 425; Thyssen, DVBl. 1998, 877, 882.

[327] Gellermann, Natura 2000, S. 92; Ramsauer, in: Erbguth, Wilfried, Europäisierung des nationalen Umweltrechts, S. 107, 118 und 120 f.; ders., NuR 2000, 601, 603; s. dazu auch die Stellungnahme der Kommission auf Ersuchen der Bundesregierung vom 19.4.2000, NuR 2000, Heft 11, II-IV.

[328] EuGH, U. v. 2.8.1993 – C-355/90, ZUR 1994, 305, 306 (Rn19; Santoña-Sümpfe); siehe im Übrigen § 2 II 2. b.

[329] Gellermann, Natura 2000, S. 92; Ramsauer, in: Erbguth, Wilfried, Europäisierung des nationalen Umweltrechts, S. 107, 120; ders., NuR 2000, 601, 604 f.

den festgelegten Erhaltungszielen für das Gebiet[330]. Ein überwiegendes Interesse müsste demnach mehr als nur lokale Bedeutung haben, sich nicht nur für einen begrenzten Personenkreis positiv auswirken und langfristig gegeben sein[331]. Es bedarf in jedem Falle einer ausdrücklichen Abwägung und der Feststellung des Überwiegens der Gründe[332].

(3) Zwingende Gründe: Eigener Bedeutungsgehalt?

Fraglich ist, ob der Begriff „zwingende Gründe" einen eigenen Bedeutungsgehalt hat. Nicht gemeint sein kann das Fehlen von Alternativlösungen, weil diese Anforderung ausdrücklich in Art. 6 Abs. 4 UAbs. 1 S. 1 FFH-RL formuliert ist[333]. Argumentiert wird, zwingende Gründe lägen dann vor, wenn sie deutlich gewichtiger seien, als die Belange des Naturschutzes[334]. Dass die öffentlichen Interessen gewichtiger seien müssen, besagt jedoch bereits das Kriterium des „Überwiegens". Hätte der Gemeinschaftsgesetzgeber tatsächlich ein besonders starkes Überwiegen fordern wollen, so wäre es angezeigt gewesen, ein Wort einzufügen, das das deutlich macht (z.B. „stark überwiegende öffentliche Interessen"). Der Auffassung kann deswegen nicht gefolgt werden.

Eine weitere Auffassung sagt, zwingende Gründe seien Gründe die keinen dispositiven oder beliebigen Charakter haben, die also unabhängig von unterschiedlichen politischen Anschauungen und Vorstellungen in allen Mitgliedstaaten Bestand haben[335]. Diese Lösung hat den Nachteil, dass ein ausfüllungsbedürftiger Begriff durch mehrere ausfüllungsbedürftige Begriff ersetzt wird.

Besser erscheint es, diesen Begriff so zu interpretieren, dass sowohl das Vorliegen eines öffentlichen Interesses als auch das Überwiegen dieses Interesses ohne Zweifel ist. Daher ist bei der Prüfung dieser beiden Tatbestandsmerkmale eine ausdrückliche Feststellung des Fehlens von Zweifeln notwendig[336].

---

[330]Gellermann, Natura 2000, S. 92.

[331]Zu letzterem die Kommission, Natura 2000 – Gebietsmanagement, S. 48.

[332]Insbesondere, weil die Abwägung im vollen Umfang gerichtlich überprüfbar ist: BVerwG, U. v. 17.5.2002 – 4 A 28/01 –, NVwZ 2002, 1243, 1247 (= UPR 2002, 448-452); Ramsauer, in: Erbguth, Wilfried, Europäisierung des nationalen Umweltrechts, S. 107, 123; ders., NuR 2000, 601, 605 f.

[333]So auch Ramsauer, in: Erbguth, Wilfried, Europäisierung des nationalen Umweltrechts, S. 107, 118.

[334]Apfelbacher/ Adenauer/ Iven, NuR 1999, 63, 76; Iven, UPR 1998, 361, 365; Schink, UPR 1999, 417, 426.

[335]Ramsauer, in: Erbguth, Wilfried, Europäisierung des nationalen Umweltrechts, S. 107, 118; ders., NuR 2000, 601, 604.

[336]Im Ergebnis ähnlich, wenn auch mit anderer Herleitung: Gellermann, Natura 2000, S. 93.

bb. Überwiegende öffentliche Interessen bei prioritären Gebieten

In Gebieten mit prioritären Arten oder prioritären Lebensräumen (im weiteren prioritäre Gebiete)[337] lässt Art. 6 Abs. 4 UAbs. 2 FFH-RL zunächst nur bestimmte überwiegende öffentliche Interessen als Rechtfertigungsgründe zu: Gesundheit des Menschen, öffentliche Sicherheit und maßgebliche günstige Auswirkungen auf die Umwelt[338]. Eng am Wortlaut orientiert, setzt § 34 Abs. 4 S. 1 BNatSchG n. F. (früher § 19 c Abs. 4 S. 1 BNatSchG) diese Regelung um. Eingefügt wurde jedoch der Zusatz, dass öffentliche Sicherheit auch Landesverteidigung und Schutz der Zivilbevölkerung einschließt. Dieser Zusatz dürfte jedoch keine erweiternde Bedeutung haben, weil Landesverteidigung und Schutz der Zivilbevölkerung typische Beispiele für Elemente der öffentlichen Sicherheit darstellen[339].

cc. Stellungnahme der Kommission und andere zwingende Gründe des überwiegenden öffentlichen Interesses

Nach Art. 6 Abs. 4 UAbs. 2 FFH-RL kommen auch weitere zwingende Gründe des überwiegenden öffentlichen Interesses als Rechtfertigungsgründe für die Beeinträchtigung prioritärer Gebiete in Betracht, wenn zuvor eine Stellungnahme der Kommission eingeholt wurde[340]. Strittig ist, welche Rechtfertigungsgründe über die in Art. 6 Abs. 4 UAbs. 2 FFH-RL genannten hinaus in Betracht kommen. Der äußerste Rahmen der Gründe ist in jedem Falle durch die Gründe in Art. 6 Abs. 4 UAbs. 1 FFH-RL gezogen. Danach wären auch Gründe wirtschaftlicher oder sozialer Art grundsätzlich in der Lage, eine Beeinträchtigung eines prioritären Ge-

[337] Zur Frage, ob es auch prioritäre Vogelschutzgebiete gibt: OVG Münster, Beschl. v. 11.5.1999 – 20 B 1464/98.AK –, NuR 2000, 165, 171; VG Oldenburg, Beschl. v. 26.11.1998 – 1 B 3953/98 –, ZUR 1999, 168, 170; Bundesamt für Naturschutz, Das europäische Schutzgebietssystem NATURA 2000, S. 40; Apfelbacher/ Adenauer/ Iven, NuR 1999, 63, 76; Fisahn/ Cremer, NuR 1997, 268, 273; Freytag/ Iven, NuR 1995, 109, 114; Gellermann, Natura 2000, S. 101 f. m.w.N.; ders. NuR 1996, 548, 554 f.; Halama, NVwZ, 2001, 506, 513; Iven, NuR 1996, 373, 379.

[338] Zu den Grenzen dieser Ausnahmen: BVerwG, U. v. 27.1.2000 – 4 C 2/99 –, DVBl. 2000, 814, 817 f.; U. v. 17.5.2002 – 4 A 28/01 –, NVwZ 2002, 1243, 1247 (= UPR 2002, 448-452; die Leitsätze der NVwZ auf S. 1243 sind irreführend); Gellermann, Natura 2000, S. 102-104; Halama, NVwZ 2001, 506, 512; Ramsauer, in: Erbguth, Wilfried, Europäisierung des nationalen Umweltrechts, S. 107, 129 f.; ders., NuR 2000, 601, 608 f. verlangt jedoch, dass auch bei jenen Maßnahmen nur solche mit einem erheblichen Gewicht für die Rechtfertigung einer Beeinträchtigung prioritärer Gebiete in Betracht kommen.

[339] Von Kriminalitätsbekämpfung kann hier abgesehen werden, weil Maßnahmen in dem Zusammenhang kaum Einschränkungen für FFH-Gebiete haben dürften; Küstenschutz unterfällt dagegen dem Rechtfertigungsgrund der Gesundheit des Menschen, s. Gellermann, Natura 2000, S. 102; a.A. Ramsauer, in: Erbguth, Wilfried, Europäisierung des nationalen Umweltrechts, S. 107, 130.

[340] Schrödter, in: Jarass, Bauleitplanung und Umweltschutz, S. 61, 87 vertritt die Auffassung, dass die Stellungnahme der Kommission nicht abgewartet werden muss, es muss der Kommission lediglich eine angemessene Frist eingeräumt werden; zutreffende Kritik an dieser Auffassung von Gellermann und Hoffmann, zit. von Schoen, in: Jarass, Bauleitplanung und Umweltschutz, S. 111.

biets zu rechtfertigen[341]. Dagegen wird insbesondere argumentiert, dass es der Bedeutung und dem Grad der Bedrohung von prioritären Arten und Lebensräumen nicht gerecht werde, wenn auch Pläne oder Projekte zulässig seien, die ausschließlich wirtschaftlichen oder sozialen Zwecken dienen und der einzige Unterschied darin bestehe, dass eine Stellungnahme der Kommission eingeholt werden müsse, dessen Ergebnis sogar ignoriert werden könne[342]. Eine Klärung des EuGH liegt hierzu noch nicht vor. Diese Streitfrage soll auch in dieser Untersuchung, die sich der Umsetzung in nationales Recht rechtsvergleichend widmet, nicht abschließend untersucht werden. Festgestellt werden kann jedoch, dass die Differenzierung in prioritäre und nicht prioritäre Arten und Lebensräume wenig Sinn machen würde, wenn der Unterschied auf der Rechtsfolgenseite sich auf das Abwarten einer ignorierbaren Stellungnahme der Kommission erschöpfen würde. Für diese Untersuchung kann festgehalten werden, dass es im Rahmen der mitgliedstaatlichen Umsetzung Spielräume gibt, einen mehr oder weniger wirkungsvollen Schutz prioritärer Gebiete zu erreichen.
§ 34 Abs. 4 S. 2 BNatSchG n. F. (früher § 19 c Abs. 4 S. 2 BNatSchG) enttäuscht jedoch in dieser Hinsicht. Es wird ausdrücklich auf die Gründe in Abs. 3 verwiesen, was einen Einschluss von Gründen wirtschaftlicher oder sozialer Art bedeutet[343].

Andere Vorschläge für das Vorgehen bei „sonstigen zwingenden Gründen" wurden im Rahmen des Gesetzgebungsverfahrens zur 1998 in Kraft getretenen Novelle gemacht: Die Rechtfertigungsgründe sollten enger gefasst werden, als dies die Richtlinie vorschreibt oder jedenfalls sollten die Rechtfertigungsgründe der Richtlinie genauer transformiert werden. So sollten für prioritäre Gebiete die unbenannten („sonstigen") Gründe, die auch wirtschaftliche oder soziale Gründe einschließen, nicht als Rechtfertigung einer Beeinträchtigung zugelassen werden[344]. Gar keine Ausnahmen sollten gelten für Eingriffe, die ein Aussterben von Arten zur Folge hätten[345]. Es gab auch einen Vorschlag, der das von der Richtlinie vorgesehene Verhältnis der Regelungen für prioritäre und nicht-prioritäre Gebiete

---

[341] So Apfelbacher/ Adenauer/ Iven, NuR 1999, 63, 76; Schrödter, in: Jarass, Bauleitplanung und Umweltschutz, S. 61, 86.

[342] Bundesamt für Naturschutz, Das europäische Schutzgebietssystem NATURA 2000, S. 40; Erbguth, Wilfried, NuR 2000, 130, 134; ders., in: Jarass, EG-Naturschutzrecht und räumliche Gesamtplanung, S. 58, 71; Fisahn/ Cremer, NuR 1997, 268, 272; Freiburg, S. 131-133; Gellermann, Natura 2000, S. 104-107 m.w.N.; Ramsauer, in: Erbguth, Wilfried, Europäisierung des nationalen Umweltrechts, S. 107, 131-133.

[343] Einen wesentlichen Unterschied macht hier auch § 18 Abs. 3 S. 3 LNatG M-V nicht: Dass die Stellungnahme der Kommission zu berücksichtigen ist, ist eher eine Klarstellung des durch Auslegung auch aus § 34 Abs. 4 S. 2 BNatSchG zu gewinnenden Ergebnisses. Gleichwohl verwehrt auch eine „Berücksichtigung" der Stellungnahme nicht, anders zu entscheiden, als die Kommission empfiehlt.

[344] Entwurf Bündnis 90/ Die Grünen, BT-Ds. 13/3207, § 20 Abs. 7.

[345] Entwurf Bündnis 90/ Die Grünen, BT-Ds. 13/3207, § 20 Abs. 3 Nr. 2.

zutreffender wiedergab, in dem es die Stufung der Anforderungen verdeutlichte[346]. Teilweise wurde auch verlangt, dass eine Stellungnahme der Kommission bei Eingriffen in nicht-prioritäre Gebiete eingeholt wird[347]. Im KomE für das UGB wird die Einholung einer Stellungnahme der Kommission bei Eingriffen verlangt, die wegen ihrer maßgeblich günstigen Auswirkungen auf die Umwelt gerechtfertigt sein sollen[348].

dd. Alternativlösung

Neben zwingenden Gründen des überwiegenden öffentlichen Interesses verlangt der Wortlaut des Art. 6 Abs. 4 UAbs. 1 FFH-RL in seiner wenig klaren Formulierung auch, dass für den Plan oder Projekt keine Alternativlösung vorhanden ist. Die Frage ist, welche Bezugspunkte zu wählen sind für das Vorliegen von Alternativen. Ausgeschieden werden kann die sog. Nullvariante: Der Fall, dass für ein Vorhaben keine positive Variante besteht, wird dadurch geregelt, dass nur zwingende Gründe des überwiegenden öffentlichen Interesses zu einer Beeinträchtigung von Schutzgebieten führen dürfen[349]. Liegt ein solcher Grund vor, so ist das Projekt oder der Plan in jedem Falle zu verwirklichen, der Eingriff ist aber auf das Allernotwendigste zu beschränken[350]. Aber auch im übrigen sind Grenzen gesetzt. Der Aufwand für Alternativlösungen ist in Verhältnis zu den vermiedenen Beeinträchtigungen zu setzen[351]. Der Aufwand für die Alternativlösung übersteigt das zumutbare Maß allerdings nur dann, wenn sie außerhalb jeden vernünftigen Verhältnisses zu dem mit ihm erreichbaren Gewinn für Natur und Umwelt stehen[352]. Unklar ist, ob eine Fläche auch dann ein Alternativstandort ist, wenn der Projektträger keine Verfügungsmacht darüber hat oder erlangen kann[353].

---

[346]BR-Ausschüsse, BR-Ds. 118/1/96, § 19 d Abs. 2; mehr Unklarheit in dieser Hinsicht hatten die Vorschläge der SPD (BT-Ds. 13/1930, § 12 d Abs. 3), von Schleswig-Holstein. (BR-Ds. 188/96, § 19 d Abs. 3) und der Bundesregierung (BR-Ds. 636/96, § 20 Abs. 3).
[347]Entwurf Bündnis 90/ Die Grünen, BT-Ds. 13/3207, § 20 Abs. 6.
[348]§ 284 Abs. 3 UGB-KomE.
[349]Apfelbacher/ Adenauer/ Iven, NuR 1999, 63, 75 f.; Erbguth, Britta, DVBl. 1999, 588, 590; Gellermann, Natura 2000, S. 89 f. m.w.N..; ders. NuR 1996, 548, 554; Ramsauer, in: Erbguth, Wilfried, Europäisierung des nationalen Umweltrechts, S. 107, 127; Schink, UPR 1999, 417, 425; Schrödter, in: Jarass, Bauleitplanung und Umweltschutz, S. 61, 80; Thyssen, DVBl. 1998, 877, 882; a.A. Kommission, Natura 2000 – Gebietsmanagement, S. 46; Weihrich, DVBl. 1999, 1697, 1702.
[350]Gellermann, Natura 2000, S. 90 m.w.N..
[351]BVerwG, U. v. 27.1.2000 – 4 C 2.99 –, DVBl. 2000, 814, 816; Epiney, UPR 1997, 303, 308; Erbguth, Britta, DVBl. 1999, 588, 588-595; Freytag/ Iven, NuR 1995, 109, 114; Gellermann, Natura 2000, S. 90 f. m.w.N.; ders., NuR 1996, 548, 554; im Ergebnis ähnlich und mit konkreten Beispielen Edhofer, BayVbl. 2000, 553, 556.
[352]BVerwG, U. v. 17.5.2002 – 4 A 28/01 –, NVwZ 2002, 1243, 1246 (= UPR 2002, 448-452; die Leitsätze der NVwZ auf S. 1243 sind irreführend).
[353]Dies bejahend Ramsauer, in: Erbguth, Wilfried, Europäisierung des nationalen Umweltrechts, S. 107, 125 f.; a.A. Kommission, Stellungnahme auf Ersuchen Deutschlands zum Mühlenberger

§ 34 Abs. 3 Nr. 2 BNatSchG n. F. (früher § 19 c Abs. 3 Nr. 2 BNatSchG) setzt diesen Punkt relativ eng am Wortlaut der Richtlinie um. Dass von „zumutbaren" Alternativen die Rede ist, führt nicht zu einer Abweichung vom Bedeutungsgehalt der Richtlinie, steht diese Wendung jedoch lediglich für die auch nach der Richtlinie zu beachtende Verhältnismäßigkeit von Vermeidungsaufwand und dadurch erreichtem Schutz[354]. Geklärt wird die durch die Richtlinie offen gelassene Frage, ob es um eine Alternative für das konkrete Projekt oder für die Verwirklichung des öffentlichen Interesses geht. § 34 Abs. 3 Nr. 2 BNatSchG n. F. spricht davon, dass Alternativen fehlen müssen, die den mit dem Projekt verfolgten Zweck erreichen. Geht man vom Wortlaut aus, so muss man feststellen, dass „Zweck" eines Projekts weiter ist als das öffentliche Interesse an einem Projekt (Zweck kann z.B. auch das Aufwertungsinteresse des Grundeigentümers sein). Man wird den Begriff des „Zwecks" hier jedoch so auslegen müssen, dass er auf das öffentliche Interesse reduziert wird, denn anderenfalls würden rein private Interessen den Ausschlag für die Zerstörung eines Teils des europäischen Naturerbes geben[355]. Unzulässig ist jedoch die Beschränkung der Alternativenprüfung im BNatSchG auf Alternativen an anderer Stelle, die Richtlinie verlangt jedoch eine allgemeine Alternativenprüfung, was auch Alternativen in anderer Weise einschließt[356].

Eine ungewöhnliche Umsetzung wiederum hat die Forderung der Prüfung von Alternativen aus § 34 Abs. 3 Nr. 2 BNatSchG n. F. durch das bayerische Naturschutzrecht erfahren. In Art. 49 a BayNatSchG, der Zulässigkeit von Projekten und Plänen in FFH-Gebieten regelt, ist von zu untersuchenden Alternativen gar nicht die Rede. Helfen kann hier aber Art. 6 a Abs. 1 S. 1 und 3 BayNatSchG. Danach sind vermeidbare Beeinträchtigungen zu unterlassen und eine Beeinträchtigung ist auch dann vermeidbar, wenn das mit dem Eingriff verfolgte Ziel auch auf andere zumutbare, Natur und Umwelt schonendere Weise erreicht werden kann. Den Anforderungen des Art. 6 Abs. 4 UAbs. 1 S. 1 FFH-RL ist damit sogar

---

Loch v. 19.4.2000, NuR 2000, Heft 11, II, III; Schrödter, in: Jarass, Bauleitplanung und Umweltschutz, S. 61, 81; eine vermittelnde Position bezieht Halama, NVwZ 2001, 506, 511.

[354]Gellermann, Natura 2000, S. 177; Halama, NVwZ 2001, 506, 511.

[355]Zu gleichem Ergebnis gelangt – wenn auch mit Zweifeln im Hinblick auf die Aussage des § 34 Abs. 3 Nr. 2 BNatSchG n. F. (damals noch § 19 c Abs. 3 Nr. 2 BNatSchG) – Ramsauer, in: Erbguth, Wilfried, Europäisierung des nationalen Umweltrechts, S. 107, 123; Kritik auch bei Freiburg, S. 151; siehe zur Frage, wann der Zweck einer Straßenplanung noch gewahrt ist: BVerwG, U. v. 17.5.2002 – 4 A 28/01 –, NVwZ 2002, 1243, 1245 (= UPR 2002, 448-452; die Leitsätze der NVwZ auf S. 1243 sind irreführend).

[356]Kommission, Natura 2000 – Gebietsmanagement, S. 46; Gellermann, NuR 1996, 548, 554; im Gesetzentwurf der PDS für die Novelle 2001/2002 ist ausdrücklich die Prüfung von Alternativen an anderer Stelle und in anderer Weise angeordnet, BT-Ds. 14/5766, § 35 Abs. 4 Nr. 2; in Bundesamt für Naturschutz, Das europäische Schutzgebietssystem NATURA 2000, S. 39 wird als Beispiel einer vorzunehmenden Alternativenprüfung die Extensivierung der Landwirtschaft und die dadurch sich verbessernden Möglichkeiten der Grundwasseranreicherung anstelle des Baus einer Talsperre zur Trinkwassergewinnung genannt.

eher entsprochen, als durch die Formulierung in § 34 Abs. 3 Nr. 2 BNatSchG n. F., weil nicht nur örtliche Alternativen zu prüfen sind.

Auch im Bezug auf diesen Punkt gab es andere Vorschläge, die die beschriebenen Probleme vermieden hätten. So wurde im Gesetzgebungsprozess der 1998 in Kraft getretenen Novelle vorgeschlagen, allgemein darauf abzustellen „dass eine Alternativlösung nicht vorhanden ist", was sowohl räumliche als auch Alternativen in der Art und Weise eingeschlossen hätte[357]. Von anderer Seite wurde ein Vorschlag eingebracht, der die Anforderung der globalen Kohärenz eindeutig auf die Tatbestandsseite gestellt hätte[358].

ee. Ausgleichsmaßnahmen

Im letzten Teil von Art. 6 Abs. 4 UAbs. 1 S. 1 FFH-RL wird für den Mitgliedstaat die Verpflichtung ausgesprochen, alle notwendigen Ausgleichsmaßnahmen zu ergreifen, damit die globale Kohärenz des Netzes Natura 2000 geschützt ist. Der Unterschied zu den bislang im bundesdeutschen Recht bekannten Ausgleichsmaßnahmen ist zunächst, dass Anknüpfungspunkt das Netz Natura 2000 mit den jeweils betroffenen Bestandteilen ist. Zu schaffen ist im Rahmen des Ausgleichs Raum für genau jene Art oder jenen Lebensraumtyp, wegen der bzw. dem das Gebiet als FFH-Gebiet ausgewiesen ist und die bzw. der durch das Projekt oder den Plan betroffen ist[359]. Werden einerseits sehr spezifische Ausgleichsmaßnahmen gefordert, so verhält sich andererseits die Richtlinie nicht zu Beeinträchtigungen von Arten, die nicht durch sie geschützt werden, die aber gleichwohl in einem FFH-Gebiet vorkommen mögen. Die Forderung nach globaler Kohärenz stellt aber Anforderungen in zeitlicher Hinsicht[360]. Da neu anzulegende Lebensräume Zeit brauchen, um sich so weit zu entwickeln, dass sie eine Alternative für die bedrohten Arten darstellen, kann die Verpflichtung zur Vornahme aller notwendigen Ausgleichsmaßnahmen einem zeitweiligen Baustopp gleichkommen[361].

---

[357]BR-Ausschüsse, BR-Ds 118/1/96; ähnlich der Vorschlag für das UGB, § 283 Abs. 1 S. 2 UGB-KomE.
[358]Entwurf Bündnis 90/ Die Grünen, BT-Ds. 13/3207, § 20 Abs. 6.
[359]Zu Kriterien Ramsauer, in: Erbguth, Wilfried, Europäisierung des nationalen Umweltrechts, S. 107, 128; zur Frage, ob ein die Kohärenz sichernder Ausgleich in ein bestehendes Naturschutzgebiet hinein möglich ist: VG Schleswig, Beschl. v. 16.10.2001 - 12 B 16/01 –, NuR 2002, 376, 379.
[360]Kommission, Natura 2000 – Gebietsmanagement, S. 49; Weihrich, DVBl. 1999, 1697, 1704.
[361]VG Oldenburg, Beschl. v. 26.10.1999 - 1 B 3319/99 –, NuR 2000, 398, 405; Gellermann, Natura 2000, S. 94-97; a.A. OVG Lüneburg, Beschl. v. 1.6.2001 - 7 MB 1546/1 B 196/01 –, NuR 2002. 369, 372; Ramsauer, in: Erbguth, Wilfried, Europäisierung des nationalen Umweltrechts, S. 107, 128; siehe zum Problem der verfahrensmäßigen Trennung von Eingriff und Ausgleich: VG Schleswig, Beschl. v. 10.10.2001 - 12 B 10/01 –, ZUR 2002, 213-215 m. Anm. Schrader/ Hellenbroich ZUR 2002, 215-217.

Interessant ist aber vor allem, was geschieht, wenn ein Ausgleich, der die globale Kohärenz des Netzes sicherstellt, gar nicht möglich ist. Einerseits ist die Verpflichtung zur Vornahme eines solchen Ausgleichs der Formulierung nach auf der Rechtsfolgenseite angesiedelt, während die Tatbestandsseite ausgefüllt ist durch das Vorliegen von zwingenden Gründen des überwiegenden öffentlichen Interesses und der Alternativlosigkeit des Plans bzw. des Projekts. Andererseits ist die Rede davon, dass der Mitgliedstaat alle notwendigen Ausgleichsmaßnahmen zu ergreifen hat, die zur Erhaltung der Kohärenz notwendig sind. Wäre gewollt, dass der Umfang der Ausgleichsverpflichtung sich tatsächlich auf die im Hinblick auf die konkrete Beeinträchtigung möglichen Ausgleichsmaßnahmen beschränken soll, so hätte der Gemeinschaftsgesetzgeber an dieser Stelle von möglichen und nicht von notwendigen Ausgleichsmaßnahmen sprechen müssen. Die Folge ist, dass ein Plan oder Projekt, für das kein die globale Kohärenz des Netzes Natura 2000 schützender Ausgleich zur Verfügung steht, nicht zulässig ist[362].

Im bundesdeutschen Recht hat diese Forderung der Richtlinie eine wenig befriedigende Umsetzung erfahren. Zwar konnte durch die 2002 in Kraft getretene Novelle ein Mangel abgestellt werden. § 19 c Abs. 5 S. 1 BNatSchG der alten Fassung sprach noch von Projekten nach Abs. 3 i.V.m. Abs. 4. In Verbindung mit Absatz 4 findet Absatz 3 nur für prioritäre Gebiete Anwendung. Ein Ausgleich fordert die FFH-RL aber für alle FFH-Gebiete[363]. Die Regelung findet sich jetzt in § 34 Abs. 5 BNatSchG n. F., eingefügt wurde das Wort „auch“, so dass sich die Verpflichtung zur Vornahme von Ausgleichsmaßnahmen eindeutig sowohl auf prioritäre wie nicht-prioritäre FFH-Gebiete bezieht.
Durch die Teilung der Regelungen in Art. 6 Abs. 4 UAbs. 1 S. 1 FFH-RL in die Absätze 3 und 5 des § 34 BNatSchG n. F. (früher § 19 c BNatSchG) entsteht der Eindruck, dass der Ausgleich nur auf der Rechtsfolgenseite steht und nicht - wie die Richtlinie verlangt – die Ausgleichsfähigkeit auf der Tatbestandsseite. Zwar kann hier durch den Begriff für die „Sicherung des Zusammenhangs des [...] Netzes Natura 2000 notwendigen Maßnahmen“ eine richtlinienkonforme Auslegung erzielt werden, indem man dem Wort „notwendig“ die gleiche Vorbehaltlosigkeit zuspricht, wie es in der Richtlinie hat. Durch die Formulierung im BNatSchG

[362]Im Ergebnis auch Gellermann, Natura 2000, S. 99 f. m.w.N..; Düppenbecker/ Greiving, UPR 1999, 173, 177 f.; Ramsauer, in: Erbguth, Wilfried, Europäisierung des nationalen Umweltrechts, S. 107, 116 f.; ders., NuR 2000, 601, 603; Schink, UPR 1999, 417, 426; Schrödter, in: Jarass, Bauleitplanung und Umweltschutz, S. 61, 90.

[363]Kritik übt deswegen die Kommission, Stellungnahme auf Ersuchen der Bundesregierung, NuR 2000, 625, 626; Gellermann, Natura 2000, S. 179 f. wollte dagegen die Formulierung so lesen, dass es um Projekte geht die nach „Abs. 3 und/oder Abs. 4“ zugelassen werden. Das überzeugt jedoch nicht, weil es für eine Verknüpfung durch „oder“ keinen Anlass gab. Beide Fälle wären vielmehr erfasst gewesen, wenn § 19 c Abs. 5 BNatSchG sich auf Abs. 3 beschränkt hätte.

dürften aber erhebliche Unsicherheiten und damit Defizite in der Rechtsanwendung ergeben[364].

Unzureichend ist die Umsetzung im BayNatSchG. Art. 49 a Abs. 4 BayNatSchG verpflichtet nur noch dazu, dass die festzusetzenden Ausgleichs- und Ersatzmaßnahmen zur Kohärenz „beizutragen" haben. Zwar ist nicht ausgeschlossen, dass der konkrete Beitrag so weit geht, dass die Kohärenz sichergestellt ist. Eine gesetzliche Verpflichtung dazu entsteht aber dadurch nicht. Deswegen taugt diese Regelung auch nicht, um Projekte mit dem Argument abzulehnen, dass ein die Kohärenz schützender Ausgleich nicht möglich ist.

Ebenfalls nicht richtlinienkonform ist im Hinblick auf den Ausgleich die Spezialregelung für Gewässerbenutzungen in § 6 Abs. 2 WHG und jene für stoffliche Belastungen in § 36 BNatSchG n. F. (früher § 19 e BNatSchG). Kann die Beeinträchtigung nach der allgemeinen Eingriffsregel in § 19 Abs. 2 BNatSchG n. F. (früher § 8 BNatSchG) ausgeglichen werden, so wird die Prüfung entsprechend § 34 Abs. 3-5 BNatSchG n. F. erst gar nicht aktiviert. Diese Regelung ist doppelt problematisch: Zum einen fallen der Ausgleichsbegriff des § 19 Abs. 2 BNatSchG n. F. und „Sicherung der globalen Kohärenz von Natura 2000" in Art. 6 Abs. 4 UAbs. 1 FFH-RL auseinander. Selbst wenn im Einzelfall beide Ansätze zum gleichen Ergebnis führen sollten, liegt ein erhebliches Umsetzungsdefizit vor. Denn nach Art. 6 Abs. 4 UAbs. 1 S. 1 FFH-RL ist die Ausgleichbarkeit zwar eine notwendige aber keine hinreichende Voraussetzung für eine Beeinträchtigung eines FFH-Gebiets[365]. Hinzu kommen müssen eben zwingende Gründe des überwiegenden öffentlichen Interesses und das Fehlen einer Alternativlösung. § 6 Abs. 2 WHG und § 36 BNatSchG n. F. gestatten also Beeinträchtigungen von FFH-Gebieten auch ohne ein überwiegendes öffentliches Interesse[366].

ff. Ausnahmen vom Beeinträchtigungsverbot bei Vogelschutzgebieten

Für Gebiete die zwar zu Vogelschutzgebieten zu erklären sind, für die die Erklärung als Schutzgebiet aber noch nicht erfolgt ist, findet – wie bereits erwähnt[367] – das Schutzregime der FFH-RL noch keine Anwendung[368]. Abzustellen ist für jene Gebiete alleine auf die Bestimmungen der Vogelschutzrichtlinie. Der Wortlaut

---

[364]Vermieden worden wären die Probleme, wenn direkt auf die Richtlinie verwiesen worden wäre, wie dies der Entwurf der Bundesregierung im Rahmen des Verfahrens zur 1998 in Kraft getretenen Novelle vorsah, BR-Ds. 636/96, § 20 Abs. 4 S. 1.

[365]Kommission, Natura 2000 – Gebietsmanagement, S. 49.

[366]Ablehnend auch Niederstadt, 1998, 515, 525: Er weist zudem darauf hin, dass jegliche Regelungen für bereits genehmigte Anlagen fehlen; a.A. Apfelbacher/ Adenauer/ Iven, NuR 1999, 63, 77; Freiburg, S. 141 f.

[367]S. § 3 VI 7 am Anfang.

[368]EuGH U. v. 7.12.2000 – C-374/98 –, NuR 2001, 210-213 (Rn 47; Basses Corbières).

jener Richtlinie lässt, anders als die FFH-RL, keine Ausnahmen zum Beeinträchtigungsverbot des Art. 4 Abs. 4 Vogelschutz-RL zu. Die Rechtsprechung des EuGH hat allerdings einen Katalog entwickelt, der weitgehend dem Katalog der benannten Ausnahmen zum Beeinträchtigungsverbot bei prioritären Gebieten in der FFH-RL entspricht (Art. 6 Abs. 4 UAbs. 2: Gesundheit des Menschen, öffentliche Sicherheit und positive Auswirkungen auf die Lebensräume der Vögel[369]).

Auf jene Ausnahmetatbestände bezogen, trifft die Umsetzung im BNatSchG die gleiche Kritik wie im Hinblick auf die Umsetzung der benannten Ausnahmen der FFH-RL. Hinzu kommt jedoch, dass das BNatSchG auch für diese Gruppe der Vogelschutzgebiete, die ja noch nicht von Art. 7 FFH-RL erfasst sind, in § 34 Abs. 3, 4 weitere Ausnahmen vom Beeinträchtigungsverbot zulässt.

Auch die Landesgesetze helfen hier nicht ab, vielmehr perpetuieren sie diesen Mangel[370].

8. Schutz von Meeresgebieten

FFH-RL und Vogelschutz-RL verlangen auch den Schutz von Habitaten im Meer. Diese Verpflichtung erstreckt sich sowohl auf die Bereiche des Küstenmeers als auch auf die angrenzenden Bereiche innerhalb der Ausschließlichen Wirtschaftszone und des Festlandsockels[371].

a. Schutz von Gebieten innerhalb des Küstenmeers

Das Küstenmeer umfasst einen Streifen von bis zu 12 Seemeilen Breite, sofern und soweit der Küstenstaat diesen zu seinem Hoheitsbereich erklärt hat[372]. In diesem Bereich hat der Küstenstaat Souveränität. Die Ausübung dieser Souveränität ist allerdings durch das Seerechtsübereinkommen (SRÜ) eingeschränkt. Gem. Art. 17 SRÜ haben Schiffe aller Staaten das Recht der friedlichen Durchfahrt durch das Küstenmeer.

---

[369]Gellermann, Natura 2000, S. 120 f. m.w.N.; siehe den Überblick über die Rechtsprechung des EuGH unter § 2 II. 2. b.

[370]§ 48 d Abs. 5, 6 LG NRW; § 18 Abs. 2, 3 LNatG M-V; § 48 a Abs. 1 i.V.m. § 21 a HmbNatSchG; Art. 49 a Abs. 2 i.V.m. Art. 13 c Abs. 2 BayNatSchG; § 20 d Abs. 3, 4 HENatG; § 26 c Abs. 3, 4 BremNatSchG; § 26 c Abs. 1-5 NatSchG B-W.

[371]Czybulka, NuR 2001, 19, 23; Jarass, Naturschutz in der Ausschließlichen Wirtschaftszone, S. 45; Owen, JEL 2001, 39, 75; nur zum Festlandsockel: English High Court (Queen's Bench Division), C.M.L.R. 2000, 94, 114; Jans, JEL 2000, 385, 386; Bestimmungen zur Ausschließlichen Wirtschaftszone finden sich in den Art. 55-75 SRÜ, zum Festlandsockel in Art. 76-85 SRÜ.

[372]Art. 3 i.V.m. Art. 2 Seerechtsübereinkommen der Vereinten Nationen vom 10.12.1982 (SRÜ). Deutschland hat mit Erklärung vom 11.11.1994 in der Nordsee eine Küstenzone von 12 Seemeilen und in der Ostsee von etwas weniger in Anspruch genommen, BGBl. 1994 I, S. 3428. Die 12 Seemeilen errechnen sich ab einer nach Art. 3-7 SRÜ zu bestimmenden Basislinie.

Das BNatSchG trifft keine speziellen Regelungen für den Naturschutz im Bereich des Küstenmeers. Insoweit finden die allgemeinen Regelungen über die Ausweisung von Schutzgebieten Anwendung. Es bleibt somit den Ländern überlassen, in Landesnaturschutzgesetzen oder bei einzelnen Schutzgebietsausweisungen den Einschränkungen durch das Recht der friedlichen Durchfahrt Rechnung zu tragen[373].

b. Schutz von Gebieten innerhalb der Ausschließlichen Wirtschaftszone und über dem Festlandsockel

Die Ausschließliche Wirtschaftszone (AWZ) umfasst einen Bereich von bis zu 200 Seemeilen ab den Basislinien, von denen aus das Küstenmeer gemessen wird, sofern und soweit der Küstenstaat eine solche AWZ für sich beansprucht[374]. Die Grenzen des Festlandsockels bestimmen sich nach geologischen Gesichtspunkten, er beträgt jedoch höchstens 350 Seemeilen ab den Basislinien[375]. In beiden Bereichen bestehen bestimmte ausschließliche Rechte des Küstenstaats.

Durch die im Jahre 2002 in Kraft getretene Novelle fand in das BNatSchG eine Regelung Eingang, die sich auf die Einrichtung von Schutzgebieten in der AWZ und auf dem Festlandsockel befasst (§ 38 BNatSchG n. F.). Diese Regelung erklärt §§ 33, 34 BNatSchG n. F. für entsprechend anwendbar und verweist gleichzeitig auf die zu beachtenden Regeln des SRÜ und des Gemeinschafsrechts. §§ 33, 34 BNatSchG n. F. beziehen sich auf Schutzgebiete nach der FFH- und der Vogelschutz-RL. Das bedeutet, dass nur solche Gebiete in der AWZ und über dem Festlandsockel ausgewiesen werden können, die Bestandteil des Netzes Natura 2000 sein sollen.

Fraglich ist, ob mit dieser Neuregelung nicht tatsächlich eine Beschränkung der Schutzmöglichkeiten in AWZ und über dem Festlandsockel eingetreten ist. Folgt man dem Gedanken, dass die Gesetze des Küstenstaats mit Proklamation der AWZ auch auf diese Anwendung finden[376], so hätte es einer ausdrücklichen Regelung im BNatSchG nicht bedurft. Bereits vor der Novelle 2002 fände dann das komplette Schutzregime des deutschen Naturschutzrechts jedenfalls auf die AWZ Anwendung[377]. Wenn nun § 38 BNatSchG n. F. nur Natura-2000-Gebiete in der AWZ zulässt, so läge darin eine Einschränkung. Andererseits traf das bisherige

[373]Spezielle Regelungen für den Meeresnaturschutz finden sich in § 3 a und § 21 Abs. 2 S. 2 LNatG M-V, spezielle Regelungen, die das Verhältnis zum Recht auf friedliche Durchfahrt regeln, finden sich nicht.
[374]Art. 57 SRÜ; eine entsprechende Proklamation hat Deutschland am 25.11.1994 vorgenommen, BGBl. 1994 II, S. 3769.
[375]Art. 76 SRÜ.
[376]Siehe Czybulka, NuR 2001, 367, 370.
[377]Czybulka, NuR 2001, 367, 372.

BNatSchG keine unmittelbar geltende Regelung für die Ausweisung von Schutzgebieten. Vielmehr waren die entsprechenden Regelungen lediglich Rahmenregelungen für die Landesgesetzgebung. Folgt man der auch vom Bundesgesetzgeber vertretenen Auffassung, dass die Gesetzgebungskompetenz für die AWZ nicht den Ländern zufällt, so gab es bislang keine ausdrücklich unmittelbar geltende Regelung für die AWZ. Hier hätte höchstens eine entsprechende Auslegung des BNatSchG weiterhelfen können; Rahmenregeln wären dann für den Bereich, wo niemand die Kompetenz zur Ausfüllung des Rahmens hat, als unmittelbar geltende Regeln zu verstehen gewesen[378].

Teile der Literatur verneinen allerdings ohnehin eine solche Anwendbarkeit ipso iure[379]. Folgt man dieser Rechtsauffassung, so bedeutet § 38 BNatSchG n. F. in jedem Fall eine Erweiterung des Naturschutzes.

Praktische Aktivität war allerdings in jedem Falle nicht zu erwarten, weil es an einer Zuständigkeitsregelung für die Verwaltung von Gebieten in der AWZ fehlte.

§ 38 Abs. 2 und 3 BNatSchG n. F. trifft deswegen auch eine Zuständigkeitsanordnung. Das Bundesamt für Naturschutz ist für die Auswahl der FFH- und Vogelschutzgebiete gem. § 33 Abs. 1 BNatSchG n. F. (Art. 4 Abs. 1 UAbs. 1 FFH-RL) und die Verwaltung der Gebiete, das Bundesumweltministerium für deren Ausweisung als Schutzgebiete zuständig.

Bei der Diskussion um geeignete rechtliche Instrumentarien für den Schutz von Meeresgebieten wurde abweichend von der gefundenen Regelung vorgeschlagen, grundsätzlich alle Formen der Ausweisung von Schutzgebieten (also nicht beschränkt auf Natura-2000-Gebiete) auf die AWZ zu übertragen und dann Einschränkungen zur Wahrung der Verpflichtungen aus dem SRÜ nicht im Wege der Verweisung sondern ausdrücklich vorzunehmen. Dabei sollten Einschränkungen für die Fischerei grundsätzlich nicht zugelassen werden, weil diese aufgrund EG-Kompetenzen nur zugunsten von Natura-2000-Gebieten zulässig sein[380].

Teilweise wird auch gefordert, dass die Länder Regelungen treffen, die über die Einrichtung von Natura-2000-Gebieten hinausgehen[381].

Abweichende Ansichten gab es auch hinsichtlich der Kompetenzen. Zweifel gab es, ob Deutschland überhaupt die Kompetenzen zur Errichtung von Meeres-

---

[378] Ähnlich Czybulka, NuR 2001, 19, 26 f.
[379] Lagoni, NuR 2002, 121, 125.
[380] Jarass, Naturschutz in der Ausschließlichen Wirtschaftszone, S. 62 f.
[381] So Gellermann, NVwZ 2002, 1025, 1026 (allerdings, ohne sich mit Frage auseinander zusetzen, ob die Länder dazu überhaupt eine Kompetenz hätten).

schutzgebieten in der AWZ habe[382]. Das SRÜ gebe dem Küstenstaat nur ganz bestimmte souveräne Rechte und nur in Ausübung dieser könne der Staat Umweltschutzgesichtspunkten Rechnung tragen. Die gewählte Lösung des § 38 BNatSchG n. F. kollidiert jedoch nicht mit dieser Rechtsauffassung, weil § 38 Abs. 1 BNatSchG n. F. ausdrücklich darauf verweist, dass §§ 33, 34 BNatSchG n. F. im Rahmen der Vorgaben des SRÜ anzuwenden sein[383].
Argumentiert wurde auch, dass der Bund zwar eine Rahmengesetzgebungskompetenz habe, die Verwaltungskompetenzen aber bei den Ländern liege[384].

9. Schutz von potentiellen FFH-Gebieten und faktischen Vogelschutzgebieten

Eine Gefahr ist, dass das Ziel der Richtlinien dadurch unterlaufen wird, dass der Prozess der Gebietsmeldung und der Ausweisung[385] sich erheblich in die Länge zieht. Vor dem Hintergrund stellt sich die Frage nach dem Schutz potentieller FFH-Gebiete und faktischer Vogelschutzgebiete[386]. Potentielle FFH-Gebiete sind solche Gebiete, die zwar noch nicht auf der Gemeinschaftsliste gem. Art. 4 Abs. 2 FFH-RL zu finden sind, deren Aufnahme auf die Liste aber zu erwarten ist. Faktische Vogelschutzgebiete sind solche Gebiete, die die Kriterien der Vogelschutz-RL erfüllen aber nicht als Vogelschutzgebiete ausgewiesen sind.

Ein solcher Schutz ergibt sich nicht aus dem BNatSchG. Auch die meisten der bislang im Hinblick auf die FFH-RL geänderten Landesnaturschutzgesetze sehen keinen Schutz von potentiellen Schutzgebieten vor. Lediglich § 26 e NatSchG B-W sieht einen Schutz für solche Gebiete vor, die der Kommission gemeldet aber noch nicht ausgewiesen ist. Aufgrund dieser Schutzlücken hat die deutsche Rechtsprechung aus Art. 5 Abs. 2 i.V.m. Art. 189 Abs. 3 EGV a.F. (jetzt Art. 10 Abs. 2 i.V.m. Art. 249 Abs. 3 EGV n.F.) eine Verpflichtung für den Schutz dieser Gebiete abgeleitet[387]. Dabei hat sich die Rechtsprechung mit einem Schutzstandard

[382]Lagoni, NuR 2002, 121-133.
[383]Siehe zu den Grenzen, die durch das SRÜ gesetzt werden auch Owen, JEL 2001, 39-78.
[384]Jarass, Naturschutz in der Ausschließlichen Wirtschaftszone, S. 52 und 54-56; a.A. Czybulka, NuR 2001, 367, 371.
[385]Im Hinblick auf FFH-Gebiete ist die verzögerte Gebietsmeldung, im Hinblick auf Vogelschutzgebiete die Ausweisung problematisch.
[386]S. zu potentiellen FFH-Gebieten und faktischen Vogelschutzgebieten: Gellermann, Natura 2000, S. 221 f.; Goppel, in: Jarass, EG-Naturschutzrecht und räumliche Gesamtplanung, S. 9, 16; Maaß, NuR 2000, 121-130; Rengeling, UPR 1999, 281-287; Schink, UPR 1999, 417, 422; Schrödter, in: Jarass, Bauleitplanung und Umweltschutz, S. 61, 94-96 m.w.N. zur Rechtsprechung; ders. NuR 2001, 8, 19; Stüber, NuR 1998, 531-534.
[387]BVerwG, U. v. 19.5.1998 – 4 A 9/97 –, DVBl. 1998, 900; im Anschluss daran OVG Münster, Beschl. v. 11.5.1999 – 20 B 1464/98.AK –, NuR 2000, 165, 172; BVerwG, U. v. 27.1.2000 – 4 C 2/99 –, DVBl. 2000, 814-820; Beschl. v. 24.8.2000 – 6 B 23/00 –, DVBl. 2001, 375, 376 = NuR 2001, 45-48 = DVBl. 2001 375-377; s. zu der Rechtsprechung des BVerwG: Halama, NVwZ 2001, 506, 507; eine Entscheidung des EuGH liegt dazu bislang nicht vor, vgl. Jans, S. 181 f.;

zufrieden gegeben, der deutlich unter dem später für FFH-Gebiete geltenden liegt. Ausreichend ist, dass das Gebiet davor geschützt wird, zerstört oder so nachhaltig beeinträchtigt zu werden, dass es für eine Gebietsmeldung nicht mehr in Betracht kommt[388]. Begründet wird dies damit, dass Art. 10 Abs. 2 EGV (Art. 5 Abs. 2 a.F.) nur gebiete, dass nur derart nachhaltige Beeinträchtigungen auszuschließen sind, die eine spätere Meldung des Gebietes nicht mehr in Betracht kommen lassen[389].

10. Entschädigung für Eigentümer

Zwar lassen es FFH- und Vogelschutz-RL nicht zu, dass der Umfang der Ausweisung von Schutzgebieten und das Gewicht der Einschränkungen im Rahmen von Schutzverordnungen vom Umfang der zur Verfügung stehenden finanziellen Mittel abhängig gemacht werden. Dennoch wird der Erfolg des Netzes Natura 2000 in der Praxis wesentlich von den Entschädigungsregelungen abhängen. Sehr umfangreiche Ansprüche auf finanzielle Entschädigung dürften – angesichts von begrenzten Budgets – die zuständigen Verwaltungen im Zweifelsfall davon abhalten, Gebiete auszuweisen und einschneidende Verbote auszusprechen. Andererseits können großzügige Entschädigungsregelungen hilfreich sein, um die aktive Unterstützung von Grundeigentümern zu erlangen.

Der Naturschutz greift in bestehende Nutzungen einer Fläche vor allem durch Nutzungsbeschränkungen für die Land-, Forst- und Fischereiwirtschaft ein. Die Vorgaben für einen Ausgleich solcher Nutzungsbeschränkungen im BNatSchG waren in den letzten Jahren einem starken Wechsel unterworfen. Zunächst war es genau jene Frage, weswegen die legislative Umsetzung der FFH-RL in Deutschland so lange auf sich warten ließ. Nachdem diese Umsetzung erst einmal ohne eine solche Ausgleichsregelung erlassen wurde, fand sie mit dem Dritten Gesetz zur Änderung des BNatSchG in Form von § 3 b Eingang in das BNatSchG. § 3 b BNatSchG verpflichtete die Länder, Ausgleichsregelungen zu schaffen, die den Betroffenen bereits immer dann einen Ausgleich zubilligen, wenn sich durch Schutzverordnungen Beschränkungen ergeben, die über die gute fachliche Praxis hinausgehen. Dieser bundesrechtlichen Umsetzungsverpflichtung sind die Länder

---

neben den deutschen Gerichten erkennen auch englische Gerichte die Existenz potentieller FFH-Gebiete an, English High Court (Queen's Bench Division), 5.11.1999, C.M.L.R. 1999, 94-134; allgemein zur Verpflichtung, alles zu unterlassen, was dem Ziel der Richtlinie zuwiderlaufen könnte: Hilf, EuR 1993, 1, 9.

[388] BVerwG, U. v. 27.10.2000 – 4 A 18/99 –, DVBl. 2001, 386, 390 = NVwZ 2001, 673-682 = UPR 2001, 144-147 = NuR 2001 216-224.

[389] BVerwG, U. v. 27.10.2000 – 4 A 18.99 –, NuR 2001, 216, 221 = DVBl. 2001, 386-393 = UPR 2001, 144-147 = NVwZ 2001, 673-682 = ZUR 2001, 214 ff.; so auch Gellermann, Natura 2000, S. 221.

nur zum Teil nachgekommen[390]. Teilweise, weil seit Umsetzung der FFH-RL im BNatSchG keine Novellierung der Landesnaturschutzgesetze erfolgte, teilweise wurden aber auch trotz einer Novellierung nach 1998 Entschädigungsansprüche auf solche Fälle begrenzt, in denen eine erhebliche Beschränkung der wirtschaftlichen Nutzung vorliegt[391]. Entschädigt wird für bisher rechtmäßig ausgeübte Nutzungen und nicht ausgeübte, aber beabsichtigte Nutzung, die sich nach Lage und Beschaffenheit des Grundstücks anbieten.
Durch die 2002 in Kraft getretene Novelle entfällt diese Verpflichtung der Länder. § 5 Abs. 2 BNatSchG n. F. verlangt jetzt nur noch, dass die Länder Vorschriften über den Ausgleich von Nutzungsbeschränkungen der Landwirtschaft erlassen. Es wird nicht festgelegt, ab wann ein Ausgleich zu leisten ist. In der Gesetzesbegründung wird davon ausgegangen, dass die finanziellen Lasten der Länder zurückgehen[392]. Es steht ihnen aber frei, weiterhin umfassendere Ausgleichsleistungen zu gewähren. So hängt der Einfluss auf die praktische Umsetzung letztlich davon ab, ob die Länder an ihren weitergehenden Ausgleichsansprüchen festhalten bzw. neue erlassen.

Eine einheitliche Regelung über die Höhe der Entschädigung bzw. Vergütung im Rahmen vertraglicher Vereinbarungen besteht nicht.

Darüber hinaus gibt es eine Reihe von Programmen, mit denen eine umweltschonende Wirtschaftsweise der Landwirtschaft gefördert werden soll. Diese sollen hier nicht vertieft werden, weil sie nur eingeschränkt FFH- oder Vogelschutzgebiete direkt betreffen[393].

11. Maßnahmen zur Schaffung einer vernetzten Biotopstruktur

Art. 10 FFH-Richtlinie verlangt von den Mitgliedstaaten Maßnahmen, die geeignet sind, zu einer Vernetzung der Lebensräume wildlebender Arten beizutragen. Die Maßnahmen sollen sich beziehen auf lineare Landschaftselemente, wie etwa

[390] Umgesetzt wurde die Anforderung des § 3 b BNatSchG a. F. durch Art. 36 a BayNatSchG.

[391] § 39 Abs. 1 Nr. 1 HmbNatSchG; § 7 Abs. 3 LG NRW; § 39 Abs. 1 HENatG; § 38 Abs. 1 BremNatSchG; § 47 Abs. 2 NatSchG B-W; im Hinblick auf diese Differenzierung nicht ganz eindeutig § 50 Abs. 3 LNatG M-V; es besteht teilweise über die Verpflichtung zur Zahlung einer Entschädigung hinaus das Recht des Grundstückseigentümers, die Übernahme des Grundstücks durch das Land zu verlangen, wenn diesem eine wirtschaftliche Nutzung des Grundstücks nicht mehr zumutbar ist (§§ 39 Abs. 2 HENatG, 38 Abs. 1 BremNatSchG, 39 Abs. 2 HmbNatSchG, 7 Abs. 5 LG NRW; § 47 Abs. 3 NatSchG B-W).

[392] BT-Ds. 14/6378, S. 32.

[393] Sie können jedoch für die Biotopvernetzung sichtig sein: Rehbinder, DVBl. 2000, 859, 861; einen Überblick über Förderprogramme gibt Gebhard, NuR 1999, 361, 368 f.; zur Steuerungswirkung von Subventionen zur Erreichung umweltpolitischer Ziele: Lübbe-Wolff, NVwZ 2001, 481, 489.

Flüsse und Feldraine. Einen Schutz außerhalb der Schutzgebiete verlangt auch Art. 4 Abs. 4 S. 2 Vogelschutz-RL.

Interessant sind aber auch andere Maßnahmen, die über das relativ kleinteilige System des Schutzes einzelner bedrohter Arten oder seltener Habitate hinausgehen und so zu einem günstigen Erhaltungszustand wildlebender Arten insgesamt beitragen.

Im Rahmen der 1998 in Kraft getretenen Novelle ergingen keine Änderungen des BNatSchG, die der Umsetzung von Art. 10 FFH-RL gedient hätten. Was den naturschutzrechtlichen Bestand zu jenem Zeitpunkt anbetrifft, besteht zwar die Möglichkeit, dass auch andere auf Grundlage des allgemeinen naturschutzrechtlichen Instrumentariums erlassenen Maßnahmen „nebenbei" einer Vernetzung von (anderen) Biotopen dienen. Dies ist jedoch allein bis dahin keine ausreichende Grundlage für den Erlass von Schutzverordnungen. Weder der Gedanke der Trittsteine, noch die Schaffung eines Biotopverbunds noch die generelle Schaffung von für die Wanderung von Arten günstigen Bedingungen in der Fläche sind bis dahin im deutschen Recht wirksam verankert[394].

§ 18 BNatSchG a. F. ermöglichte zwar den Schutz bestimmter Landschaftsbestandteile, so auch den gesamten Bestand an Hecken in einem Gebiet. Dadurch konnte zwar ein Beitrag zur Schaffung von Trittsteinen geschaffen werden, diese Regelung dient aber eher dem Schutz des Erscheinungsbilds bestimmter Landschaften. Art. 10 FFH-RL kann aber das Ermessen bei der Anwendung von § 18 BNatSchG a. F. steuern. Eine Verpflichtung, Hecken zu schützen ergibt sich aber nicht, weil Art. 10 FFH-RL selbst zu vage gehalten ist.

Eine eindeutigere Regelung schaffen einige Landesnaturschutzgesetze. So findet sich dort zumindest in den Zielen und Grundsätzen die Idee der Schaffung eines Biotopverbundsystems[395]. So ist auch im Rahmen der Landschaftsplanung darzustellen, welche Maßnahmen zum Verbund von Lebensräumen wilder Arten erforderlich sind[396]. Teilweise sollen bestimmte Landschaftsbestandteile ausdrücklich auch zur Entwicklung oder Erhaltung von Biotopverbundsystemen geschützt werden[397].

Durch die Novelle 2002 kam es hier zu grundlegenden Änderungen. § 3 BNatSchG n. F. führt die Verpflichtung an die Adresse der Länder der Einrich-

[394]Nicht mal in den Grundsätzen in § 2 BNatSchG a. F. fanden sich diese Gedanken wieder.
[395]Art. 1 Abs. 2 Nr. 6 BayNatSchG, § 2 Nr. 10 LG NRW; § 1 Nrn. 2, 4 HmbNatSchG.
[396]Art. 3 Abs. 4 Nr. 2 d BayNatSchG; weniger deutlich § 15 a Abs. 1 Nr. 3 a LG NRW; § 6 Abs. 1 Nr. 6 HmbNatSchG.
[397]Art. 12 Abs. 1 BayNatSchG; § 20 Abs. 1 Nr. 4 und § 29 HmbNatSchG.

tung eines Biotopverbundes ein, der mindestens 10 % der Landesfläche umfassen soll. Dieser Biotopverbund besteht auch aus FFH- und Vogelschutzgebieten, so dass nicht die gesamten 10 % Verbindungselemente im Sinne von Art. 10 FFH-RL sind. Die Flächen können einerseits durch Ausweisung als Gebiete im Sinne von § 22 Abs. 1 BNatSchG n. F. gesichert werden[398]. Andererseits stellt § 3 Abs. 4 BNatSchG n. F. auch die Sicherung durch planungsrechtliche Festlegungen und vertragliche Vereinbarungen anheim. Da § 3 BNatSchG n. F. für den Schutzstandard der Flächen des Biotopverbundes keine harten Anforderungen für den Einzelfall, sondern lediglich ein insgesamt zu erreichendes Qualitätsziel formuliert, dürften vertragliche Vereinbarungen anders als bei der Sicherung von FFH-Gebieten im erheblichen Ausmaß zum Tragen kommen[399].

Eine weitere Stärkung erhielt die Vernetzung von Biotopen durch Aufnahme des Gedankens in den Grundsätzen (§ 2 Abs. 1 Nr. 10-12 BNatSchG n. F.) und durch die Einführung der Verpflichtung an die Länder in § 31 BNatSchG n. F., sicherzustellen, dass oberirdische Gewässer als Lebensräume erhalten bleiben und so weiterentwickelt werden, dass sie ihre großräumige Vernetzungsfunktion auf Dauer erfüllen können. Mit dem Schutz von Flüssen wird eine konkrete Forderung aus Art. 11 FFH-RL aufgenommen.

Bereits früher gab es Vorschläge für die Einführung eines Biotopverbunds, die der Gesetzgeber allerdings nicht aufgegriffen hat. So etwa im Gesetzgebungsverfahren zum Zweiten Gesetzes zur Änderung des Bundesnaturschutzgesetzes, das in eine auf die Anforderungen der FFH-RL beschränkten Novelle mündete und 1998 in Kraft trat[400]. Auch im Hinblick auf andere Regelungen lagen Vorschläge vor, die eine Vernetzung von Biotopen erleichtert hätten[401].

Im Gesetzgebungsprozess für die Novelle 2002 gab es ebenfalls abweichende Vorschläge, die die Vernetzung von Biotopen betreffen. So wurde vorgeschlagen,

---

[398]Landschaftsschutzgebiete und Naturparke sollen dabei allerdings nur begrenzt zum Einsatz kommen, BT-Ds. 14/7490, S. 15.

[399]Nach Ansicht des NABU, Eckpunkte zur Novelle des Bundesnaturschutzgesetzes, Juli 2000, S.2, müsste insgesamt ein höherer Schutzstandard verlangt werden, weil bereits auf der Gesamtfläche der Grundgedanke des integrativen Naturschutzes durch die Novellierung verankert werden soll; in Betracht kämen deswegen nur Naturschutzgebiete und Nationalparke; siehe auch Gellermann, NVwZ 2002, 1025, 1028.

[400]Entwurf Grüne, BT-Ds. 13/3207, § 2 Abs. 1 Nr. 15 (15 % der Fläche); Entwurf BReg, BR-Ds. 636/96, § 2 Abs. 1 Nr. 8 (ohne Vorgabe des Flächenumfangs); Entwurf Schleswig-Holstein, BR-Ds. 464/97, § 2 Abs. 1 Nr. 8 (10 % jedes Landes mit Ausnahme der Stadtstaaten).

[401]Entwurf SPD, BT-Ds. 13/1930, § 17 Abs. 1 Nr. 3 (Schutz von Naturdenkmalen wegen ihrer Bedeutung als Lebensraum bestimmter Arten); Entwurf Grüne, BT-Ds. 13/3207, §§ 31 Abs. 1 Nr. 4, 32 Abs. 2 Nr. 5 (Schutz von Naturdenkmalen und von bestimmten Landschaftsbestandteilen als Elemente eines Biotopverbundsystems); Entwurf BReg, BR-Ds. 636/96, § 32 Abs. 1 Nr. 4 (Schutz bestimmter Landschaftsbestandteile als Elemente des Biotopverbundsystems).

den Biotopverbund 15 % der Fläche umfassen zu lassen[402]. Andererseits wurde vorgeschlagen, die Stadtstaaten von der Verpflichtung auszunehmen, 10 % ihrer Landesfläche für den Biotopverbund zur Verfügung zu stellen[403], innerhalb der Grundsätze in § 2 Bestimmungen zu streichen, die der Biotopvernetzung dienen[404] und § 31 (Schutz von Gewässern und Uferzonen) ganz zu streichen[405].

Die Frage nach der Biotopvernetzung führt zwangsläufig auch zu den Auswirkungen der Landwirtschaft auf Flächen außerhalb von FFH- und Vogelschutzgebieten. Die Landwirtschaft ist selbst sehr stark von europäischen Einflüssen geprägt. Gerade der verschärfte Wettbewerb auf einem gemeinsamen Markt für Agrarprodukte verbunden mit den Instrumenten der europäischen Agrarpolitik, die eine Überproduktion rentabel machen, haben Landwirte dazu gebracht, ihre Produktion stetig zu intensivieren. Das hat zu einer Abkehr von traditionellen Bewirtschaftungsmethoden geführt. Das hatte wiederum die Zerstörung vieler Lebensräume aber auch von Verbindungselementen wie Hecken usw. zur Folge[406]. Daneben hatte aber auch die Einführung anderer Pflanzenarten und anderer Fruchtfolgen erhebliche Auswirkungen auf andere Pflanzen- und Tierarten. Eine veränderte europäische Landwirtschaftspolitik wiederum war es auch, die die Einführung von Anreizen zur naturverträglicheren Bewirtschaftung ermöglichte[407].
In Deutschland ist der Naturschutz in der Fläche jedoch nicht nur durch die wechselseitigen Anreize der Europäischen Union geprägt. Hinzu kam eine Privilegierung der Landwirtschaft durch die sog. Landwirtschaftsklauseln. Danach mussten sich Land- und Forstwirtschaft nur einer sehr eingeschränkten Abwägung stellen. Diese genossen bis zum Dritten Gesetz zur Änderung des BNatSchG — das erst nach der Umsetzung der FFH-Richtlinie erging — das sogenannte Agrarprivileg des § 1 Abs. 3 BNatSchG[408]. Danach diente ordnungsgemäße Landwirtschaft in der Regel den Zielen des BNatSchG. In den allgemeinen Bestimmungen des BNatSchG war die Land- und Forstwirtschaft seit dem Dritten Gesetz zur Änderung des BNatSchG nur noch ein besonders betonter Abwägungsbelang[409]. Stattdessen wurde die sehr weit gefasste Ausgleichklausel des § 3 b BNatSchG eingeführt. Dennoch genossen Maßnahmen der Land- und Forstwirtschaft nach wie vor

[402]Entwurf PDS, BT-Ds. 14/5766; so auch die Forderung NABU, Eckpunkte zur Novelle des Bundesnaturschutzgesetzes, Juli 2000, S. 2.
[403]Stellungnahme Bundesrat, BR-Ds. 411/01.
[404]Empfehlungen der Ausschüsse des Bundesrats, BR-Ds. 411/1/01.
[405]Stellungnahme Bundesrat, BR-Ds. 411/01.
[406]Reid, Nature conservation law, in: Holder, The impact of EC environmental law in the United Kingdom, S. 199, 201.
[407]S. zu der Unverträglichkeit der „klassischen" Landwirtschaftsförderung mit den Erfordernissen des Naturschutzes die Ausführungen Frankreichs in: EuGH, U. v. 25.11.1999, Rs. C-96/98, NuR 2000, 206, 208 (Kommission ./. Französische Republik); einen Überblick über die Förderprogramme in Deutschland gibt Gebhard, NuR 1999, 361, 368 f.
[408]Bender/ Sparwasser/ Engel, Kap. 5 Rn 83.
[409]§ 2 Abs. 3 BNatSchG a. F.

einige Privilegien im weiteren Sinne. Deutlich wurde dies an der Bestimmung des § 8 Abs. 7 BNatSchG a. F.[410]. Danach waren Maßnahmen der Land- und Forstwirtschaft dann nicht als Eingriff zu sehen, wenn sie den Zielen und Grundsätzen des Naturschutzes und der Landschaftspflege entsprachen. Das wiederum wurde dann als in der Regel gegeben angesehen, wenn die Wirtschaftsweise der guten fachlichen Praxis entsprach. Die gute fachliche Praxis wiederum wurde definiert durch eine Reihe von fachgesetzlichen Bestimmungen[411]. Diese machten zwar eine Reihe von Auflagen, zur Schonung von Natur und Landschaft. Dennoch wurde zum einen die Ankoppelung an ein eher agrar- oder forstwirtschaftliches Verständnis skeptisch betrachtet[412]. Zum anderen bedeutete die systematische Stellung, dass im Regelfall auf besonders empfindliche Lebensräume keine Rücksicht genommen werden musste.
Diese Privilegierung ist mit der Novelle 2002 entfallen. Die bisherige Regelung des § 2 Abs. 3 BNatSchG a. F. findet sich jetzt in veränderter Form in § 5 Abs. 1 BNatSchG n. F. Nach dieser Bestimmung ist bei Maßnahmen des Naturschutzes die besondere Bedeutung einer *natur- und landschaftsverträglichen* Landwirtschaft für die Erhaltung der Kultur- und Erholungslandschaft zu berücksichtigen. Wann die Landwirtschaft natur- und landschaftsverträglich ist, ergibt sich aus einer Reihe von Anforderungen, die im weiteren von § 5 BNatSchG n. F. folgen[413].

12. Rechtsschutz

Die Qualität der Umsetzung der FFH- und der Vogelschutz-RL hängt wesentlich von den Möglichkeiten ab, ihre praktische Umsetzung gerichtlich überprüfen zu lassen. Die Frage ist deswegen, wer die formellen Voraussetzungen zur Erhebung einer Klage hat.

Stoßrichtung einer gerichtlichen Überprüfung kann entweder sein, dass ein bestimmtes Gebiet nicht für die Gemeinschaftsliste gemeldet und ausgewiesen wird oder dass Ausnahmen vom Beeinträchtigungsverbot zugelassen werden (Klagen contra Naturschutz). Es ist aber auch das gegenteilige Begehr denkbar, dass also darauf geklagt wird, ein Gebiet zu melden, auszuweisen und Ausnahmen vom Beeinträchtigungsverbot nicht zuzulassen (Klagen pro Naturschutz).

---

[410]Siehe aber auch §§ 15 Abs. 2 i.V.m. 2 Abs. 3 BNatSchG a. F. und ferner §§ 20 d Abs. 2 S. 2, 20 f Abs. 3 S. 1, 20 g Abs. 6 S. 1 Nr. 1 BNatSchG a. F.
[411]§ 17 Abs. 2 BBodSchG, §§ 2 a, 6 PflSchG, § 1 a DMG, §§ 2 ff. DüngeVO.
[412]Bender/ Sparwasser/ Engel, Kap. 5 Rn 89.
[413]S. zu der Frage auch die Forderungen des NABU, Eckpunkte zur Novelle des Bundesnaturschutzgesetzes, Juli 2000, S. 8-10, die mit der Novelle weitgehend umgesetzt wurden und die Forderungen des BUND, BUND-Forderungen zur Novellierung des Bundesnaturschutzgesetzes, Juni 2000, S. 3-4, die teilweise noch weiter gingen.

Im ersten Fall wird es in aller Regel um Grundeigentümer gehen, die die Nutzungsmöglichkeiten ihrer Grundstücke beeinträchtigt sehen oder um Gebietskörperschaften (Gemeinden, Landkreise), die eine Einschränkung ihrer Planungshoheit abwehren wollen. Im Rahmen der rechtsvergleichenden Untersuchung sind die Rechtsschutzmöglichkeiten für Grundeigentümer weniger interessant. Letztlich werden beide nationale Rechtsordnungen den Grundeigentümern den Rechtsweg jedenfalls gegen die Ausweisung als Schutzgebiet und bei Versagung von Ausnahmen vom Beeinträchtigungsverbot eröffnen, wenn subjektive Rechte betroffen sind[414]. Gegen die Aufnahme in die Gemeinschaftsliste würde in jedem Falle durch eine Nichtigkeitsklage gem. Art. 230 Abs. 2 und 4 EGV vor dem EuGH vorzugehen sein[415]. Die deutsche Situation, dass es Gebietskörperschaften mit eigenen Rechten gibt (Art. 28 Abs. 2 GG), weicht von der in anderen Mitgliedstaaten ab. Auch die Gemeinden und Landkreise haben jedoch keine Möglichkeit, eine Gebietsmeldung gerichtlich anzugreifen[416]. Es verbleibt also auch hier vor allem der Rechtsschutz gegen die Ausweisung von Schutzgebieten. Dass durch die Ausweisung in die Planungshoheit von Gebietskörperschaften eingegriffen würde, ohne dass gleichzeitig private Grundeigentümer betroffen sind (und wenn die Gemeinde selbst in ihren Rechten als private Grundeigentümerin betroffen wird), dürfte nicht vorkommen. Insoweit ergibt sich durch die Rechtsschutzmöglichkeiten der Gemeinden keine zusätzliche mögliche Beeinträchtigung der Umsetzung der FFH-RL.

---

[414]VG Frankfurt, Beschl. v. 2.3.2001 – 3 G 501/01 (1) –, NuR 2001, 414, 416; ob im Vereinigten Königreich, anders als in Deutschland (vgl. VGH Kassel, NVwZ 2001, 1178 f.; VG Frankfurt, Beschl. v. 2.3.2001 – 3 G 501/01 (1) –, NuR 2001, 414-418; VG Oldenburg, Beschl. v. 20.1.2000 – 1 B 4159/99 –, NuR 2000, 295, 296; Beschl. v. 29.6.2000 – 1 B 2016/00 –, NuR 2000, 713 f.; VG Lüneburg, Beschl. v. 6.4.2000 – 7 B7/00 – NuR 2000, 396; Ewer, NuR 2000, 361, 364-366; Gellermann, Natura 2000, S. 229-247; Schulz, NVwZ 2001, 289-291), die Möglichkeit besteht, die Meldung eines Gebiets mit dem Argument gerichtlich anzugreifen, dass die ökologischen Voraussetzungen nicht vorliegen, muss angesichts von EuGH, U. v. 7.11.2000 – C-371/98 – (Q v Secretary of State for the Environment, Transport and the Regions ex p First Corporate Shipping Ltd.), www.curia.eu.int = NuR 2001, 206 f. = NVwZ 2001, 1147 f., dazu Tromans, Env. L.R. 3 [2001] 61-65 als offen betrachtet werden; vollumfängliche Überprüfung der Rechtmäßigkeit einer Verwaltungsentscheidung können Grundeigentümer nur beanspruchen, wenn ihr Grundstück selbst in Anspruch genommen wird, nicht als sonstiger Planbetroffener, VG Hamburg, Beschl. v. 22.1.2001 – 15 VG 5102/2000, www.hamburg.de/StadtPol/Gerichte/VG/ae20010122-1.htm; grundsätzlich zu Rechtsschutzmöglichkeiten privater Grundeigentümer: VG Oldenburg, Beschl. v. 29.6.2000 – 1 B 2016/00 –, NuR 2000, 713; VG Freiburg, Beschl. v. 26.4.2000 – 4 K 981/00 –, NuR 2000, 537; VG Frankfurt a. M., Beschl. v. 2.3.2001 – 3 G 501/01 -, NVwZ 2001, 1188-1191 = NuR 2001, 414-418; VG Lüneburg, Beschl. v. 6.4.2000 – 7 B7/00 –, NuR 2000, 396-398; Apfelbacher/ Adenauer/ Iven, NuR 1999, 63, 65; Ewer, NuR 2000, 361, 364; Freiburg S. 91 f.; Kolodziejcok, NuR 2000, 674; Schrödter, in: Jarass, Bauleitplanung und Umweltschutz, S. 61, 66; Wirths, S. 332-341.

[415]VG Frankfurt, Beschl. v. 2.3.2001 – 3 G 501/01 (1) –, NuR 2001, 414; Ewer, NuR 2000, 361, 363; Schrödter, in: Jarass, Bauleitplanung und Umweltschutz, S. 61, 66.

[416]VG Düsseldorf, U. v. 21.12.2000 – 4 K 6745/99 –, NVwZ 2001, 591, 592; a.A. Schrödter NuR 2001, 8, 10 m.w.N.

Das führt zu der Frage, wie es sich verhält, soweit es um das gegenteilige Begehr geht, wenn also jemand verlangt, dass ein Gebiet für die Gemeinschaftsliste gemeldet wird, es als Schutzgebiet ausgewiesen wird und Ausnahmen vom Beeinträchtigungsverbot nicht zugelassen werden.

Hier ist es einerseits denkbar, dass sich betroffene Grundeigentümer in diesem Sinne einsetzen. Sei es aus idealistischen Motiven[417], sei es aus dem Interesse, nicht enteignet zu werden, sondern der angestammten, naturverträglichen Nutzung weiter nachzugehen oder sei es, um Beeinträchtigungen auf Nachbargrundstücken abzuwehren[418]. Auch hier dürften im Ergebnis beide Rechtsordnungen zu ähnlichen Ergebnissen führen.

Wesentliche Unterschiede dürfte es jedoch geben, wenn keine subjektiven öffentlichen Interessen betroffen sind[419]. In Deutschland gibt es dafür die Rechtsschutzmöglichkeit durch die (altruistische) Verbandsklage[420]. Dieses Instrument besteht in einigen Bundesländern seit unterschiedlich langer Zeit und sah sich insbesondere im Hinblick auf den Schutz von FFH-Gebieten erheblicher Kritik ausgesetzt (dazu a.). Eine wesentliche Veränderung erfuhr dieses Instrument durch die BNatSchG-Novelle 2002 (dazu b.). Auch im UGB-KomE ist eine Verbandsklage vorgesehen (dazu c.). Eine weitere Möglichkeit, aufgrund der Nichtbeachtung der FFH-RL ohne subjektives öffentliches Recht zu klagen, könnte sich aus der umweltrechtlichen Konkurrentenklage ergeben, die im UGB-KomE vorgeschlagen ist (dazu d.).

---

[417]Neben der Konstellation, dass ein angestammter Eigentümer diese idealistischen Motive entwickelt und Rechtsschutz sucht ist vor allem der Versuch von Naturschutzverbänden relevant, über sog. Sperrgrundstücke ein Vorhaben einer gerichtlichen Überprüfung zu unterziehen, s. dazu BVerwG, U. v. 27.10.2000 – 4 A 10/99 –, NuR 2001, 224-226; Balleis, S. 217-222; Knödler, NuR 2001, 194-202; Ziekow, VerwArch 2000, 483, 491 f. m.w.N.

[418]Vgl. OVG Münster, Beschl. v. 11.5.1999 – 20 B 1464/98.AK -, NuR 2000, 165-173 (ICE-Neubaustrecke Köln – Rhein-Main/ Schloss Röttgen).

[419]Siehe zur Diskussion, ob sich direkt aus der FFH-RL Klagerechte von Umwelt- und Naturschutzverbänden ableiten lassen: (bejahend) Gellermann, Natura 2000, S. 263 f.; (verneinend) VG Hamburg, Beschl. v. 10.1.2001 – 15 VG 3934/2000 –, www.hamburg.de/StadtPol/Gerichte/VG/ae20010110; OVG Hamburg, Beschl. v. 19.2.2001 – 2 Bs 370/00 –, NVwZ 2001, 1173, 1177; BVerfG, Beschl. v. 5.9.2001 – 1 BvR 418, 518/01 –, DVBl. 2001, 1836, 1837; die Klagebefugnis ergibt sich auch nicht direkt aus der Aarhus-Konvention (weil ausdrücklich ausgeschlossen): Buck/ Verheyen, in: Koch, Umweltrecht, S. 1, 30 f., Rn 65.

[420]Verstanden als Klage zur Durchsetzung öffentlicher Interessen, vgl. zur Terminologie: Ziekow, VerwArch 2000, 483, 485; frühzeitig wurden Grundlagen gelegt durch Rehbinder, Bürgerklage im Umweltrecht, dort findet sich neben der Verbandsklage auch Überlegungen zu einer allgemeinen Bürgerklage im Umweltrecht.

a. Die Verbandsklage bis zur Novelle 2002

Unter den altruistischen Verbandsklagen gab es bis zur Novelle 2002 zwei Typen: Die eigentliche Verbandsklage und die Partizipationserzwingungsklage als ein Fall der uneigentlichen Verbandsklage[421].

Die eigentliche Verbandsklage war nur Gegenstand des Landesrechts[422]. In den meisten – nicht in allen[423] – Bundesländern findet sich in den Landesnaturschutzgesetzen die Möglichkeit, dass anerkannte Naturschutzverbände[424] bei Missachtung naturschutzrechtlicher Normen Klage erheben können. Gemeinsam ist den landesrechtlichen Bestimmungen, dass ein Verband zunächst eine Anerkennung erlangen muss. Nur dann kann er an behördlichen Entscheidungen mitwirken und – soweit er mitgewirkt hat – gegen diese Entscheidungen Klage erheben (Akzessorietät der Verbandsklage zur Mitwirkung)[425]. Allerdings ist der Kreis der möglichen Gegenstände in den verschiedenen Landesnaturschutzgesetzen unterschiedlich gefasst. Teilweise gehen die Klagemöglichkeiten so weit, dass ein Verband Anfechtungs- oder Verpflichtungsklage erheben kann mit der Behauptung, dass der Erlass, die Ablehnung oder die Unterlassung eines Verwaltungsaktes naturschutzrechtlichen Normen[426] oder anderen auch dem Naturschutz zu dienen bestimmte Normen widerspricht[427]. Teilweise beschränken sich die Klagebefugnisse jedoch auch auf einen enumerativen Katalog von behördlichen Entscheidungen, so etwa der Eingriff in Natur und Landschaft gem. § 8 BNatSchG (jetzt § 18 BNatSchG) und Befreiungen von Schutzgebietsverordnungen[428]. Während im ersten Fall ein Naturschutzverband z.B. eine Klage mit der Begründung erheben kann, dass ein Bauvorhaben ein potentielles FFH-Gebiet beeinträchtigt[429], ist dies

[421]Siehe zur Terminologie: Ziekow, VerwArch 2000, 483, 484-486.

[422]Eine eingehende Untersuchung der eigentlichen Verbandsklage findet sich bei Balleis, S. 185-216.

[423]Kein Verbandsklagerecht gab es in Bayern, Baden-Württemberg und Mecklenburg-Vorpommern; in Hessen wurde die landesrechtliche Verbandsklage zum 18.6.2002 aufgehoben.

[424]Zu den Voraussetzungen der Anerkennung: Balleis, S. 102-116.

[425]S. zur Akzessorietät: Balleis, S. 193-197.

[426]§ 44 BremNatG; § 65 BbgNatSchG.

[427]§ 39 b BerlNatSchG; § 52 NatSchG LSA.

[428]§ 36 HENatG a. F.; § 41 Abs. 2 HmbNatSchG (zudem mit räumlichen Einschränkungen – ausgenommen sind z.B. Klagen gegen die Flugzeugproduktion am Standort Finkenwerder, die das Mühlenberger Loch (potentielles FFH-Gebiet) beeinträchtigt); auch schon vor Inkrafttreten der BNatSchG-Novelle 2002 nicht ganz aktuelle Übersichten bei Balleis, S. 188-209 und 266-271; Kloepfer, Umweltrecht, S. 521; Ziekow, VerwArch 2000, 483, 489 f.

[429]Allerdings verwehrte das VG Oldenburg, Beschl. v. 26.10.1999 – 1 B 3319/99 –, NuR. 2000, 398-405 es dem Naturschutzverband, das Vorliegen der zwingenden Gründe des überwiegenden öffentlichen Interesses zu überprüfen, weil es sich dabei nicht mehr um eine naturschutzrechtliche Frage handele; anders VG Gera, Beschl. v. 16.8.1999 – 1 E 2355/98 –, NuR 2000, 393, 395.

bei der zweiten Gruppe nicht denkbar[430]. Ein Schutz von FFH-Gebieten ist in jenen Fällen nur möglich, wenn eine Ausweisung als Naturschutzgebiet bereits stattgefunden hat. Eine Klage auf Meldung eines Gebietes an das BMU zur Weiterleitung an die Kommission kommt in beiden Fällen nicht in Betracht, weil es sich bei den Gebietsmeldungen nicht um Verwaltungsakte handelt[431]. Umstritten ist allerdings, ob durch Landesgesetz auch Verbandsklagen gegen Maßnahmen, die von Bundesbehörden aufgrund bundesrechtlicher Vorschriften erlassen wurden, eröffnet werden können[432].

Auch schon vor der Novelle 2002 bundesrechtlich geregelt war die Partizipationserzwingungsklage, also die Klage wegen der Verletzung der Beteiligungsrechte, die in § 29 Abs. 1 BNatSchG a. F. geregelt waren[433]. Im Einzelfall konnte zwar eine solche Klage erhebliche Verzögerungen für ein Bauvorhaben mit sich bringen[434]. Ein dauerhafter Schutz von FFH-Gebieten ließ sich mit diesem Mittel nicht erreichen.

b. Die Verbandsklage seit der Novelle 2002

Die Novelle 2002 macht sich mit § 61 BNatSchG n. F. grundsätzlich das Modell der enumerativ aufgeführten Fälle zu eigen. Klagen können die anerkannten Verbände zum einen, wenn von Schutzgebietsverordnungen von Naturschutzgebieten und Nationalparken Befreiungen erteilt werden sollen. Verordnungen im Hinblick auf andere Schutzgebiete (LSG usw.) können dann Gegenstand einer Klage sein, wenn sie gleichzeitig FFH- oder Vogelschutzgebiete sind. Zum zweiten ist den Verbänden die Klage gegen Planfeststellungsbeschlüsse und Plangenehmigungen eröffnet, die mit Eingriffen in Natur und Landschaft verbunden sind[435]. Voraussetzung ist jeweils, dass gegen Rechtsvorschriften verstoßen wird, die dazu bestimmt sind (auch) dem Naturschutz zu dienen. Den Ländern steht es frei, auch im Hinblick auf andere Fragen, bei denen eine Mitwirkung der Vereine vorgesehen ist, für diese ein Klagerecht einzuräumen[436].

---

[430] BVerfG, Beschl. v. 10.5.2001 – BvR 481/01 –, ZUR 2001, 403 f. = DVBl. 2001, 1139-1141 = NVwZ 2001, 1148-1150; OVG Hamburg, Beschl. v. 27.2.2001 – 2 Bs 38/01 –, www.hamburg.de/StadtPol/Gerichte/OVG/ae20010227.htm, 5.; OVG Hamburg, Beschl. v. 19.2.2001 – 2 Bs 370/00 –, www.hamburg.de/StadtPol/Gerichte/OVG/ae20010219.htm, II. B 2. b.

[431] Ewer, NuR 2000, 361, 364.

[432] Hoppe/ Beckmann/ Kauch, S. 266 m.w.N.; Ziekow, VerwArch 2000, 483, 492-505.

[433] Dazu Balleis, S. 222-253.

[434] Auch dies gilt aufgrund der Möglichkeiten zur Heilung von Verfahrensmängeln nur sehr bedingt, Balleis, S. 251 f. m.w.N.

[435] Ursprünglich sollte den Verbänden auch ein Klagerecht gegen Bebauungspläne eingeräumt werden, die Planfeststellungen ersetzen, diese Möglichkeit wurde aber auf Vorschlag des Vermittlungsausschusses gestrichen, siehe dazu Louis, NuR 2002, 385, 385.

[436] § 61 Abs. 5 BNatSchG n. F.; die bislang bestehenden landesrechtlich geregelten Klagerechte dürften insoweit fortbestehen, Mecklenburg-Vorpommern hat durch das 1. ÄndG LNatG M-V in §

Lenkt man den Blick auf die verschiedenen Gesetzgebungsprozesse zur Änderung des BNatSchG, so zeigt sich, dass in mehreren Gesetzesentwürfen die eigentliche Verbandsklage vorgesehen war[437]. Abweichungen gab es zunächst im Hinblick auf einzelne Tatbestände der Mitwirkung. Erheblich wichen dann bei einzelnen Entwürfen die Regelungen über die Verbandsklage selbst ab. So wurde einerseits vorgeschlagen, eine zur Mitwirkung akzessorische Verbandsklage für alle Verwaltungsakte zu eröffnen, an deren Zustandekommen ein Mitwirkungsrecht besteht[438]. Eingebracht wurde aber auch das Modell einer insoweit nicht akzessorischen Verbandsklage, als dass der Kreis der angreifbaren Verwaltungsakte nicht durch den Katalog der Gegenstände begrenzt ist, an denen ein Mitwirkungsrecht besteht. Es soll lediglich eine Präklusion eintreten, wenn ein gegebenes Mitwirkungsrecht nicht wahrgenommen wurde[439]. Vorschläge waren außerdem, dass auch die Normenkontrolle gem. § 47 VwGO von Rechtsvorschriften des Natur- und Landschaftsschutzes ermöglicht wird[440], dass Musterverfahren vorgezogen werden[441] und dass der Streitwert auf 20.000 DM beschränkt wird[442].

Durch das BNatSchG in der Form der Novelle 2002 ergibt sich ein Schutz von FFH- und Vogelschutzgebieten zunächst einmal dann, wenn diese als Schutzgebiete ausgewiesen sind. Insoweit beschränkt sich die Verbesserung gegenüber den Rechtsschutzmöglichkeiten der bislang bestehenden Landesnaturschutzgesetze darin, dass es jetzt auch Klagemöglichkeiten in den Ländern gibt, die bislang keine Verbandsklage eingeführt hatten[443] und dass nun auch eindeutig Rechtsakte von Bundesbehörden einbezogen sind. Zum zweiten entfallen so bestimmte von der Verbandsklage ausgenommenen Flächen[444].

---

65 a LNatG M-V ein Klagrecht geschaffen, dass dem in § 61 BNatSchG n. F. gleicht; Hessen hat mit Gesetz vom 18.6.2002 das landesrechtliche Verbandsklagerecht abgeschafft.

[437] §§ 29-29 b Entwurf SPD BT-Ds. 13/1930; §§ 57-59 Entwurf Grüne BT-Ds. 13/3207; § 42 a VwGO Entwurf PDS BT-Ds. 14/5766; ausdrücklich abgelehnt wurde die Verbandsklage zuletzt noch vom Verkehrs- sowie dem Wirtschaftsausschuss des Bundesrates, BR-Ds. 411/1/01 und 1004/1/01, der Bundesrat folgte aber seinem Umweltausschuss und lehnte die Verbandsklage nicht ab, BR-Ds. 411/01 (Beschluss) und 1004/01 (Beschluss).

[438] § 29 b Entwurf SPD BT-Ds. 13/1930.

[439] § 59 Abs. 1 Entwurf Grüne BT-Ds. 13/3207; § 57 Entwurf Schleswig-Holstein BR-Ds. 464/97; § 42 a VwGO Entwurf PDS BT-Ds. 14/5766.

[440] § 59 Abs. 2 Entwurf Grüne BT-Ds. 13/3207.

[441] § 93 a VwGO Entwurf PDS BT-Ds. 14/5766.

[442] § 13 Abs. 3 a GKG Entwurf PDS BT-Ds. 14/5766; so auch der NABU, Eckpunkte zur Novelle des Bundesnaturschutzgesetzes, Juli 2000, S. 3.

[443] Das sind die Länder Baden-Württemberg, Bayern und Mecklenburg-Vorpommern; Hessen hat sie im Jahre 2002 abgeschafft.

[444] So z.B. die bislang geltende Beschränkung in § 41 Abs. 2 S. 2 HmbNatSchG, das den Bereich des Hamburger Hafens und des Flugzeugwerks in Hamburg-Finkenwerder ausnahm, wovon auch das Mühlenberger Loch betroffen ist.

Drittens schließlich können Naturschutzverbände in Verfahren gegen Planfeststellungsbeschlüsse und Plangenehmigungen sich auf Verletzungen der FFH- und Vogelschutz-RL berufen[445].

Interessant könnte jedoch sein, dass die Einbeziehung von FFH- und Vogelschutzgebieten, die nicht zu Naturschutzgebieten oder Nationalparks erklärt sind, erfolgt, in dem auf Schutzgebiete im Rahmen von § 33 Abs. 2 BNatSchG n. F. verwiesen wird. Jener bestimmt, dass die Länder die (FFH-) Gebiete in der Gemeinschaftsliste und die Vogelschutzgebiete zu Schutzgebieten im Sinne von § 22 Abs. 1 BNatSchG (früher § 12 Abs. 1 BNatSchG) erklären. Es stellt sich die Frage, ob somit auch Gebiete erfasst sind, die Gegenstand der Gemeinschaftsliste sind, ohne bereits als Schutzgebiete ausgewiesen zu sein. Dem Wortlaut nach dürfte dies zu verneinen sein. § 61 Abs. 1 Nr. 1 Alt. 3 BNatSchG n. F. verlangt, dass es sich um ein Schutzgebiet (im Rahmen des § 33 Abs. 2 BNatSchG n. F.) handelt. Konstitutiv für die Eigenschaft eines Gebietes als Schutzgebiet ist die Ausweisung zum Schutzgebiet gem. § 22 Abs. 1 BNatSchG n. F. Solange die nicht erfolgt ist, liegt der Tatbestand des § 61 Abs. 1 Nr. 1 Alt. 3 BNatSchG n. F. nicht vor. Es stellt sich jedoch die Frage, ob nicht aufgrund der Rechtsprechung des EuGH zur fortgeltenden Anwendbarkeit des Schutzregimes der Vogelschutzrichtlinie bei faktischen Vogelschutzgebieten[446] es den staatlichen Stellen verwehrt ist, Gebieten dadurch einen geringeren faktischen Schutz zukommen zu lassen, dass sie sie weit nach Ablauf der Umsetzungsfrist noch nicht zu Schutzgebieten ausweisen. In jener Rechtsprechung hat der EuGH dargelegt, dass einem Mitgliedstaat keine Vorteile dadurch erwachsen sollen, dass er gemeinschaftsrechtliche Pflichten missachtet. Für die Übertragung dieses Gedankens auf das Klagerecht gem. § 61 Abs. 1 BNatSchG n. F. spricht, dass in Nr. 1 Alt. 3 der Bestimmung i. V. m. § 33 Abs. 2 BNatSchG n. F. die Tatsache, dass ein Gebiet Bestandteil der Gemeinschaftsliste ist, zum Anknüpfungspunkt gemacht wird. Andererseits wurde in der Rechtsprechung im Hinblick auf die Rechtslage in Hamburg vor der Novelle des BNatSchG und vor der letzten Novelle des HmbNatSchG (eine der enumerativ aufgebauten landesrechtlichen Verbandsklagen) ausgeführt, dass eine solche Erweiterung der Verbandsklage über den Wortlaut hinaus nicht in Betracht kommt. Bei der Verbandsklage handele es sich um eine Ausnahme zu § 42 Abs. 2 VwGO, die restriktiv auszulegen sei[447]. Die Rechtsprechung dürfte sich auch in Zukunft stark an diesem Grundsatz orientieren. Hinzu kommt insbesondere, dass auch § 61 BNatSchG n. F. nur ein genau begrenztes Klagerecht vor-

---

[445] Siehe dazu bereits BVerwG, U. v. 17.5.2002 – 4 A 28/01 –, NVwZ 2002, 1243; Zwischenurteil v. 28.6.2002 – 4 A 59/01 –, NVwZ 2002, 1234.

[446] EuGH, U. v. 7.12.2000, C-374/98 (Kommission ./. Frankreich - Basses Corbières), http://www.curia.eu.int (= NuR 2001, 210-213), Rn 51 f.

[447] OVG Hamburg, Beschl. v. 27.2.2001 – 2 Bs 38/01 –, www.hamburg.de/StadtPol/Gerichte/OVG/ae20010227.htm, 5.

sieht, das weder alle Fälle der Mitwirkung des § 60 Abs. 2 BNatSchG n. F. umfasst, noch an weitergehendere Vorschläge für eine Verbandsklage aus den verschiedenen Gesetzgebungsprozessen anknüpft. Insoweit handelt es sich um eine bewusste Entscheidung des Gesetzgebers, nur ein eng umgrenztes Klagerecht vorzusehen und die Naturschutzverbände nicht zu umfassenden Anwälten der Natur zu machen. Ein Verbandsklagerecht gegen behördliche Entscheidungen, die potentielle FFH- oder faktische Vogelschutzgebiete beeinträchtigen können, gewährt § 61 Abs. 1 Nr. 1 BNatSchG n. F. nicht.

c. Die Verbandsklage im UGB-KomE

Im UGB-KomE wurde in § 45 die Einführung einer Verbandsklage vorgeschlagen, die es den Naturschutzverbänden ermöglicht hätte, die Verletzung von Normen zu überprüfen, die auch den Belangen des Naturschutzes oder des Umweltschutzes zu dienen bestimmt sind. Die Fassung im UGB-KomE wurde vom NABU auch für die 2002 in Kraft getretene Novelle zur Forderung erhoben[448].

d. Die umweltrechtliche Konkurrentenklage

Zu untersuchen ist schließlich, inwieweit die umweltrechtliche Konkurrentenklage einen Beitrag zu leisten imstande wäre, die in § 46 UGB-KomE vorgeschlagen ist[449]. Danach können Betreiber von Anlagen und Hersteller sowie Vertreiber von Produkten Klage mit der Behauptung erheben, dass ein Konkurrent durch ein Handeln oder Unterlassen einer Behörde im Vorteil ist, durch das diese Behörde gegen umweltrechtliche Vorschriften verstößt. Eine Klage käme demnach in Betracht, wenn eine Behörde eine Ausnahme zu einem Beeinträchtigungsverbot im Hinblick auf ein FFH-Gebiet zulässt. Da § 46 S. 2 UGB-KomE allgemein von „den umweltrechtlichen Vorschriften" spricht, ist dies nicht nur dann denkbar, wenn das Gebiet bereits als Schutzgebiet ausgewiesen ist und die Genehmigung der Ausnahme vom Beeinträchtigungsverbot gleichzeitig eine Befreiung von einer Schutzgebietsverordnung darstellt. Vielmehr wäre eine Klagemöglichkeit auch im Hinblick auf ein potentielles Schutzgebiet unter Berufung auf die FFH-RL selbst denkbar. Praktisch könnte die Konkurrentenklage etwa Bedeutung haben zwischen konkurrierenden Bootsverleihern am selben Gewässer.

13. Haftung und Sanktionen

Entscheidend für die Durchsetzung des Schutzes von Natura 2000-Gebieten ist auch, inwieweit die Beeinträchtigung der Artenvielfalt die Haftung des Schädigers

---

[448] NABU, Eckpunkte zur Novelle des Bundesnaturschutzgesetzes, Juli 2000, S. 2-5.
[449] S. ausführlich zur Konkurrentenklage: Burgi, in: Stober/ Vogel, S. 147-165 und außerdem Storm, WiVerw 1999, 158, 174 f.

oder dessen Bestrafung nach sich zieht. Haftung und Sanktionen wirken präventiv, durch die Haftung wird darüber hinaus der Schädiger auch zur Wiedergutmachung herangezogen, so dass die Behebung von Schäden wahrscheinlicher wird.

Die Untersuchung der gegenwärtigen Haftungsregeln für die Beeinträchtigung der Artenvielfalt ist auch interessant vor dem Hintergrund des Entwurfs für eine Umwelthaftungs-RL der EU[450]. Danach sollen die Mitgliedstaaten auch für Schäden an der biologischen Vielfalt eine Haftung des Schädigers schaffen. Die zuständige Behörde soll dazu den Schädiger zur Sanierung der von ihm verursachten Schäden heranziehen.

Das deutsche Recht kennt bislang grundsätzlich eine Haftung für Umweltschäden nur dann, wenn ein Rechtsgut eines anderen betroffen ist[451]. In einigen Landesgesetzen ist bei Zuwiderhandeln gegen naturschutzrechtliche Bestimmungen eine Kostentragungspflicht für die Wiederherstellung vorgesehen[452].

§ 329 Abs. 3 StGB stellt bestimmte Handlungen unter Strafe, wenn diese ein Naturschutzgebiet oder einen Naturpark erheblich beeinträchtigen. Als Strafe kommt Geldstrafe oder bis zu fünf Jahren Freiheitsstrafe in Betracht.

Inwieweit der Verstoß gegen naturschutzrechtliche Vorschriften eine Ordnungswidrigkeit darstellt, bestimmt sich nach dem Landesrecht. Für die erhebliche Beeinträchtigung eines FFH- oder Vogelschutzgebiets liegt die Höchstgrenze des Bußgelds zwischen 20.000 EUR und 100.000 EUR[453].

VII. Kritik an der Umsetzung

1. Umsetzungsdefizite im Hinblick auf konkrete Anforderungen der Richtlinien

Die Untersuchung hat eine Reihe von Defiziten in der deutschen legislativen Umsetzung von FFH- und Vogelschutz-RL offenbart. Diese Defizite ziehen sich durch alle von der FFH-RL vorgesehenen Verfahrensschritte und treffen zumeist

[450] Vorschlag für eine Richtlinie des Europäischen Parlaments und des Rates über Umwelthaftung betreffend die Vermeidung von Umweltschäden und die Sanierung der Umwelt, KOM(2002) 17 endg., www.europa.eu.int/comm/environment/liability/index.htm; als nur begrenzt sieht Lübbe-Wolff, NVwZ 2001, 481, 485 die Leistungsfähigkeit dieses Instruments an.
[451] Vgl. dazu Kloepfer, Umweltrecht, § 6 Rn 73.
[452] Z. B. § 52 BremNatSchG; § 41 HENatG; Art. 6 a Abs. 5 BayNatSchG; § 52 HmbNatSchG; wohl auch § 57 Abs. 3 LNatG M-V; im übrigen kommt in einigen Fällen die Heranziehung der allgemeinen Eingriffsregelung in Betracht, vgl. § 4 LG NRW.
[453] 20.000 EUR: § 50 BremNatSchG; 50.000 EUR: § 50 Nr. 3 i.V.m. § 49 Abs. 1 Nr. 5 a HmbNatSchG; § 71 Abs. 1 i.V.m. § 70 LG NRW; Art. 52 Abs. 1 BayNatSchG; § 64 Abs. 3 i.V.m. Abs. 1 Nr. 4 b, 4 c NatSchG B-W; 100.000 EUR: § 70 Abs. 1 Nr. 1 i.V.m. § 69 Abs. 2 Nr. 1 LNatG M-V; § 43 Abs. 4 i.V.m. Abs. 3 Nr. 2 a HENatG.

im gleichen Maße auf die Vogelschutz-RL zu, da die gleichen nationalen rechtlichen Regeln der Umsetzung beider Richtlinien dienen sollen[454]. Konkrete Anforderungen der Richtlinien werden durch die legislative Umsetzung missachtet[455]. Schwerwiegend ist hier vor allem

- der fehlende Schutz vor Einwirkungen von außen[456],
- die Reduzierung des Schutzes auf erhebliche Beeinträchtigungen[457],
- die Aushebelung des Beeinträchtigungsverbots[458] sowie der Verweis auf die allgemeine Ausgleichsregelung[459] bei Gewässerbenutzungen und Genehmigungen von Anlagen nach BImSchG,
- das fehlende Beeinträchtigungsverbot für noch nichts als solche erklärte Vogelschutzgebiete[460],
- die fehlende Verträglichkeitsprüfung von Bauvorhaben für die ein älterer Bebauungsplan gilt oder die im Wege der Befreiung genehmigt werden und der für solche Vorhaben bestehende Anspruch auf Genehmigung trotz Unverträglichkeit mit einem FFH- oder Vogelschutzgebiet[461],
- die zu eng begrenzte Pflicht zur Alternativenprüfung[462] und
- die Zulassung von Beeinträchtigungen aus wirtschaftlichen oder sozialen Gründen bei noch nicht als solchen erklärten Vogelschutzgebieten[463].

Bei der Transformation der Rechtfertigungsgründe für die Beeinträchtigung prioritärer Gebiete bestehen Zweifel über die Auslegung der Richtlinien. Hier hat sich der Gesetzgeber am vertretbaren Minimum orientiert[464]. In den Bereichen, in denen die Richtlinien allgemeinere Anforderungen im Hinblick auf Rahmenbedingungen stellen, zeigte sich der deutsche Gesetzgeber nur wenig ambitioniert[465].

Insgesamt lässt sich sagen, dass die Umsetzung zumindest nachlässig erfolgte. Die Gesamtschau gibt jedoch auch Anlass, zu unterstellen, dass versucht wurde, möglichst viele Hintertürchen zur Umgehung des strikten europäischen Naturschutzrechts offenzuhalten.

---

[454]Eindeutig ist dies seit der Novelle 2002, durch die die Regelungen für die Ausweisung von Vogelschutzgebieten (siehe dazu § 3 VI 4.) und für die Festlegung von Erhaltungsmaßnahmen (siehe dazu § 3 VI 5) auch auf Vogelschutzgebiete bezogen wurden.
[455]Siehe dazu § 3 VI 6., 7. a. aa, b., d. aa.
[456]Siehe dazu § 3 VI 6., 7. a. aa.
[457]Siehe dazu § 3 VI 6., 7. b.
[458]Siehe dazu § 3 VI 7. b.
[459]Siehe dazu § 3 VI 7. d. ee.
[460]Siehe dazu § 3 VI 7. b.
[461]Siehe dazu § 3 VI 7. a. aa.
[462]Siehe dazu § 3 VI 7. d. dd.
[463]Siehe dazu § 3 VI 7. d. ff.
[464]Siehe dazu § 3 VI 7. d. cc.
[465]Siehe dazu § 3 VI 7. c, 11.

Auffällig ist, dass im Hinblick auf fast alle Defizite in den verschiedenen Gesetzgebungsprozessen Vorschläge vorlagen, die diese Defizite vermieden hätten. Auch das 2002 in Kraft getretene neue BNatSchG springt im Hinblick auf die Anforderungen der Richtlinien zu kurz. Nur einem sehr kleinen Teil der festgestellten Defizite im Hinblick auf die konkreten Anforderungen ist durch diese Novelle abgeholfen worden[466]. In dieser ungenügenden Umsetzung liegt also nach wie vor eine Gefährdung des europäischen Naturerbes und zugleich eine erhebliche Quelle von Rechtsunsicherheit für Grundeigentümer, Gemeinden und Investoren. In diesem Zusammenhang stellt sich die Frage, ob der Versuch maßgeblicher Teile der Literatur hilfreich war, eine Gemeinschaftsrechtswidrigkeit zu verneinen, indem die Möglichkeit einer unmittelbaren Wirkung von Richtlinien konstruiert wird, die tatsächlich entweder nicht besteht oder mit gewisser Wahrscheinlichkeit nicht von den zuständigen Behörden und den deutschen Gerichten beachtet werden wird[467]. Insoweit wären frühzeitige und eindeutige Hinweise an den deutschen Gesetzgeber hilfreicher gewesen.

2. Rahmenbedingungen

Positive Befunde lassen sich bei der Novelle 2002 jedoch im Hinblick auf die Rahmenbedingungen vermelden: Durch die Einführung eines Biotopverbunds[468], einer besseren Öffentlichkeitsbeteiligung[469] und der bundesweiten Verbandsklage[470] sind wichtige Schritte getan, die auch dem Schutz von FFH- und Vogelschutzgebieten dienen. Die Durchsetzung der Verpflichtungen aus der FFH- und der Vogelschutz-RL erleichtern wird auch, dass der Bund die Länder nunmehr nicht mehr zu umfangreichen Ausgleichzahlungen für die Landwirtschaft verpflichtet[471]. Ein wichtiger Schritt für die Schonung der Umgebung von FFH-Gebieten ist die Abschaffung von Privilegierungen für die Landwirtschaft[472].

Im Hinblick auf finanzielle Belastungen der Länder durch Entschädigungen für Nutzungsbeschränkungen und durch vertragliche Vereinbarungen lässt sich kein klares Bild zeichnen. Bei den Entschädigungen für Nutzungsbeschränkungen wird dies verschärft durch die Änderungen im Rahmen der im Jahre 2002 in Kraft ge-

---

[466]So im Hinblick auf die konkreten Anforderungen für die Ausweisung von Vogelschutzgebieten (§ 33 BNatSchG n. F., siehe dazu § 3 VI 4.) und für die Festlegung von Erhaltungsmaßnahmen für diese (§ 33 BNatSchG n. F., siehe dazu § 3 VI 5.) sowie im Hinblick auf die Verpflichtung auf Ausgleichsmaßnahmen für nicht-prioritäre Gebiete (§ 34 Abs. 5 BNatSchG n. F., siehe dazu § 3 VI 7. d. ee.).

[467]Gellermann, Natura 2000, S. 149 f., 161 f., 181; Schink, UPR 1999, 417, 420 f.; siehe auch § 3 V 7. a. aa.

[468]Siehe dazu § 3 VI 11.

[469]Siehe dazu § 3 VI 7. c.

[470]Siehe dazu § 3 VI 12.

[471]Siehe dazu § 3 VI 10.

[472]Siehe dazu § 3 VI 11.

tretenen Novelle; durch sie wird es den Ländern freigestellt, die Entschädigungen für die Landwirtschaft zu regeln. Einheitliche Aussagen für den Vertragsnaturschutz lassen sich ebenfalls nicht treffen. Der Vertragsnaturschutz ist aber teilweise trotz seiner Betonung als Alternative zu ordnungsrechtlicher Regulierung wieder auf dem Rückzug[473].

3. Umsetzung in Landesrecht

Außerhalb der Gestaltungsmacht einzelner Regierungen und der sie tragenden Parlamentsmehrheiten liegen die Defizite, die aus dem föderalen Staatsaufbau der Bundesrepublik herrühren. Dies wird schon anhand der Gesetze offenbar. Sehr kritisch ist, dass eine Vielzahl von Bundesländern keinerlei der Umsetzung dieser Richtlinien dienenden Landesgesetze erlassen haben. Dies wird jedoch spätestens zum 8.5.2003 notwendig sein. Allein dadurch bestehen eine Vielzahl von Umsetzungsdefiziten[474]. Da die Erfüllung dieser Aufgabe in diesen Ländern noch nicht erfolgt ist, ist zu überlegen, ob der Bundesgesetzgeber die Übergangsregel des § 69 Abs. 1 BNatSchG n. F. nicht verlängern sollte. Die Nachteile, die die föderale Struktur für den Naturschutz mit sich bringt wird, allerdings noch deutlicher an den nur zögerlichen und ungenügenden Gebietsmeldungen[475]. Dass die EU sich nur an Deutschland als Ganzes halten kann und der Bund wiederum geeignete Regeln finden muss, um den Druck auf die Länder weiterzugeben, schlägt hier negativ zu Buche. Schließlich weisen auch die im Hinblick auf die FFH-RL geänderten Landesnaturschutzgesetze eigenständige Defizite auf[476].

4. Verknüpfung mit der UVP

Im Sinne einer möglichst schnellen und schlanken Prüfung ist es fragwürdig, ob es sinnvoll ist, die Entscheidung über die Zusammenfassung von UVP und FFH-Verträglichkeitsprüfung den Behörden zu überlassen. So wird mit dieser Frage in der Praxis unterschiedlich umgegangen werden: Teilweise wird zusammen und teilweise wird in wiederum unterschiedlicher Weise getrennt geprüft werden. Eine Zusammenfassung durch den Gesetzgeber wäre dagegen vorzugswürdig gewesen,

---

[473]So insbesondere in Hessen, wo die Mittel für den Vertragsnaturschutz seit 1998 deutlich reduziert wurden, Rehbinder, DVBl. 2000, 859, 861 und 863.

[474]Siehe dazu § 3 VI 3, 4, 5.

[475]Siehe dazu § 3 VI 2; diese Kritik übt auch die Kommission, Handbook for Implementation of EU Environmental Legislation, S. 23 f.

[476]So z.B. Art. 13 b BayNatSchG, siehe dazu § 3 VI 4, 5; Art. 49 a Abs. 4 BayNatSchG, siehe dazu § 3 VI 7. d. ee.; bis zum 1. ÄndG LNatG M-V vom 16.5.2002 auch § 28 Abs. 1 S. 2 LNatG M-V, siehe dazu § 3 VI 2.; teilweise wird einzelnen Defiziten der bundesrechtlichen Umsetzung abgeholfen, Art. 13 c Abs. 1 S. 1 BayNatSchG, § 28 Abs. 5 LNatG M-V, § 21 a Abs. 1 HmbNatSchG, siehe dazu § 3 VI 6.; Art. 6 a Abs. 1 S. 1 und 3 BayNatSchG, siehe dazu § 3 VI 7. d. dd.; sowohl als auch Art. 13 c Abs. 1 S. 1 BayNatSchG, siehe dazu § 3 VI 7. b.

weil sich so eine einheitliche Verwaltungspraxis hätte etablieren können. Rechtsprechung und Wissenschaft hätten so deckungsgleiche Ansatzpunkte gehabt und hätten besser zur Fortentwicklung der Prüfschemata beitragen können. Auch die Adaption durch externe Gutachter und durch überörtliche Investoren wäre erleichtert worden[477]. Das Grundproblem liegt allerdings in der Gesetzgebung auf europäischer Ebene: Hier hätte bereits eine Angleichung der Verfahren erfolgen sollen[478].

5. Schutz von potentiellen FFH- und faktischen Vogelschutzgebieten

Im Hinblick auf den Schutz potentieller FFH-Gebiete wäre eine Aktivität des Gesetzgebers auf Bundesebene wünschenswert gewesen, um einen höheren Schutz als nur vor erheblichen Beeinträchtigungen zu erreichen. Die Notwendigkeit des Schutzes dieser Gebiete leitet sich zwar nur aus Art. 10 Abs. 2 EGV ab, dem sich keine Aussagen entnehmen lassen, aus denen sich das genaue Schutzniveau für potentielle FFH-Gebiete ergibt. Eine Beschränkung auf erhebliche Beeinträchtigungen ist insoweit unzureichend, als dass im Rahmen des vorläufigen Schutzes aus dem Interesse des Naturschutzes ein umfassenderer Schutz als im Rahmen der späteren Ausweisung als FFH-Gebiet notwendig wäre, weil anderenfalls die Entscheidung, welche Bestandteile eines Gebiets für sein Überleben notwendig sind, vorweggenommen würde. Ohne Zweifel würde ein solch hoher Schutz das Problem mit sich bringen, dass zunächst eine Aktivität mit Auswirkung auf das Schutzgebiet untersagt werden müsste, die später vielleicht doch wieder zugelassen werden würde. Das zwischenzeitliche Verbot könnte zu einer nicht rückgängig zu machenden Beeinträchtigung des wirtschaftlichen Interesses an der Nutzung führen. Deswegen wäre zumindest ein gleichwertiger Schutz in Form einer vorläufigen Entscheidung über die Fragen anzustreben, über die im Rahmen der Schutzgebietsausweisung zu entscheiden sein würde[479].

Es stellt sich auch die Frage, welche Gebiete von einem solchen vorläufigen Schutz umfasst sein sollen[480]. Einfach ist dies im Hinblick auf jene Gebiete, die von den Ländern bereits gemeldet sind, ohne dass sie bereits Bestandteil der Ge-

[477] Einen Vorschlag zur Umsetzung der FFH-RL als Ergänzung der UVP-Regeln macht Wagner, Die planbezogene Umweltverträglichkeitsprüfung nach dem Entwurf der EG-Richtlinie „Fauna, Flora, Habitat".

[478] So wohl auch Gellermann, NuR 1996, 548, 552.

[479] Mit einem geringeren Schutz gibt sich zufrieden Gellermann, Natura 2000, S. 221.

[480] Die Kommission, Natura 2000 – Gebietsmanagement, S. 14, verlangt (ohne auf die speziellen Probleme der verteilten Kompetenzen in einem föderalen Staat einzugehen), dass alle Verschlechterungen von Gebieten unterlassen werden, die auf der Länderliste stehen oder, wenn keine vollständige Länderliste vorgelegt wurde, entsprechend der wissenschaftlichen Kriterien auf der Liste stehen müssten.

meinschaftsliste oder Konzertierungsgebiete wären[481]. Schwieriger wird dies, wenn die Länder Gebiete nicht melden, die zu melden sind. Hier könnte allenfalls eine Ermächtigung des Bundes helfen, ein Gebiet vorläufig unter Schutz zu stellen, bis eine Einigung mit dem Land erzielt ist. Dies würde zwar eine erhebliche Verschiebung der faktischen Kompetenzen zu Lasten der Länder bedeuten, eine solche Übertragung des Regelungsmodells der Konzertierungsgebiete gem. Art. 5 Abs. 4 FFH-RL wäre jedoch folgerichtig zu den vorgeschlagenen gesetzlichen Regelungen im Hinblick auf die Qualität des vorläufigen Schutzes. Auch hier ist die Literatur dafür zu kritisieren, dass sie einseitig auf die Entwicklung eines ausreichenden Schutzes für potentielle FFH-Gebiete durch die Rechtsprechung vertraut hat, anstatt zumindest gleichzeitig auf den Gesetzgeber einzuwirken, damit dieser die absehbaren Schutzlücken schließe. Auch hier wäre die 2002 in Kraft getretene Novelle eine Gelegenheit gewesen, die auch insoweit versäumt wurde.

6. Meeresgebiete

Als zu kurz gesprungen muss die Regelung des § 38 BNatSchG n. F. über den Naturschutz in der Ausschließlichen Wirtschaftszone (AWZ) angesehen werden. Mit jener Regelung ist zwar die Möglichkeit der Ausweisung von Natura 2000-Gebieten geschaffen worden. Es steht aber für umliegende Bereiche nicht das sonstige naturschutzrechtliche Instrumentarium (Ausweisung von Schutzgebieten mit geringerem Schutz, allgemeine Eingriffsregelung) zur Verfügung. Dies ist offensichtlich auf die hohe Priorität der Nutzung der AWZ durch Windenergieanlagen zurückzuführen[482].

7. Befreiungsregelung des § 62 BNatSchG n. F.

Eine von einzelnen Stimmen ausgemachte Schwäche des BNatSchG ist mit der 2002 in Kraft getretenen Novelle beseitigt worden: Die Befreiungsregelung des § 62 BNatSchG n. F. bezieht sich anders als § 31 BNatSchG a. F. ausdrücklich auf die Artenschutzbestimmungen §§ 42, 52 BNatSchG n. F. und nicht mehr auf sämtliche Bestimmungen des BNatSchG[483].

---

[481] Siehe hierzu die Regelung des § 26 e NatSchG B-W.

[482] Die Begründung, mit der der spätere § 38 BNatSchG n. F. eingeführt wurde, lässt eine entsprechende Motivation erkennen: Schutzgebiete werden nur eingeführt, um durch den massiven Ausbau von Windenergieanlagen nicht die europäischen Verpflichtungen zu verletzen, BT-Ds. 14/7490, S. 29.

[483] S. zur Kritik an der alten Rechtslage: Freiburg, S. 152-154.

8. Rechtsschutz

Schließlich stellt sich die Frage, ob mit der 2002 in Kraft getretenen Novelle die Verbandsklage ein hinreichendes Mittel zur Kontrolle der Umsetzung der FFH- und der Vogelschutzrichtlinie geworden ist. Da die Möglichkeiten, Rechtsschutz gegen die verschiedenen Schritte zur Verwirklichung des Netzes Natura 2000 zwar nicht lückenlos aber doch recht umfassend sind, hängt es von der Ausgestaltung der Verbandsklage ab, ob es zu einem Gleichgewicht des Prozessrisikos für den Staat kommt. Die durch die 2002 in Kraft getretene Novelle eingeführte Verbandsklage weist im Hinblick auf die Kontrolle der Einhaltung der FFH-Richtlinie einige Lücken auf. Die Klagemöglichkeiten beschränken sich auf Befreiungen von Vorschriften zum Schutz von bereits ausgewiesenen Schutzgebieten und auf Planfeststellungsbeschlüsse. Hier fiel man sogar zurück hinter das Regelungsmodell einiger Bundesländer, die den Naturschutzverbänden bereits immer dann ein Klagerecht einräumten, wenn sie geltend machten, dass Maßnahmen Rechtsvorschriften widerspricht, die dem Schutz der Natur dienen sollen[484]. Der Umsetzung der FFH-Richtlinie dient dieses Klagerecht nur sehr begrenzt. Es vermag nicht den Prozess der Einrichtung des Netzes Natura 2000 zu beschleunigen oder ihn qualitativ abzusichern[485]. Erst wenn die Umsetzung in die Ausweisung von Schutzgebieten gemündet ist, können Naturschutzverbände diese Gebiete durch eine Klage verteidigen. Hier wäre ein entschiedeneres Vorgehen des Bundesgesetzgebers wünschenswert gewesen; auch hier fehlte es – wie bei den potentiellen Schutzgebieten – an der Einsicht in die Lückenhaftigkeit staatlichen Handelns bei der Einrichtung von Natura 2000.

9. Stand der tatsächlichen Umsetzung

Dass die beschriebenen Defizite sich auf die praktische Umsetzung der FFH-RL auswirken, zeigt sich am Stand der Gebietsmeldung. Zum Stand 11.4.2002 hatte Deutschland lediglich eine beträchtlich unvollständige Liste der Gebiete der Kommission gemeldet, obwohl bereits 1995 eine vollständige Liste hätte vorliegen müssen. Deutschland hatte zu dem Zeitpunkt 3352 Gebiete mit einer Gesamtfläche 30.974 km² gemeldet. Das entspricht einem Anteil von 8,7 % der Gesamtfläche des Hoheitsgebiets. Die Ausweisung von Vogelschutzgebieten war zum gleichen Zeitpunkt unvollständig, obwohl die Verpflichtung dazu bereits aus der 1979 erlassenen Vogelschutz-RL stammt. Ausgewiesen waren 448 Vogelschutz-

[484] S. oben § 3 VI 12.

[485] Entsprechende Vorschläge finden sich bei Balleis, S. 211; zumindest eine Beteiligung an der Auswahl der Gebiete fordert Gebhard, NuR 1999, 361, 365.

gebiete, die eine Gesamtfläche von 27.058 km² einnahmen, was 7,6 % des Hoheitsgebiets entspricht[486].

Die einzelnen Bundesländer weisen Unterschiede in der Vollständigkeit der Gebietsmeldungen auf. Unvollständig sind insbesondere die Meldungen aus Hessen, Bayern und Sachsen[487].

---

[486] Daten aus Kommission, Natura-Barometer, Stand 11.4.2002, http://europa.eu.int/comm/environment/nature.

[487] Bundesamt für Naturschutz, Stand der Gebietsmeldungen zur FFH-Richtlinie in Deutschland, Stand 15.3.2002, www.bfn.de. Für Vogelschutzgebiete liegt eine nach Bundesländern differenzierte Bewertung der Vollständigkeit nicht vor.

§ 4: Die Rechtslage im Vereinigten Königreich von Großbritannien und Nordirland

Bei der Untersuchung der Umsetzung der FFH-Richtlinie in das nationale Recht im Vereinigten Königreich ist es sinnvoll, zunächst einige Aspekte zu betrachten, die über die eigentliche Umsetzung der Richtlinie hinausgehen. Zum besseren Verständnis werden zunächst die Verteilung der Gesetzgebungs- und Verwaltungskompetenzen und die Geschichte der umwelt- und naturschutzrechtlichen Regulierung dargestellt. Anschließend wird ein Überblick gegeben über das Normengefüge im Naturschutzrecht, so wie es vor der legislativen Umsetzung der FFH-Richtlinie bestand.

Bei der Darstellung der Umsetzung in nationales Recht erfolgt zunächst ein Überblick über die Diskussionen im Rahmen des Gesetzgebungsverfahrens, dem sich die Darstellung der schließlich in Kraft getretenen Normen anschließt. Abgeschlossen wird dieses Kapitel durch eine Schilderung der Alternativen, die bestanden hätten und eine Darstellung der Kritik an der Umsetzung.

I. Verteilung der Gesetzgebungs- und Verwaltungskompetenzen

Die Gesetzgebungs- und Verwaltungskompetenzen im Naturschutzrecht des Vereinigten Königreichs sind in den letzten Jahren grundlegend anders zugeordnet worden. Mit Ausnahmen für Nordirland waren jedenfalls für ganz Großbritannien[488] sowohl Gesetzgebung als auch die Verwaltung von Schutzgebieten bis 1991 einheitlich. Dies hat sich geändert durch den Environmental Protection Act (EPA) 1990 und durch den Prozess der Devolution.

1. Verwaltung der Schutzgebiete durch Regierungsagenturen

Bis 1991 war für die Ausweisung und Verwaltung der verschiedenen Schutzgebiete in ganz Großbritannien der Nature Conservancy Council (NCC) zuständig. Dieser bestand seit 1973 und hatte seinen Vorläufer in der seit 1949 bestehenden Nature Conservancy[489]. Es handelte sich dabei um eine autonome Einrichtung, die nicht Teil der Regierung selbst war; die Mitglieder des Councils wurden aber durch Secretaries of State benannt. Darüber hinaus brauchte auch der NCC für bestimmte Handlungen die Zustimmung des zuständigen Secretary of State.

---

488 Also England, Schottland und Wales.

489 Nature Conservancy Council, Nature Conservation in Great Britain, 1984, Kapitel 3 und 4; Bell/ McGillivray, S. 621.

Diese Einheitlichkeit wurde aufgebrochen durch den Environmental Protection Act (EPA) 1990. Dieser bewirkte zum 1.4.1991 die Aufteilung auf jeweils eigene Einrichtungen für England (English Nature), Schottland (Scottish Natural Heritage, SNH[490]) und Wales (Countryside Council for Wales). Diese Einrichtungen übernahmen die Kompetenzen des NCC[491].

Als Begründung für diese Aufteilung wurde die Unpopularität des NCC angeführt. Insbesondere in Schottland sei die Unzufriedenheit angesichts einer überproportionalen Ausweisung von Gebieten groß gewesen. Eine Aufteilung auf drei verschiedene Einrichtungen verspreche dagegen mehr Bürgernähe.

Dieses Ansinnen wurde heftig kritisiert, weil diese Aufteilung die starke Position des NCC als pressure group innerhalb der Regierung zunichte mache, was auch als wahres Motiv dieser Reform unterstellt wurde[492]. Im Ergebnis sei der Naturschutz durch diese Maßnahme um mehrere Jahre zurückgeworfen worden[493].

Um zumindest eine einheitliche Anwendung der Kriterien des Naturschutzes zu erreichen, wurde deswegen durch den EPA 1990 das Joint Nature Conservation Committee (JNCC) geschaffen. Es wird gebildet aus den drei Einrichtungen für England, Schottland und Wales und vom Secretary of State benannten Delegierten. Ohne Stimmberechtigung sind auch Vertreter des Department of the Environment for Northern Ireland Mitglieder des JNCC. Neben der Gewährleistung gemeinsamer Standards hat das JNCC die Funktion, dem NCC in seinen internationalen Verpflichtungen nachzufolgen; es hat aber keine eigenen Exekutivfunktionen.

Geblieben ist trotz der Zerschlagung des NCC die relative Unabhängigkeit der Organisationen. Die Politik kann grundsätzlich nicht auf einzelne Verwaltungsentscheidungen Einfluss nehmen.

In Nordirland liegen die entsprechenden Kompetenzen seit jeher bei getrennten Einrichtungen. Gegenwärtig erfolgt die Verwaltung und Ausweisung von Schutzgebieten durch den Environment and Heritage Service des Department of the Environment for Northern Ireland.

---

[490]Zunächst NCC for Scotland, NCC und Countryside Commission for Scotland wurden 1991 zusammen gelegt zu SNH.

[491]Im Bezug auf Wales und Schottland auch die der Countryside Commission.

[492]Bell/ McGillivray, S. 621-623; Garner/ Jones, S. 26 f.

[493]Bell/ McGillivray, S. 622 f. m.w.N.; Dixon, in: Lowe/ Ward, S. 214, 217.

2. Gesetzgebung und Regierung

a. Situation vor der Devolution

Vor den Veränderungen im Rahmen der Devolution 1998[494] gab es eine einheitliche Gesetzgebungskompetenz des Parlaments in Westminster für ganz Großbritannien.

Die legislative Umsetzung der FFH-Richtlinie fiel, abgesehen von Nachbesserungen, in die Zeit vor der Devolution; deswegen war die Ausgangsbasis hier sehr übersichtlich.

Lediglich für Nordirland galten auch damals wiederum besondere Regelungen. Zwar stand Nordirland seit 1974[495] wieder unter voller direkter Herrschaft durch Parlament und Regierung des Vereinigten Königreichs[496]. Die Gesetzgebung erfolgte aber in einem gesonderten Verfahren, so dass getrennte Gesetze für Großbritannien[497] auf der einen und Nordirland auf der anderen Seite existierten.

b. Devolution

Grundlegende Veränderungen ergaben sich durch den seit 1997 laufenden Prozess der Devolution. Dieser Prozess ist Teil der von der seit 1997 regierenden Labour-Regierung angegangenen Verfassungsreformen[498]. Damit wird der Prozess der Verlagerung von Gesetzgebungs- und Verwaltungskompetenzen von der zentralen Regierung für das ganze Vereinigte Königreich hin zu den einzelnen Nationen, die in ihm vereinigt sind, bezeichnet. Schottland, Wales und Nordirland erhielten

---

[494] Die entsprechenden Gesetze (Scotland Act 1998, Government of Wales Act 1998 und Northern Ireland Act 1998) sind 1998 erlassen worden, ihnen gingen erfolgreiche Referenden in Schottland, Wales und Nordirland voraus, siehe zum Beginn ihrer tatsächlichen Auswirkung im Folgenden.

[495] Durch den Northern Ireland Act 1974.

[496] Sehr anschaulich zur Entwicklung der Verfassungsgeschichte in Nordirland Barnett, S. 59-75.

[497] England, Schottland und Wales.

[498] Dazu gehören insbesondere die Einführung einer Grundrechte-Gerichtsbarkeit (in deren Rahmen Bürgerinnen und Bürger vor einem nationalen Gericht auf die Verletzung von Rechten aus der EMRK berufen können) durch den Human Rights Act 1998, die Abschaffung der Stimmrechte der meisten der erblichen Mitglieder des House of Lords durch den House of Lords Act 1999, die Einführung einer unabhängigen Zentralbank durch den Bank of England Act 1998 und die Stärkung lokaler Selbstverwaltung zum einen speziell für London durch die Einführung der Greater London Authority und des Amts eines Londoner Bürgermeisters durch den Greater London Authority Act 1999 und zum anderen der Stärkung der bereits bestehenden kommunalen Körperschaften durch den Local Government Act 1999; sehr interessant zu diesem Reformpaket: Hazell (Hrsg.), Constitutional Futures – A History of the Next Ten Years, 1999.

eigene direkt gewählte Körperschaften[499], die im unterschiedlichen Maße über die Geschicke in den entsprechenden Gebieten entscheiden dürfen. Für England bleiben weiterhin das Parlament und die Regierung des Vereinigten Königreichs zuständig. Zu kritischen Diskussionen hat dabei insbesondere geführt, dass auch z.B. die schottischen Abgeordneten über solche Gesetze entscheiden, die nur in England oder nur in England und Wales gelten. Ähnliche Bedenken ließen sich im Hinblick auf die Regierung formulieren, die nur im Bezug auf England umfassende Kompetenzen hat, aber dennoch von allen Abgeordneten gewählt wird[500].

aa. Schottland

Nachdem im Jahre 1997 die Wahlbevölkerung Schottlands in einem Referendum mehrheitlich sich für die Devolution ausgesprochen hatte, beschloss das Parlament in Westminster 1998 den Scotland Act 1998[501]. Dieser sah die Bildung eines Schottischen Parlaments und einer Schottischen Regierung (Scottish Executive) vor. Die ersten Wahlen zum schottischen Parlament fanden im Mai 1999 statt. Begünstigt durch ein Wahlsystem, das die Wahl des einen Teils der Abgeordneten durch Mehrheits- und des anderen Teils durch ein Verhältniswahlsystem vorsieht[502], wurde eine Koalitionsregierung aus der Labour-Party und den Liberaldemokraten gebildet[503].

Auf das Schottische Parlament und die Schottische Regierung gingen im großen Maße die Kompetenzen von dem zentralen Parlament und der zentralen Regierung des Vereinigten Königreichs über. Welche Bereiche der Gesetzgebung im Einzelnen übertragen wurden, ergibt sich aus differenzierten Verzeichnissen (Schedules), in denen die außerhalb der Kompetenz des schottischen Parlaments liegenden Gesetzesmaterien aufgelistet sind. In bestimmten Bereichen ist eine Kompetenz des schottischen Parlaments generell nicht gegeben, so insbesondere die Ver-

---

[499]Scottish Parliament, Welsh Assembly und Northern Ireland Assembly.

[500]Die sog. West Lothian question; diese Frage war bereits ein wichtiger Einwand gegen den gescheiterten Anlauf zur Devolution für Schottland und Wales im Jahre 1978 wie auch bei der Diskussion um die Einführung der Home Rule für Irland gegen Ende des 19. Jahrhundert, vgl. Barnett, S. 64 f.; entschärft, wenn auch nicht gelöst, wird dieses Spannungsfeld durch die Verringerung der schottischen Mitglieder im Parlament des Vereinigten Königreichs, wobei im Grunde hier nur eine bislang bestehende Überrepräsentation Schottlands beseitigt werden wird, vgl. hierzu Himsworth/ Munro, sect. 86 General Note.

[501]S. zur Vorgeschichte der aktuellen Devolution Barnett, S. 459 f.; Himsworth/ Munro, S. viii-xiv; s. allg. zum Stand der Devolution im Jahre 2002: Bagehot, The Economist 27.7.2002.

[502]In jedem Wahlkreis für die Wahl zum House of Commons wird ein Sitz für das Schottische Parlament durch Mehrheitswahl und in jedem Wahlkreis für das Europäische Parlament werden sechs Sitze nach Verhältniswahl vergeben, Scotland Act 1998, sect. 2-8.

[503]Während Tories, Scottish National Party und die Grüne Partei die Opposition bilden.

fassung, die Außenpolitik, die Verteidigung und der Öffentliche Dienst[504]. In anderen Bereichen sind nur die Gegenstände ganz bestimmter Gesetze außerhalb des Kompetenzbereiches, insbesondere in den Bereichen der Finanz- und Wirtschaftspolitik, der Innenpolitik, Handel und Industrie, Energie, Transport, Soziale Sicherheit, Berufsregelungen und Arbeitsrecht, Gesundheit sowie Medien und Kultur[505]. Zum dritten kann das schottische Parlament keine Gesetze erlassen, die gegen internationale Verpflichtungen des Vereinigten Königreichs verstoßen[506]. Interessant ist dabei, dass das schottische Parlament zwar Hoheit über ein eigenes Budget, aber grundsätzlich keine Kompetenz im Bezug auf die Festsetzung von Steuern hat. Es hat lediglich die Kompetenz, die Einkommenssteuer für schottische Steuerzahler im geringen Umfang zu variieren, was sich auf die Höhe des schottischen Budgets auswirkt[507]. Über die Bereiche, in denen die Gesetzgebung übergegangen ist, hat die Schottische Regierung auch in anderen Bereichen, wenn ihr durch Order in Council[508] die Verwaltung übertragen wurde[509].

Im Bereich des Naturschutzrechts im engeren Sinne sind die Kompetenzen komplett an das Schottische Parlament übergegangen. Angemerkt wird jedoch, dass Bereiche, die erhebliche Auswirkungen auf den Naturschutz haben, etwa Transport und Energie, zu starken Teilen zentralisiert bleiben und insoweit eigenen Wegen Grenzen gesetzt sind[510].

Schließlich bleibt dem Parlament des Vereinigten Königreichs vorbehalten, auch in all jenen Bereichen Gesetze zu erlassen, in denen das Schottische Parlament Gesetzgebungskompetenz hat[511].

---

[504]Scotland Act 1998, Sch. 5 Part I.

[505]Scotland Act 1998, Sch. 5 Part II.

[506]Insbesondere die Verletzung der EMRK und von Gemeinschaftsrecht (Scotland Act 1998, sect. 29 subsect. (2) (d) u. sect. 35 subsect. (1) (a)), s. dazu unten.

[507]Scotland Act 1998, sect. 73; neben der Frage, ob überhaupt ein Schottisches Parlament eingerichtet werden soll, war dies die einzige konkrete Frage im Rahmen des 1997er Referendums; diese Kompetenz ist wohl eher symbolisch, fraglich ist auch, ob von ihr überhaupt Gebrauch gemacht werden wird, Himsworth/ Munro, S. xvii.

[508]Orders in Council sind in diesem Fall Instrumente abgeleiteter Gesetzgebung (am ehesten vergleichbar mit Rechtsverordnungen im deutschen Recht; sie dienen ansonsten zur Ausübung der Royal Prerogative).

[509]Scotland Act 1998, sect. 63.

[510]Little, JEL 2000, 155-174.

[511]Scotland Act 1998, sect. 28 (7); eine solche vorbehaltene Gesetzgebungskompetenz gab es zunächst auch für Kanada (ab 1867), Australien (ab 1900) und Südafrika (ab 1909), bevor diese volle Unabhängigkeit erhielten, siehe Barnett, S. 64; es wird jedoch für unwahrscheinlich gehalten, dass von dieser generellen Kompetenz Gebrauch gemacht wird, Little, JEL 2000, 155, 160; eine entsprechende Verpflichtung, „normalerweise" davon keinen Gebrauch zu machen, findet sich auch im „Memorandum of Understanding and supplementary agreements" zwischen der Regierung des Vereinigten Königreichs und der schottischen und walisischen Regierung, Nr. 13.

Insgesamt ergibt sich, dass für Schottland ein hier Grad an Autonomie entstanden ist, von einer eigenen Souveränität Schottlands aber noch lange nicht gesprochen werden kann.

bb. Wales

Im gleichen Zug wie für Schottland fanden ein Referendum und die nachfolgende Gesetzgebung über eine Devolution für Wales statt. Dennoch wurde bereits in dem Referendum ein deutlich geringerer Grad an Autonomie zur Abstimmung gestellt[512].

Statt eines Parlaments ging es für Wales nur um die Einrichtung einer direkt gewählten Versammlung (Welsh Assembly)[513]. Diese wurde erstmals im Frühjahr 1999 gewählt und wählt einen Exekutivausschuss (Executive Committee), der nur mit den Mitgliedern der Mehrheitsparteien bestückt ist, und einen Vorsitzenden (Assembly First Secretary)[514]. Der Vorsitzende leitet auch die Arbeit des Exekutivausschusses[515]. Trotz der Vermeidung der Begriffe Parlament und Regierung stellen die Versammlung und der Exekutivausschuss von ihrer Arbeitsweise her Äquivalente dar.

Erhebliche Abweichungen zu der Devolution in Schottland ergeben sich jedoch im Rahmen der Kompetenzen. Die walisische Versammlung übernimmt nämlich nur den allergrößten Teil der Kompetenzen, die vorher von dem Secretary of State for Wales ausgeübt wurden. Insofern sind die Aufgaben der walisischen Versammlung auf Exekutivaufgaben beschränkt und beinhalten keine legislativen Funktionen im engeren Sinne[516].

Das bedeutet auf der einen Seite, dass die Versammlung vom Secretary of State for Wales die Kompetenzen zum Erlass sekundärer Gesetzgebung übernimmt. Dabei handelt es sich um sog. Statutory Instruments, die am ehesten im deutschen Rechtssystem mit Rechtsverordnungen zu vergleichen sind. Die Statutory Instru-

---

[512]Dies dürfte auch die deutlich engeren Bindungen von Wales an England als von Schottland an England widerspiegeln; s. dazu Barnett, S. 52-58.

[513]Government of Wales Act 1998.

[514]Gewählt werden insgesamt 60 Mitglieder, wobei 40 Mitglieder jeweils einzeln in Wahlkreisen direkt gewählt wurden und 20 Mitglieder nach Verhältniswahl gewählt werden; bei der ersten Wahl am 6.5.1999 erhielt Labour 28 Sitze, die (walisisch-nationalistische) Plaid Cymru 17, die Konservativen 9 und die Liberaldemokraten 4; der Exekutivausschuss wurde gebildet auf Grundlage einer Koalition von Labour und Liberaldemokraten.

[515]Government of Wales Act 1998, sect. 56.

[516]Weswegen sich die sog. West Lothian question (vgl. § 4 I 2. b. aa.) so nicht stellte. Wales ist allerdings in ähnlichem Maße im Parlament in Westminster überrepräsentiert wie Schottland, s. Himsworth/ Munro, sect. 86 General Note.

ments bedürfen jedoch im Normalfalle der Bestätigung durch das Parlament in Westminster. Im Bezug auf Wales gehen jetzt sowohl die Rolle des Secretary of State als auch des Parlaments in diesem Verfahren auf die walisische Versammlung über. Über diesen Weg hat die Versammlung in begrenztem Umfang gesetzgeberische Funktionen (wenn auch nur im materiellen Sinne).

Zum zweiten übernimmt die walisische Versammlung auch die Verwaltungsaufgaben, die zuvor vom Secretary of State for Wales ausgeübt wurden[517]. Dazu bildet die Versammlung sie im Parteienverhältnis widerspiegelnde Fachausschüsse, die die unterschiedlichen Themenbereiche abdecken. Gar nicht in den Tätigkeitsbereich fallen dabei Bereiche wie Außen- und Innenpolitik sowie Verteidigung[518].

Die walisische Versammlung entscheidet über ein eigenes Budget, hat aber keinen Einfluss auf die Steuergesetzgebung und damit auch nicht über die Gesamthöhe des Budgets.

Für den Bereich der Naturschutzpolitik lässt sich feststellen, dass einerseits Umwelt und Planung zu den Bereichen gehören, in denen Kompetenzen übertragen worden sind. Andererseits sind die Möglichkeiten legislativer Veränderungen insofern stark beschränkt, als dass die walisische Versammlung keinen Zugriff auf die primäre Gesetzgebung hat. Die sekundäre Gesetzgebung kann zwar für Wales eigenständig verändert werden, der Rahmen dafür wird aber durch die entsprechende primäre Gesetzgebung gesetzt. Eigene Gestaltungsspielräume ergeben sich aber wiederum dadurch, dass in primärer Gesetzgebung vorgesehene Genehmigungen und ähnliche Funktionen durch den Secretary of State in großen Teilen auf die walisische Versammlung übergegangen sind[519].

Schließlich verbleibt bei allen delegierten Aufgaben nach wie vor die Möglichkeit, dass die Regierung des Vereinigten Königreichs selbst entsprechende sekundäre Gesetzgebung erlässt, wenn die Erfüllung internationaler Verpflichtungen gefährdet ist[520], in Bereichen, in denen es um die Umsetzung gemeinschaftsrechtlicher Verpflichtungen geht, bleiben die Kompetenzen des Secretary of State unberührt und bestehen neben den Kompetenzen der walisischen Versammlung[521].

---

[517]Welche Funktionen im Einzelnen übergegangen sind, ergibt sich aus der National Assembly for Wales (Transfer of Functions) Order 1999, SI 1999 No. 672.

[518]Eine Liste der Bereiche, in denen Funktionen übertragen worden sind, findet sich im Government of Wales Act 1998, Sch. 2.

[519]National Assembly for Wales (Transfer of Functions) Order 1999, SI 1999 No. 672, Sch. 1.

[520]Government of Wales Act 1998, sect. 106-108.

[521]Sch. 3 Nr. 5.

Die walisische Autonomie weist also insgesamt enge Grenzen auf. Der Einfluss der walisischen Versammlung auf die Naturschutzgesetzgebung ist sehr begrenzt.

cc. Nordirland

Die Devolution für Nordirland ist geregelt im Northern Ireland Act 1998. Trotz des zeitlichen Zusammenfallens mit den entsprechenden Gesetzen im Bezug auf Schottland und Wales (und den anderen Projekten zur Verfassungsreform in Großbritannien) entspringt dieser Schritt einer anderen Dynamik. Die im Northern Ireland Act 1998 vorgesehene Kompetenzverlagerung entspringt dem Friedensprozess für Nordirland, der schon seit langen Jahren betrieben wird. In dem Zusammenhang stand auch die konservative Vorgängerregierung einer Kompetenzverlagerung nicht so ablehnend gegenüber wie im Bezug auf Schottland und Wales[522]. Dies dürfte auch zusammenhängen damit, dass Nordirland im Gegensatz zu Schottland und Wales von 1920 bis 1972 über eine Selbstverwaltung verfügte, die erhebliche Kompetenzen hatte. Die Eskalation des Bürgerkriegs veranlasste die Regierung in Westminster schließlich dazu, Nordirland unter direkte Gewalt der Zentralregierung zu stellen.

Die Regelungen des Northern Ireland Act 1998 gehen zurück auf das Good Friday Agreement (Belfast Agreement) von April 1998, das in einem Referendum im Mai 1998 bestätigt wurde.

Der Northern Ireland Act 1998 wiederum sah die Einführung einer Nordirischen Versammlung vor, die aus 108 Mitgliedern besteht[523]. Diese wählt eine Nordirische Regierung[524] mit einem Premier und seinem Stellvertreter, wobei festgelegt ist, dass je einer von beiden Unionist und Nationalist sein soll[525]. Die Mitglieder der Regierung sollen das Verhältnis der Parteien in der Versammlung widerspiegeln[526]. Das Stocken des Friedensprozesses führte dazu, dass die Autonomie immer wieder suspendiert wurde und die Regierungsgeschäfte wieder voll von der Zentralregierung übernommen wurden[527]. Die Gesetzgebungskompetenzen der

---

[522]Siehe zur verfassungsrechtlichen Vorgeschichte und des Friedensprozesses: Barnett, S. 59-75.

[523]Northern Ireland Assembly; in jedem Wahlkreis für die Wahlen zum Unterhaus werden nach Verhältniswahl sechs Mitglieder gewählt, Northern Ireland Act 1998, sect. 33. Bei der ersten Wahl am 25.6.1998 entfielen auf die Ulster Unionist Party (UUP) 28 Sitze, auf die Social Democratic and Labour Party (SDLP) 24 Sitze, auf die Democratic Unionist Party (DUP) 20, auf Sinn Fein 18 und auf sieben weitere kleinere Parteien insgesamt 18 Sitze.

[524]Northern Ireland Executive.

[525]Northern Ireland Act 1998, sect. 16; beide werden zusammen gewählt und müssen sowohl bei den Nationalisten wie den Unionisten eine Mehrheit bekommen.

[526]Northern Ireland Act 1998, sect. 18.

[527]Die Autonomie wurde zuletzt suspendiert im Oktober 2002 und wurde seitdem nicht wieder hergestellt.

Nordirischen Versammlung sind im Wesentlichen vergleichbar mit denen des schottischen Parlaments[528]. Der Northern Ireland Act 1998 lässt auch die Kompetenz des Parlaments des Vereinigten Königreichs unberührt, für Nordirland Gesetze zu erlassen[529].

Für den Bereich des Naturschutzrechts lässt sich festhalten, dass die Nordirische Versammlung Kompetenzen für alle Bereiche des Naturschutzes im engeren Sinne[530] hat. Zu beachten ist allerdings, dass in den Phasen der Suspendierung der Devolution an die Stelle der Gesetze der Versammlung sog. Orders in Council treten[531]. Wiederaufleben der Autonomie vorausgesetzt, besteht auch im Bezug auf Nordirland die Möglichkeit der Entwicklung einer abweichenden Gesetzgebung im Naturschutzrecht.

c. Europäische Aspekte der Devolution

Der Prozess der Devolution im Vereinigten Königreich hat mehrere Aspekte, die nicht nur innerstaatliche, sondern auch europäische Bedeutung haben.

Am naheliegendsten ist dabei die Frage, welche Auswirkungen die Verlagerung von Gesetzgebungs- und Verwaltungskompetenzen auf die Erfüllung europarechtlicher Anforderungen hat. Zwar werden im Umweltrecht sehr großzügig Gesetzgebungskompetenzen von der zentralstaatlichen Ebene übertragen. Die Ausübung dieser Kompetenzen ist jedoch in einem erheblichen Maße durch europarechtliche Vorgaben geprägt, so dass sich der Kern der Gesetzgebung in Schottland und Nordirland um die Umsetzung von EU-Recht dreht[532]. Einen eigenen Weg in der Umweltpolitik kann es also oft nur in Form einer abweichenden Umsetzung von EU-Vorgaben geben[533]. Damit es nicht zu Verletzungen des EU-Rechts kommt, finden sich in allen drei Gesetzen, die die Übertragung der Kompetenzen regeln, Regeln dahingehend, dass der legislative Gestaltungsspielraum der nationalen Körperschaften von Schottland, Nordirland und Wales da endet, wo die Gesetzgebung die Verpflichtungen des Vereinigten Königreichs im Rahmen

---

[528]Im Einzelnen ergeben sie sich aus Northern Ireland Act 1998 sect. 5-7 sowie Sch. 2 und 3.

[529]Northern Ireland Act 1998, sect. 5 subsect. 6.

[530]Ausgenommen sind auch hier wieder einige Bereiche, die erheblichen Einfluss auf den Naturschutz haben können, so z.B. die Gesetzgebung im Bezug auf Flughäfen und Häfen.

[531]Northern Ireland Act 2000, Sch.; es handelt sich dabei um Anordnungen der Krone, die der Bestätigung durch das Parlament in Westminster bedürfen.

[532]Little, JEL 2000, 155, 174; Macrory, in: Hazell, S. 178, 185 und 188; für Wales gilt insoweit etwas anderes, als dass nur die Kompetenz zu sekundärer Gesetzgebung übergegangen ist.

[533]S. dazu Macrory, in: Hazell, S. 178, 188.

der Europäischen Union verletzen würden[534]. Gleiches gilt für die Verpflichtungen aus der EMRK[535]. Etwaige durch den EuGH verhängte Bußgelder werden von der Zentralregierung weiter gereicht[536]. Halten bestimmte Staats- bzw. Generalanwälte ein Gesetzesvorhaben mit Gemeinschaftsrecht oder der Konvention für unvereinbar, so können sie daraus ein sog. Devolution Issue machen und so ein gerichtliches Verfahren einleiten, das klärt, ob eine solche Verletzung vorliegt[537]. Teil dessen kann auch ein Vorlageverfahren zum EuGH sein[538]. Außerdem haben Mitglieder der Zentralregierung das Recht, das Inkrafttreten eines Gesetzes zu stoppen, wenn dieses nach seiner Ansicht gemeinschaftsrechtliche Verpflichtungen des Vereinigten Königreichs verletzen würde[539]. Schließlich bleibt dem Parlament des Vereinigten Königreichs eine generelle Gesetzgebungskompetenz erhalten, auch in verlagerten Bereichen Gesetze für Schottland und Nordirland zu erlassen[540]. Insoweit sind hier unterschiedliche Wege gegeben – das Devolution Issue-Verfahren, das Veto des Secretary of State und der Erlass von zentralstaatlicher Gesetzgebung[541].

---

[534]Scotland Act 1998 sect. 29 subsect. (1) (d); Government of Wales Act 1998 sect. 106 subsect. (7); Northern Ireland Act 1998 sect. 6 subsect. (2) (d); s. dazu Page/ Reid/ Ross, 7.31.

[535]Scotland Act 1998 sect. 29 subsect. (1) (d); Government of Wales Act 1998 sect. 107; Northern Ireland Act 1998 sect 6 subsect. (2) (c).

[536]So jedenfalls für Wales, Barnett, S. 484.

[537]Scotland Act 1998 sect. 33; zu einzelnen Verfahrensfragen im Zusammenhang mit Devolution Issues auch Scotland Act 1998, sch. 6; Government of Wales Act 1998 sect. 109 und Sch. 8; Northern Ireland Act 1998 sect. 11 und Sch. 10.

[538]Scotland Act 1998 sect. 34; Northern Ireland Act 1998 sect. 12 subsect. (1) (b).

[539]Scotland Act 1998 sect. 35; in etwas anderer Form: Northern Ireland Act 1998 sect. 25 f.

[540]Im Bezug auf Schottland hat das Parlament in Westminster in jedem Fall weiterhin die volle Gesetzgebungskompetenz, Scotland Act 1998 sect. 28 subsect. 7; der Gebrauch dieser Regelung gegen den Willen des Schottischen Parlaments soll aber nur als Notlösung geschehen, Himsworth/ Munro, S. xvi u. sect. 35 General Note; Page/ Reid/ Ross, 5.27; die entsprechende Regelung für Nordirland findet sich in sect. 5 subsect. (6). Im Bezug auf Wales besteht eine solche ausdrückliche Regelung nicht, die Walisische Versammlung hat aber ohnehin nur Kompetenzen im Rahmen sekundärer Gesetzgebung. Eine solche Regelung ist aber nach offensichtlich herrschender Meinung auch im Bezug auf Schottland und Nordirland nur deklaratorisch, weil das Parlament in Westminster nachfolgende Parlamente nicht binden kann und deswegen die „Sovereignty of UK Parliament“ ohnehin nicht durch Gesetz eingeschränkt werden kann, Himsworth/ Munro, sect. 28 subsect. 7.

[541]Bevor jedoch überhaupt von einem dieser formalen Verfahren Gebrauch gemacht wird, sollen Probleme bereits im Vorfeld durch ein umfassendes System der Konsultationen ausgeräumt werden. S. dazu „Memorandum of Understanding and supplementary agreements“ zwischen der Regierung des Vereinigten Königreichs und den Regierungen von Schottland und Wales; im Bereich der Umweltpolitik greift z.B. für Schottland auch das dem Memorandum anhängende „Concordat between the Department of the Environment, Transport and the Regions and the Scottish Executive“; dazu Little, JEL 2000, 155, 162-164.

Solche Gesetzgebungskompetenzen der zentralen Ebene auch in verlagerten Bereichen vorzusehen, hat zwar seine historischen Vorläufer in den ersten Schritten der Verselbständigung von Kanada, Südafrika und Australien[542]. Nicht unwesentlich dürfte hierbei aber die Betrachtung der Erfahrungen föderal organisierter Mitgliedstaaten sein; so sollten ähnliche Probleme für das Vereinigte Königreich vermieden werden[543].

Der zweite europäische Aspekt ist der der Subsidiarität. Zu Ende gedacht kann man das Postulat der Subsidiarität aus Art. 5 EGV nicht nur auf das Verhältnis zwischen der EU und den Mitgliedstaaten beziehen. Zwar ist in Art. 5 EGV die Frage der Subsidiarität begrenzt auf das Verhältnis der Union und der Mitgliedstaaten. Nimmt man aber Subsidiarität ernst, so ist es bei einem zunächst zentral organisierten Staat naheliegend, einen Teil der Kompetenzen von der Ebene des Mitgliedstaates zu seinen Teileinheiten zu verlagern. Letztlich sind die Bemühungen überflüssig, zu überprüfen, ob die EU sich von einem Teil ihrer Aufgaben trennen kann, wenn dadurch nur die bürgerferne Verwaltung in Brüssel durch eine auch nicht gerade bürgernahe Zentralregierung ersetzt wird[544].

Der dritte Aspekt ist, dass die Festlegung der britischen Position in der EU nicht mehr nur durch die Zentralregierung erfolgt. Vielmehr gibt es die Zusage, dass in den Bereichen, in denen Schottland, Wales und Nordirland Gesetzgebungskompetenzen haben, die entsprechenden Körperschaften einbezogen werden[545]. Die Zentralregierung behält hier aber das letzte Wort. Auch innerstaatlich dürfte die europapolitische Diskussion lebhafter werden, weil das Verhalten der Zentralregierung in den europäischen Gremien den Gestaltungsspielraum der nationalen

---

[542] Barnett, S. 64.

[543] So schlug eine solche Lösung bereits vor: House of Lords, Select Committee for the European Communities, Session 1991-92, 9th Report, Implementation and enforcement of environmental legislation, S. 15.

[544] Brinkhorst, EELR 1993, 8, 24; Ausschuss der Regionen, Stellungnahme „Subsidiaritätsprinzip ‚Für eine echte Subsidiaritätskultur! Ein Appell des Ausschusses der Regionen'", ABl.EG C 199/73 v. 14.7.1999; vgl. zu den Wechselwirkungen zwischen Europarecht und regionaler Verwaltung Ausschuss der Regionen, Stellungnahme zu der „Umsetzung des EU-Rechts seitens der regionalen und lokalen Gebietskörperschaften, ABl.EG C 374/25-29 v. 23.12.1999; Häberle, Europäische Rechtskultur, 1997, S. 277, sieht eine Entwicklung hin zu einem gemeineuropäischen Verfassungsprinzip der Subsidiarität.

[545] „Memorandum of Understanding and supplementary agreements" zwischen der Regierung des Vereinigten Königreichs und der Schottischen und Walisischen Regierung, „Concordat on Coordination of EU Policy", Nr. B 3.4.; Little, JEL 2000, 155, 164; Barnett, S. 475 f.; Bedeutung beigemessen wird allerdings der Tatsache, dass die Verpflichtung zur Einbindung in die Findung der Position gegenüber der EU nicht Teil der Gesetze zur Devolution ist (eine Absicherung wie die, auf die die deutschen Länder zurückgreifen können besteht also nicht), sondern nur in rechtlich nicht bindenden Vereinbarungen enthalten ist, Himsworth/ Munro, S. xiv.

Körperschaften innerhalb des Vereinigten Königreichs einengt, was diese veranlassen wird, entsprechende Diskussionen anzustoßen.

Der vierte Aspekt schließlich knüpft an an die historische Entwicklung Großbritanniens. Die europäische Einigung dürfte eine erhebliche Triebfeder für die Entwicklung der Eigenständigkeit der nichtenglischen Nationen im Vereinigten Königreich sein. War bei der Union zwischen England und Schottland eine wesentliche Triebfeder die Entwicklung von Freihandel zwischen diesen Nationen[546], so ist diese Klammer mittlerweile ersetzt und überflüssig geworden durch die Schaffung des Gemeinsamen Marktes in der EU. So lange Schottland und England ein Teil der EU bleiben, bliebe auch dann ein Freihandel zwischen beiden bestehen, wenn Schottland die volle Souveränität erlangen würde. „Independence within Europe" war deshalb auch der Slogan der schottischen Nationalisten[547].

Diese kurze Aufzählung zeigt, dass Devolution und europäische Einigung erheblich miteinander verknüpft sind[548]. Diese Verknüpfung lässt noch erhebliche Dynamik erwarten, so dass der jetzige Zustand nicht unbedingt ein Endstadium sein muss.

Diesen Befund gilt es auch bei der Betrachtung europäischen und mitgliedstaatlichen Naturschutzrechts im Auge zu behalten – Bereiche, die gegenwärtig im Vereinigten Königreich einheitlich geregelt sind, können in Zukunft erhebliche Differenzierungen aufweisen[549].

II. Geschichte der umwelt- und naturschutzrechtlichen Regulierung

1. Allgemeines Umweltrecht

Eine Ursache für Unterschiede in der Umsetzung europarechtlicher Vorgaben im Allgemeinen wie auch der FFH-Richtlinie im Speziellen kann auch in einer grundsätzlich abweichenden Herangehensweise an Fragen der Regulierung liegen.

---

546 Vgl. Himsworth/ Munro, S. vi f.: Freihandel war einer von mehreren Gründen für das Eingehen der Union und trug maßgeblich zur breiteren Akzeptanz der vollzogenen Union bei.

547 S. dazu Vibert, in: Hazell, S. 47, 61 f. Im Bezug auf Schottland ist die Forderung nach „Independence within Europe" fester Bestandteil der Programmatik der schottischen Nationalisten. Vereinzelt wird die Forderung nach Unabhängigkeit innerhalb der EU auch für Wales erhoben, The Economist 22.7.2000, S. 37.

548 Neben den ausdrücklich genannten Aspekten fördert die Stärkung der Regionen in den Mitgliedstaaten auch die Forderung nach einer wichtigeren Rolle der Regionen im Gesetzgebungsprozess der EU: S. dazu Häberle, Europäische Rechtskultur, 1997, S. 277 f.; Ausschuss der Regionen, Umsetzung des EU-Rechts seitens der regionalen und lokalen Gebietskörperschaften, ABl.EG C 374/28, 5.9.

549 Siehe zu den absehbaren Diskrepanzen: Ross, in: dies., S. 1, 3.

Die Frage, wie reguliert wird, also auf welche Weise der Staat mit Anreizen und Zwängen dafür sorgt, dass bestimmte Ziele der Politik umgesetzt werden, war insbesondere Ende der 80er und Anfang der 90er Jahre Bestandteil einer lebhaften Auseinandersetzung zwischen der britischen Regierung auf der einen Seite und der Kommission und den Regierungen der anderen EG-Mitgliedstaaten auf der anderen Seite. Die europarechtlichen Vorgaben im Umweltbereich passten nach Ansicht der britischen Regierung nicht, weil es einen abweichenden „British approach to regulation" gäbe, der geprägt sei von weiten Ermessensspielräumen, von der Verpflichtung der Nutzung des Stands der Technik (best practicable means) statt von einheitlichen Standards, von dezentraler Umsetzung der umweltpolitischen Ziele und enger Kooperation zwischen Regulierern und Regulierten[550]. Konkreter Streitpunkt war die Richtlinie 76/464 zum Gewässerschutz[551]. Die britische Regierung war der Ansicht, dass es sinnvoller sei, Umweltqualitätsziele zu definieren, im Bezug auf die die jeweils vor Ort notwendigen Maßnahmen individuell festgelegt werden, während die Richtlinie Höchstgrenzen für Emissionen unabhängig vom Aufstellungsort der emittierenden Anlagen vorsieht[552].

Zu diesem Thema gibt es eine Vielzahl von möglichen Blickwinkeln, die auch in der Debatte vertreten waren. Zum einen wurde hinterfragt, ob diese Aussage so generell stimme und überhaupt von einem alles übergreifenden „British approach" die Rede sein könne. Die unterschiedlichen Bereiche staatlicher Regulierung wiesen auch in Großbritannien erhebliche Unterschiede auf[553], sie seien in sich inkonsistent gewesen[554]. Zum zweiten wird über die letzten 20 Jahre ein Wechsel in der Umweltpolitik beobachtet. Auf der einen Seite habe es massive Anstrengungen zur Deregulierung gegeben, zum anderen aber auch einen Trend zur Zentralisierung staatlichen Handelns, das mit der Setzung einheitlicher Standards einhergehe[555].

Zum anderen gibt es eine Vielzahl von Untersuchungen, mit denen versucht wird, unterschiedliche Herangehensweisen an Regulierungsfragen in unterschiedlichen

---

[550]Bell/ McGillivray, S. 189; Reid, J.R. 1997, 355, 361; Haigh, EEC Environmental Policy and Britain, 1. Aufl., S. 303; Lowe/ Ward, in: dies., S. 3, 18 m.w.N.; Noble, in: Somsen, S. 37, 39 f. sieht als Ursache der Spannungen auch eine unterschiedliche Tradition in der Entwicklung von Gesetzen (drafting tradition).

[551]Richtlinie EWG 76/464 betreffend die Verschmutzung in Folge der Ableitung bestimmter gefährlicher Stoffe in die Gewässer der Gemeinschaft.

[552]Haigh, EEC Environmental Policy and Britain, 1. Aufl., S. 27.

[553]Haigh, EEC Environmental Policy and Britain, 1. Aufl., S. 27; 2. Aufl., S. 13; Ward, in: Lowe/ Ward, S. 244-255; Rehbinder/ Stewart, S. 263.

[554]Haigh, EEC Environmental Policy and Britain, 1. Aufl., S. 299.

[555]Bell/ McGillivray, S. 197 f.; Haigh, EEC Environmental Policy and Britain, 1. Aufl., S. 300; Lowe/ Ward, in: dies., S. 285, 289 f.; Macrory, in: Lomas, S. 8; ders., in: Hazell, S. 178, 180 f.

Rechtsordnungen herauszuarbeiten[556]. Dabei werden allerdings zumeist nur zwei oder drei Staaten herausgegriffen und von diesen Ergebnissen generellere Schlüsse abgeleitet[557]. Dass eine solche begrenzte Zahl der Staaten bei einer solchen weit fassenden Fragestellung zu unscharfen Ergebnissen führt, lässt sich bereits aus der Tatsache schließen, dass diese verschiedenen Untersuchungen für den gleichen Staat zu widersprüchlichen Ergebnissen führen[558]. Hinzu kommt, dass einige der Untersuchungen sich nur auf einen bestimmten Bereich staatlicher Tätigkeiten (etwa Abfallwirtschaft[559]) beziehen. Von einem solchen Teilbereich auf die generelle Herangehensweise an Regulierungsfragen in einer Rechtsordnung zu schließen ist nicht seriös möglich. Genauso wenig kann dies die vorliegende Untersuchung leisten. Vielmehr kann die vergleichende Untersuchung der Umsetzung der FFH-Richtlinie nur ein Indiz liefern. Im Bezug auf den abweichenden „British approach to regulation" ist es deswegen erforderlich, auf die gesicherten Erkenntnisse der rechtswissenschaftlichen Diskussion zurückzugreifen.

Eine unterscheidbare „nationale" Herangehensweise anhand der heutigen Situation festzustellen, ist allein deswegen schwierig, weil die nationalen Rechtsordnungen vielfach durch Europarecht überlagert sind[560]. Will man die nationalen Eigenheiten aufspüren, ist es am sinnvollsten, den Ausgangspunkt vor der Europäisierung des nationalen (Umwelt-) Verwaltungsrechts heranzuziehen. Dieser Befund ist insoweit nicht uninteressant, als dass die Strukturen politischen Handelns oft langlebiger sind als die Inhalte der Politik. Nimmt man nun den Stand des britischen Umweltverwaltungsrechts von vor 20-25 Jahren, so lässt sich feststellen, dass es geprägt war von Regelungen, die einzelne akute Umweltprobleme ins Auge nahmen, fremd waren ihm jedoch generelle Regelungen mit umfassendem Anspruch[561]. Problem- statt Vorsorgeorientiert wäre eine treffende Beschreibung[562]. Hier schlägt sich auch die Rechtstradition des Common Law nieder, in der sich auch Kodifizierungen häufig nur an dem entwickelten Case Law orientieren[563]. Die Probleme, die ins Auge genommen wurden, wurden auch zumeist effektiv angegangen. Voraussetzung war jedoch oft, dass diese Probleme sich zu-

---

556 Lange, JEL 1999, 59-86 m.w.N.

557 So etwa Vogel, der im Bezug auf Großbritannien und die USA allerdings eine mehrere Regelungsbereiche umfassende Analyse anstellt.

558 Lange, JEL 1999, 59-62 m.w.N.

559 Lange, JEL 1999, 59-86.

560 Reid, J.R. 1997, 355, 361; nach Lowe/ Ward, in: dies., S. 285, 290 wäre es jedoch ein Fehler, davon zu sprechen, dass einfach ein nationaler „Style of Regulation" durch einen europäischen ersetzt wurde.

561 Reid, J.R. 1997, 355, 361; Lowe/ Ward, in: dies., S. 3, 6.

562 Vgl. Haigh, EEC Environmental Policy and Britain, 2. Aufl., S. 21.

563 Lange, JEL 1999, 59, 64 f.; siehe auch Bothe/ Gündling, Neuere Tendenzen des Umweltrechts im internationalen Vergleich, S. 42 f.

nächst in entsprechend massiven Belastungen von Mensch und Umwelt niederschlagen mussten[564].

In einer Reihe von Regelungsbereichen lässt sich noch immer ein Bemühen feststellen, so weit wie möglich die betroffenen Unternehmen, Landeigentümer usw. zu freiwilliger Verhaltensanpassung zu bringen. Das geht einher mit einer starken Betonung der Kooperation zwischen Reguliertem und Behörde[565]. Ob sich aus diesem engen Verhältnis eine Typik des Ausschlusses der Öffentlichkeit ableiten lässt, ist bereits zweifelhaft. Zwar bedeutet das Aushandeln der konkreten Maßnahmen, dass eine öffentliche Kontrolle eingeschränkt ist. Zum einen jedoch gibt es erhebliche Bereiche des Umweltverwaltungsrechts, in denen es eine sehr ausgeprägte Öffentlichkeitsbeteiligung gibt (so etwa im Planungsrecht)[566]. Zum anderen gewährleistet auch eine Verwaltung, die den betroffenen Bürgern sehr stark vorschreibt, was sie zu tun und zu lassen haben, nicht eine intensive Beteiligung der Öffentlichkeit – eher im Gegenteil.

Typisch war der Verzicht auf gesetzlich definierte Grenzwerte[567] und eine pragmatische Herangehensweise[568]. Dies ist jedoch massiv eingeschränkt durch die überlagernden europäischen Normen[569], was auch die Möglichkeiten der individuellen Verhandlungen mit betroffenen Bürgerinnen und Bürgern einschränkt.

Zu einem erheblichen Teil jedoch dürfte die Betonung der Unterschiede in der Herangehensweise an Regulierungsfragen auf jeweils aktuelle politische Interessen zurückzuführen sein. Bei dem Streit um die Richtlinie zum Gewässerschutz hatte Großbritannien allein deswegen ein starkes Interesse an einer Regelung durch Umweltqualitätsziele, weil Großbritannien sich in einer deutlich günstigeren Situation befindet, da die Flüsse auf der britischen Insel zumeist kurz sind, schnell fließen und die Strömungen an den Küsten die Schadstoffe schnell weiter tragen[570]. Britische Fabriken hätten also bei gleicher ökologischer Qualität der Flüsse weit mehr Schadstoffe ausstoßen können als etwa deutsche und französische Fabriken im Einzugsbereich des Rheins. Die Schaffung einheitlicher Wettbewerbsbedingungen wäre damit allerdings verfehlt worden[571]. Genau das verlangte aber der damalige Art. 100 EGV a. F., auf den für das Umweltrecht vor

[564] Bell/ McGillivray, S. 10.
[565] Siehe zusammenfassend Lowe/ Ward, in: dies., S. 285, 289.
[566] Lowe/ Ward, in: dies., S. 3, 9; Macrory, in: Lomas, S. 8, 10 und 18.
[567] Lowe/Ward, in: dies., S. 3, 8; Renshaw, in: Gower, S. 229, 240 f.; Macrory, in: Lomas, S. 8, 14.
[568] Siedentopf/ Hauschild, DÖV 1990, 445, 453.
[569] Lowe/ Ward, in: dies., S. 3, 26; Macrory, in: Lomas, S. 8, 10 und 17.
[570] Bell/ McGillivray, S. 190 f.; Haigh, EEC Environmental Policy and Britain, 2. Aufl., S. 21 f.
[571] Haigh, EEC Environmental Policy and Britain, 2. Aufl., S. 22.

Verabschiedung der EEA in den meisten Fällen als Ermächtigungsgrundlage zurückgegriffen werden musste.

Eine abweichende Herangehensweise an Regulierungsfragen lässt sich im Umweltbereich also nicht trennen von einer abweichenden Einstellung zu Umweltschutz und zu demokratischer Kontrolle der Verwaltung. Im Vereinigten Königreich sind Regierung und Verwaltung in ihrem konkreten Handeln generell weniger stark Kontrollen durch Parlamente und die Öffentlichkeit ausgesetzt, als dies etwa in Deutschland oder auch den USA der Fall ist[572].
Das Streben nach einer umweltgerechten Politik als umfassende Aufgabe hat erst deutlich später als in vielen anderen Mitgliedstaaten einen höheren politischen Stellenwert bekommen[573]. Kennzeichnend war deswegen lange eine unsystematische Umweltgesetzgebung[574]. Die schließlichen Bestrebungen, bestimmte Aufgaben zu zentralisieren, basierte u.a. auf der Feststellung, dass lokale Einheiten nicht in der Lage sind, mit hochkomplizierten Umweltgefahren angemessen umzugehen[575]. Nicht übersehen werden darf aber, dass das Vereinigte Königreich in einer Reihe von einzelnen Bereichen Vorreiter war und so teilweise britische Regelungen Vorbilder für europäische Kodifizierungen gab (so etwa im Bereich der Abfallpolitik und im Biotop- und Artenschutz[576]). Insoweit bestand offensichtlich nicht nur eine von den meisten anderen Mitgliedstaaten abweichende Herangehensweise an die Frage, wie man bestimmte umweltpolitische Ziele erreicht, sondern auch im Hinblick darauf, ob man bestimmte Ziele für wichtig hält.

Eine Nivellierung ist allerdings auch insoweit eingetreten, dass bestimmte Ansätze, die ursprünglich für Großbritannien typisch waren, mittlerweile in vielen anderen Staaten Anwendung finden (so etwa das Instrument der freiwilligen Vereinbarungen[577]). Auch die EU greift, je nach Regelungsgegenstand auf unterschiedliche Ansätze zurück[578].

---

[572]Macrory, in: Lomas, S. 8, 14; Vogel, S. 21.

[573]Haigh, EEC Environmental Policy and Europe, 2. Aufl., S. 300; Sharp, in: Lowe/ Ward, S. 33, 35 f. und 55; Lowe/ Ward, in: dies., S. 3-28 und S. 285, 288; Osborn, JEL 1997, 3, 3-8; in einem ganz anderen Licht stehen allerdings die südeuropäischen Staaten da: Krämer, EC Environmental Law, 4. Aufl., 1-21 S. 13.

[574]Haigh, EEC Environmental Policy and Europe, 2. Aufl., S. 303.

[575]Macrory, in: Hazell, S. 178, 181.

[576]Haigh. EEC Environmental Policy and Europe, 2. Aufl., S. 303; Lowe/Ward, in: dies., S. 3, 19; nach deren Ansicht, S. 285, 287 beschränkte sich Großbritanniens Beitrag allerdings meist auf die Einbringung bestimmter Verfahren.

[577]Siehe zu freiwilligen Vereinbarungen zwischen Industrie und Staat insbesondere im Bereich von Emissionen Börkey/ Lévêque, European Environment 2000, 35-54.

[578]Macrory, in: Hazell, S. 178, 185; zum Technikstandard "Beste verfügbare Techniken" Buschbaum/ Schulz, NuR 2001, 181-187.

Trotz all dieser Relativierungen lässt sich schon sagen, dass es im Hinblick auf Regulierung im Vereinigten Königreich eine spezifische Verwaltungstradition gibt. Auswirkungen auf den Ausgangspunkt bei Umsetzung der FFH-Richtlinie hat aber auch der über lange Zeiten geringe Stellenwert von einer umfassenden Umweltpolitik.

2. Naturschutzrecht

Das Naturschutzrecht hat im Vereinigten Königreich eine lange Tradition. Erste gesetzgeberische Aktivitäten gehen auf das Jahr 1869 zurück[579]. Dies ist eng verbunden mit einer langen Tradition von Naturschutzverbänden, die auch in der Oberschicht starke Unterstützung fanden. Für die Überwachung und für die Durchsetzung der erlassenen Normen standen keine staatlichen Institutionen zur Verfügung, vielmehr wurde diese Aufgabe von den Verbänden der Naturschutzbewegung wahrgenommen. Schutzgebiete, die über einen speziellen gesetzlichen Schutz verfügt hätten, gab es bis zum Ende des zweiten Weltkriegs nicht. Einen Schutz erhielten bestimmte Gebiete nur dadurch, dass Naturschutzverbände diese Gebiete erwarben und sie so durch Ausübung ihrer Eigentümerrechte schützen konnten[580].

Ein deutlich anderer Akzent wurde nach 1945 gesetzt. Mit Nature Conservancy (später NCC[581]) wurde eine staatliche Institution zur Überwachung des Naturschutzes geschaffen. Staatliche Ausweisung von Schutzgebieten wurde möglich mit der Einführung des National Parks and Access to the Countryside Act 1949[582].

III. Stand des Naturschutzrechts vor Umsetzung der FFH-RL

Erheblich beeinflusst wird die konkrete Umsetzung einer Richtlinie durch den der Umsetzung vorausgehenden Stand des nationalen Rechts in dem jeweiligen Bereich. Für die Untersuchung der Umsetzung der FFH-Richtlinie ist es deswegen notwendig, die allgemeinen Grundlagen des Naturschutzrechts im Vereinigten Königreich zu überblicken (1.) und das System der Sites of Special Scientific Interest (SSSIs, Areas of Special Scientific Interest - ASSIs in Nordirland) darzustellen, das bislang dem Schutz bestimmter Gebiete diente (2.). Küsten- und Meeresgebiete konnten durch Marine Nature Reserves (MNRs) geschützt werden (3.).

---

579 Sea Birds Protection Act 1869, Bell/ McGillivray, S. 618; einen guten Überblick über die Entwicklung des Naturschutzes in Großbritannien findet sich in, Nature Conservancy Council, Nature conservation in Great Britain; siehe auch: Last, in: Ross, S. 38-61.

580 Bell/ McGillivray, S. 618 f.; Rowan-Robinson/ Philp/ de la Torre, in: Rowan-Robinson/ McKenzie Skene, S. 205, 226.

581 S. dazu oben § 4 I 1.

582 Auf die weitere Geschichte wird jeweils bei den folgenden Abschnitten eingegangen.

Dargestellt werden soll auch, durch welche Maßnahmen vor dem Umsetzungsakt für die FFH-Richtlinie die Vogelschutz-Richtlinie (4.) und andere internationale Verpflichtungen (5.) umgesetzt werden sollten. Schließlich erfolgt eine Darstellung der Public Interest Litigation[583], die es z.B. Naturschutzverbänden ermöglicht, in bestimmten Fällen auf Einhaltung des Naturschutzrechts zu klagen und die insoweit dem deutschen Verbandsklagerecht ähnelt (6.).

Abgesehen von der Public Interest Litigation sind jeweils dargestellt die Entwicklungen bis zur legislativen Umsetzung der FFH-Richtlinie, diesem Umsetzungsakt nachfolgende Entwicklungen sind bei der Umsetzung der FFH-Richtlinie und bei den Perspektiven zu finden.

1. Allgemeine Grundlagen des Naturschutzrechts

Der National Parks and Access to the Countryside Act 1949 sah zwei Arten von Ausweisungen vor: Die Ausweisung von National Nature Reserves (NNRs) und Sites of Special Scientific Interest (SSSIs)[584]. Bei den NNRs handelt es sich um Gebiete, die vom NCC aufgrund ihres speziellen Interesses für Forschungszwecke oder zum Schutz bestimmter Eigenschaften, die von besonderem Interesse sind, ausgewiesen wurden[585]. Dazu musste der NCC Kotrolle über das Gebiet haben, indem er es entweder im Eigentum hatte, gepachtet hatte oder mit dritten eine Vereinbarung abgeschlossen hatte (Nature Reserve Agreement). In Betracht kam auch eine Ausweisung von Gebieten, die sich im Eigentum von Naturschutzverbänden befand[586]. Die Ausweisung eines Gebietes als NNR verursachte für den NCC erhebliche Kosten, weswegen die Ausweisung sehr selektiv erfolgte. Das Instrument der NNR besteht auch nach Auflösung des NCC weiter, zuständig sind nun die jeweiligen Körperschaften in England, Wales, Schottland und Nordirland[587]. In ganz Großbritannien gab es im März 1998 über 320 NNRs[588].

---

583 Klage zur Wahrnehmung öffentlicher Interessen.

584 Die gesetzliche Grundlage des WCA 1981, sect. 28 spricht von Areas of Special Scientific Interest. Dennoch werden die Gebiete im Bezug auf Großbritannien durchgehend als SSSIs benannt. In Nordirland werden die Gebiete dagegen tatsächlich als ASSIs bezeichnet, die gesetzliche Grundlage findet sich in der Nature Conservation and Amenity Lands (Northern Ireland) Order 1985, sect. 23-27, geändert durch die Nature Conservation and Amenity Lands (Amendment) (Northern Ireland) Order 1989, sect. 10.

585 S. zu NNRs Rowan-Robinson/ Philp/ de la Torre, in: Rowan-Robinson/ McKenzie Skene, S. 205, 215-216; Garner/ Jones, S. 153-157; Reid, Nature conservation law, S. 145-152.

586 Genau genommen handelt es sich bei den Gebieten unter Kontrolle des NCC um „Nature Reserves" (sect. 16 National Parks and Access to the Countryside Act 1949) und nur bei den unter Kontrolle der Verbände um „National Nature Reserves" (sect. 35). Im Allgemeinen wird aber auf beide Formen als NNRs Bezug genommen, s. Bell/ McGillivray, S. 634.

587 Siehe oben § 4 I 1.

588 Bell/McGillivray, S. 635.

Zweites mit dem National Parks and Access to the Countryside Act 1949 eingeführte Instrument waren die SSSIs[589]. Ihre Funktionsbeschreibung klingt irritierend ähnlich, wie die der NNRs: SSSIs sind repräsentative Beispiele nationaler Habitate, wobei jedes Gebiet gesehen wird als ein integraler Bestandteil einer nationalen Serie, die etabliert wurde mit dem Ziel, die Vielfalt der wild lebenden Tiere und Pflanzen in Großbritannien zu erhalten[590]. Der Unterschied zu den NNRs ist, dass bei den SSSIs der Regelfall ist, dass sie sich im privaten Eigentum befinden. NNRs sind im Regelfall auch als SSSIs ausgewiesen, sie sollten die Gruppe der wertvollsten Gebiete darstellen[591]. Der Schutz der SSSIs bestand zunächst im wesentlichen in Begrenzungen von Entwicklungen im Rahmen des Planungssystems[592]. Hierin drückte sich aus, dass die Hauptgefahr für die Gebiete in der Besiedlung gesehen wurden. Nicht im Mittelpunkt stand der Schutz vor landwirtschaftlichen Nutzungen. In den 70er Jahren wurde erkannt, dass der Schutz von Habitaten ungenügend war, viele Lebensräume vieler Arten wurden in Folge landwirtschaftlicher Reformen drastisch dezimiert[593].

NNRs und SSSIs beziehen sich jedoch nur auf Gebiete zu Lande. Für Meeresgebiete gibt es die Schutzkategorie der Marine Nature Reserves. Außerdem gibt es zu Lande auch noch die Kategorien der Limestone Pavements und der Local Nature Reserves, die allerdings für die als Bestandteile des Netzes Natura 2000 in Betracht kommenden Gebiete eine geringe Rolle spielen[594].

2. Das System der SSSIs in Großbritannien und ASSIs in Nordirland

Deutlich verändert hat sich das Instrument der SSSIs durch den Wildlife and Countryside Act 1981 (WCA 1981)[595].

---

[589]Sect. 28-33; für Nordirland gelten abweichende Regeln und Begrifflichkeiten, insoweit beziehen sich die folgenden Ausführungen ausdrücklich nur auf Großbritannien also England, Schottland und Wales.

[590]Dabei handelt es sich um die Definition von „biological SSSIs“, daneben gibt es noch „geological SSSIs“, die die Funktion haben, jene Gebiete zu schützen, die notwendig sind für die geologische Forschung und Ausbildung; Definition aus Nature Conservancy Council, Guidelines for Selection of Biological SSSIs.

[591]Skeptisch dazu, ausschlaggebend seien vielmehr Gesichtspunkte der Opportunität gewesen: Bell/McGillivray, S. 628 und 635.

[592]Reid, Nature conservation law, S. 155.

[593]Moore, S. 113-118; Withrington/ Jones, in: Howarth/ Rodgers, S. 90, 91 f.

[594]Siehe zu Limestone Pavements und Local Nature Reserves, Bell/ McGillivray, S. 635 f.; daneben gibt es eine Reihe von Schutzkategorien, die nicht dem Habitatschutz, sondern etwa dem Landschaftsschutz dienen, so etwa die National Parks und die Areas of Outstanding natural Beauty oder in Schottland National Scenic Areas und Natural Heritage Areas.

[595]Einige Nachbesserungen erfuhr dieses Gesetz durch den Wildlife and Countryside (Amendment) Act 1985; in Nordirland galt stattdessen die Nature Conservation and Amenity Lands (Nor-

Die entsprechenden Regelungen finden sich in Part II des WCA 1981 und zwar in den old sect. 28-33[596]. Ein Gebiet wird zu einer SSSI, indem es von dem zuständigen Nature Conservation Body[597] gegenüber der lokalen Planungsbehörde, dem Eigentümer und Inhaber sowie dem Secretary of State[598] notifiziert wird[599]. Wenn das Gebiet bestimmte wissenschaftliche Kriterien erfüllt, so muss der jeweilige Nature Conservation Body das Gebiet notifizieren, ein Ermessen besteht hier nicht[600]. Diese Notifizierung hat zunächst provisorischen Effekt, gegen sie können Einwendungen gemacht werden. Diese Einwendungen muss der Nature Conservation Body beachten, er hat dann ein Ermessen, ob er aufgrund dessen binnen neun Monaten nach der ersten Notifizierung die Notifizierung zurückzieht oder (ggf. mit Änderungen) bestätigt[601]. Mit der Notifizierung muss der Nature Conservation Body angeben, wegen welcher besonderer Eigenschaften das Gebiet schützenswert ist und welche Tätigkeiten aus Sicht des Nature Conservation Body als Gefährdung für dieses Gebiet erscheinen (Potential Damaging Operations – PDOs)[602]. Diesem Prozess der Notifizierung mussten auch alle SSSIs unterzogen werden, die bereits nach dem National Parks and Access to the Countryside Act 1949 unter Schutz gestellt waren (Renotifizierung). Dieser Prozess der Renotifizierung nach dem WCA 1981 ist erst Ende der 90er Jahre abgeschlossen worden[603]. Erst nach Renotifizierung findet der WCA 1981 Anwendung.

Die Pflichten der Eigentümer bzw. Inhaber eines Gebietes beziehen sich auf die vom Nature Conservation Body aufgelisteten PDOs[604]. Will ein Eigentümer eine

---

thern Ireland) Order 1985; zum System der SSSIs Garner/ Jones S. 161-169; Payne, ELM 2001, 239-248; dargestellt ist hier das System, so wie es bestand bis zum Countryside and Rights of Way Act 2000 (CROWA 2000); die Änderungen durch diesen finden sich im Abschnitt Umsetzung der FFH-RL; für Schottland und Nordirland sind noch keine neuen Regelungen erlassen worden, so dass der WCA 1981 in der Fassung vor dem CROWA 2000 (bzw. für Nordirland die entsprechende Order aus dem Jahre 1985) fortgilt; aufgrund dieser Fortgeltung ist der alte Gesetzesstand im Präsens beschrieben, zur Klarheit ist z.B. von old sect. 28 WCA 1981 die Rede.

596 Siehe zum System der SSSIs: Rowan-Robinson/ Philp/ de la Torre, in: Rowan-Robinson/ McKenzie Skene, S. 205, 208-215; Hughes, Patsy, IV; Reid, Nature conservation law, S. 155-165.

597 English Nature, Scottish Natural Heritage oder Countryside Council for Wales.

598 Im Rahmen der Devolution sind die Kompetenzen des zuständigen Secretary of State der Zentralregierung auf die regionalen Regierungen übergegangen.

599 Old sect. 28 subs. 1 WCA 1981.

600 Bell/ McGillivray, S. 629; die Kriterien für biologische SSSIs finden sich in Nature Conservancy Council, Guidelines for selection of biological SSSIs.

601 Old sect. 28 subs. 4A WCA 1981.

602 Old sect. 28 subs. 4 WCA 1981; diese Listen können im Nachhinein nicht verändert werden und sind deswegen sehr umfangreich, Rowan-Robinson/ Philp/ de la Torre, in: Rowan-Robinson/ McKenzie Skene, S. 205, 209.

603 Bell/ McGillivray, S. 630 f.

604 Die Environmental Agency und Wasser- und Abfallbehörden bzw. -unternehmen haben besondere, über die gewöhnlicher Eigentümer hinausgehende, Verpflichtungen. Der Nature Conserva-

solche PDO durchführen, so muss er dies dem Nature Conservation Body anzeigen. Abgesehen von planungsrechtlichen Genehmigungen können diese nach Ablauf einer Frist von vier Monaten oder vorher nach Erteilung eines Konsenses durch den Nature Conservation Body durchgeführt werden[605]. Mit diesem viermonatigem Bann erschöpfen sich die Restriktionen, die für die meisten SSSIs gelten. Sinn dieser Regelung ist, dem Nature Conservation Body Gelegenheit zur Aushandlung eines Management Agreements zu geben. Verpflichtet sind hier nur Eigentümer und Inhaber (Occupier), Dritte können schädigende Handlungen durchführen, ohne von den entsprechenden Strafandrohungen erfasst zu sein[606]. Nicht Bestandteil der Liste der PDOs kann eine Schädigung des Gebietes durch Vernachlässigung sein. Durch die Notifizierung allein wird der Eigentümer also noch nicht zu bestimmten Handlungen verpflichtet[607].

Zum Schutz bestimmter bedrohter Gebiete steht das Instrument der Nature Conservation Orders zur Verfügung[608]. Diese werden vom Secretary of State[609] erlassen und bewirken einen bis zu zwölfmonatigen Bann der Vornahme von PDOs. Dieser verlängerte Zeitraum soll zunächst auch zum Aushandeln eines Management Agreements dienen. Dem Nature Conservation Body bietet sich außerdem die Möglichkeit, bei Fehlschlagen von Verhandlungen oder Missachtung von deren Ergebnis das Land zu enteignen[610]. Bei beiden Varianten ist ein langfristiger Schutz der Gebiete nur durch Zahlung erheblicher Geldsummen zu erreichen. Die Ausgleichszahlungen müssen den Eigentümer für alle laufenden und geplanten Aktivitäten entschädigen, die ihm einen Profit erbracht hätten und die aufgrund

---

tion Body muss diese Einrichtungen informieren über die Ausweisung von SSSIs, im Gegenzug müssen diese Einrichtungen dann den Nature Conservation Body über alle Tätigkeiten in dem Gebiet und alle Tätigkeiten außerhalb des Gebiets, die das Gebiet betreffen könnten, informieren. Der Nature Conservation Body hat allerdings weder einen Rechtsbehelf für den Fall, dass dieser Informationspflicht nicht nachgekommen wird, noch eine Möglichkeit bestimmte angezeigte Tätigkeiten zu verhindern, sondern muss sich auf eine beratende Rolle beschränken, Bell/ McGillivray, S. 632.

605 Old sect. 28 subs. 5 WCA 1981; Bell/ McGillivray, S. 631.

606 Old sect. 28 subs. 7 WCA 1981; dies gilt z.B. auch für staatliche Institutionen, siehe Bell/ McGillivray, S. 631 m.w.N.; ein Beispiel ist Southern Water Authority v Nature Conservancy Council, House of Lords, All E R [1992] 3, 481-489; dabei geht ein erheblicher Teil von Schädigungen von SSSIs auf Dritte zurück, entsprechend kritisch, Last, JEL 1999, 15, 33; Hughes, Patsy, III. C. 3.

607 Kritik an diesem Defizit übt Last, JEL 1999, 15, 33, weil neben den Schädigungen durch Dritte Schädigungen durch Vernachlässigung einen hohen Anteil haben.

608 Old sect. 29 WCA 1981.

609 Bzw. seit der Devolution durch die zuständigen Minister der Regionalregierungen.

610 Im britischen Recht ist von „Compulsory Purchase“ die Rede. Das Wort „Expropriation“ wird nur verwandt für die Enteignung, die ohne Entschädigung erfolgt, die im britischen Recht im Ausnahmefall – etwa im Kriegsfalle – erlaubt ist, vgl. die Stichworte Expropriation und Compulsory Purchase in Martin (Hrsg)., Oxford Dictionary of Law.

der Restriktionen nicht ausgeführt werden können. Der Grundeigentümer braucht lediglich die Vornahme von PDOs anzuzeigen und kann so die Entschädigungszahlungen in die Höhe treiben[611]. Aus diesem Grunde sind die staatlichen Stellen bei dem Erlass von Nature Conservation Orders sehr zurückhaltend. Seit Erlass des WCA 1981 bis ins Jahr 2001 wurden insgesamt nur rund 40 erlassen[612]. Neben dem längeren Zeitraum des Banns unterscheiden sich die Regelungen für Nature Conservation Orders von denen für normale SSSIs dadurch, dass nicht nur Eigentümern und Inhabern verboten ist, PDOs vorzunehmen, sondern dass sich diese Verbote auf jedermann beziehen. Zuwiderhandlungen werden deutlich empfindlicher bestraft[613]. Schließlich gibt es die Möglichkeit, Eigentümern u.a. aufzuerlegen, das Gebiet wieder herzustellen, nachdem eine PDO stattgefunden hat[614].

Im Kern jedoch liegt der Vorteil einer Nature Conservation Order in der längeren Zeitspanne zur Aushandlung eines Management Agreements[615].

In Nordirland gibt es keine Nature Conservation Orders, dafür beträgt der Zeitraum, den PDOs untersagt werden können bis zu 9 Monaten[616].

Die vorhergehenden Ausführungen machen deutlich, dass das System der SSSIs im WCA 1981 darauf angelegt ist, dass ein langfristiger Schutz insbesondere durch Abschluss eine Management Agreements zustande kommen kann[617]. Der zuständige Nature Conservation Body ist ermächtigt, mit dem Eigentümer bzw. Inhaber des Landes solche Vereinbarungen abzuschließen[618]. Gegenstand dieser Vereinbarungen können sowohl Nutzungsbeschränkungen als auch positive Maßnahmen zur Erhaltung des Gebiets sein[619]. Bis zum WCA 1981 hatten die Ma-

---

611 Das ergibt sich aus dem Regelungsgefüge der old sect. 28-30 WCA 1981; s. auch Payne, ELM 2001, 239, 242.

612 Payne, ELM 2001, 239, 241; Bell/ McGillivray, S. 632.

613 Maximale Strafe bei Nature Conservation Orders £ 5.000, Bell/ McGillivray, S. 633, bei normalen SSSIs £ 2.500, Bell/ McGillivray, S. 631.

614 Old sect. 30 WCA 1981; daneben gibt es noch einige weitere Unterschiede: so kann jedermann Klage erheben im Falle von Verstößen (bei normalen SSSIs können das nur Nature Conservation Bodies und Personen, die eine Genehmigung eines bestimmten Staatsanwalts haben) und der Nature Conservation Body hat das Recht das Land zu betreten, vgl. Bell/McGillivray, S. 633.

615 Bell/ McGillivray, S. 633 f.; Rowan-Robinson/ Philp/ de la Torre, in: Rowan-Robinson/ McKenzie Skene, S. 205, 213.

616 Sect. 26 Nature Conservation and Amenity Lands (Northern Ireland) Order 1985.

617 Ball, in: Rodgers, S. 89, 93 f.; kritische Auswertung der Praxis der Management Agreements bei Rodgers/ Bishop.

618 Sect. 15 Countryside Act 1968.

619 Rechtsnachfolger sind jedoch wohl nur im Hinblick auf Nutzungsbeschränkungen gebunden, Bell/ McGillivray, S. 637.

nagement Agreements nur geringe Bedeutung[620]. Seitdem ist die Zahl jedoch erheblich gestiegen[621]. Standen zunächst Zahlungen für Nutzungsbeschränkungen im Vordergrund[622], so ist in den letzten Jahren der Anteil positiver Maßnahmen gesteigert worden[623]. Ein neuerer Ansatz ist der „Whole Farm Approach", der auch die außerhalb des Gebiets liegenden Flächen etwa eines landwirtschaftlichen Betriebes einbezieht, um auch diese außerhalb liegenden Faktoren für das Gebiet günstig zu gestalten und einer Kompensation der Extensivierung der Landwirtschaft innerhalb der SSSI durch Intensivierung außerhalb des Gebiets entgegen zu wirken[624].

Entscheidend für das System der SSSIs ist jedoch sein Verhältnis zum Planungsrecht[625]. Einerseits muss bei Planungsentscheidungen eine betroffene SSSI berücksichtigt werden[626]. Formell muss die Planungsbehörde den Nature Conservation Body konsultieren[627]. Materiell muss das Vorhandensein einer SSSI im Entscheidungsprozess berücksichtigt werden, sie ist nach Möglichkeit zu schonen. Die Belange des Naturschutzes müssen allerdings konkurrieren mit anderen Belangen; es steht im Ermessen der Planungsbehörde ob sie letztlich anderen öffentlichen Interessen den Vorrang geben[628]. Wird eine positive Planungsentscheidung getroffen, so hebelt sie praktisch die Ausweisung einer SSSI aus; das Vorliegen einer Planungsentscheidung schützt deren Begünstigten vor den Sanktionen bei Schädigung einer SSSI[629].

---

[620] 1980/81 waren nur 70 in Kraft, Bell/ McGillivray, S. 637.

[621] 1990/91 2.032 Vereinbarungen, 2000 3.505 Vereinbarungen, Bell/ McGillivray, S. 637; siehe auch, Last, JEL 1999, 15, 20 f.

[622] Kritisch dazu Rowan-Robinson/ Philp/ de la Torre, in: Rowan-Robinson/ McKenzie Skene, S. 205, 211 m.w.N.

[623] Grundlegend zur Entwicklung eines neuen Regimes für die Management Agreements Rodgers/ Bishop, Nr. 3.

[624] Bell/ McGillivray, S. 637; Rodgers/ Bishop, Nr. 4.11.3.

[625] S. generell zum Verhältnis von Planungsrecht und Naturschutz Rowan-Robinson, in: ders./ McKenzie Skene, S. 51-75.

[626] Für England PPG 9 Nr. 27-43; für Schottland NPPG 14 Nr. 24 f. und 28-30; für Wales Planning Guidance Nr. 5.3.15; für Nordirland PPS 2 Nr. 55.

[627] Für England PPG 9 Nr. 30-33; für Schottland NPPG 14 Nr. 29; für Wales Planning Guidance Nr. 5.3.18; in Nordirland wird die Rolle des Nature Conservation Body vom Umweltministerium übernommen.

[628] Für England PPG 9, Nr. 27 f.; für Schottland NPPG 14 Nr. 25; für Wales Planning Guidance Nr. 5.3.18 (ergibt sich aus dem Zusammenhang); für Nordirland PPS 2 Nr. 55; tatsächlich sind eine Vielzahl von SSSIs zerstört worden, Winter, J.P.L. 1994, 883, 892.

[629] Old Sect. 28 subs. (8) WCA 1981, Old Sect. 29 subs. (9) WCA 1981; s. zum Verhältnis von Naturschutz- und Planungsrecht Ball, in: Rodgers, S. 89, 97 f.

Insgesamt erwies sich das System der SSSIs als unzureichend. Selbst jene Gebiete, die als SSSIs geschützt waren, erlitten erhebliche Schäden – zwischen 1981 und 1991 in 15 % der Fälle so weit, dass eine Denotifizierung notwendig wurde, weil die Gebiete nicht mehr die Merkmale aufwiesen, wegen derer sie ausgewiesen worden waren[630].

3. Marine Nature Reserves (MNRs)

Während SSSIs und NNRs sich nur auf das Landgebiet beziehen[631], steht zum Schutz von Küstengewässern die Ausweisung als Marine Nature Reserve zur Verfügung[632]. Die Ausweisung erfolgt in einem ähnlichen Verfahren wie der Erlass von Nature Conservation Orders auf Antrag des Nature Conservation Body durch den Secretary of State[633]. Dem Nature Conservation Body steht nach Ausweisung allerdings nur das Mittel des Erlasses von Verordnungen zur Verfügung[634]. In diesen kann z.B. der Fang oder das Töten von Tieren und das Betreten und das Befahren mit Wasserfahrzeugen beschränkt werden. Mit Ausnahme von Freizeitnutzungen kann eine solche Verordnung allerdings kein bestehendes Recht der Passage mit Schiffen beschränken. Die sehr eingeschränkten Mittel zum Schutz dürften auch die zurückhaltende Ausweisung von MNRs erklären: Bis Ende der 90er Jahre waren nur zwei MNRs im gesamten Vereinigten Königreich ausgewiesen[635]. Der Schutz ökologisch wertvoller Küstengebiete wurde im Vergleich zum Schutz von terrestrischen Gebieten als absolut unzureichend angesehen[636].

4. Bisherige Umsetzung der Vogelschutz-Richtlinie und sonstiger internationaler Verpflichtungen des Habitatschutzes

Vor dem Inkrafttreten der Conservation (Natural Habitats etc.) Regulations 1994[637], die der Umsetzung der FFH-Richtlinie diente, war die Vogelschutz-Richtlinie nur durch die bereits beschriebenen Instrumente SSSIs, NNRs und MNRs sowie durch die Instrumente der Raumplanung umgesetzt. Der WCA 1981

---

630 Payne, ELM 2001, 239, 242 m.w.N.

631 SSSIs können nur bis zu der Linie des niedrigsten Wasserstands ausgewiesen werden: Bell/ McGillivray, S. 630.

632 Sie können ausgewiesen werden in Gebieten von der höchsten Wasserstandslinie bis zu einer Grenze drei Seemeilen von der Küste entfernt; WCA 1981 sect. 36 subs. (1); zu den MNRs Garner/ Jones, S. 157-160.

633 Bzw. seit der Devolution dem zuständigen Mitglied in der Regionalregierung; die Kriterien für die Ausweisung ergeben sich aus WCA 1981 sect. 36 subs. (1) und entsprechen denen für die SSSIs.

634 WCA 1981 sect. 37.

635 Bell/ McGillivray, S. 635 f.

636 Hughes, Patsy, III. H.

637 SI 1994/2716.

diente ausdrücklich auch der Umsetzung der Vogelschutz-Richtlinie[638]. Zur innerstaatlichen Geltung mussten die Vogelschutzgebiete also die Form eines dieser Schutzgebiete bekommen.

Dies hat vor allem Probleme geschaffen für Gebiete, die sich unterhalb der niedrigsten Wasserstandslinie befinden, weil für diese Gebiete das Instrument der SSSIs nicht zur Verfügung steht und die MNRs nur ungenügenden Schutz bieten. Vor allem Flussmündungen können deswegen nicht ausreichend geschützt werden[639].

Potentiellen Vogelschutzgebieten ist jedoch im Rahmen von planungsrechtlichen Ermessensentscheidungen bereits vor ihrer Ausweisung seit 1992 ein Schutz gewährt worden[640]. Eine vollständige Umsetzung der Vogelschutz-Richtlinie ist für das Vereinigte Königreich bis heute nicht erreicht worden[641].

Unter den übrigen internationalen Verpflichtungen haben für den Habitatschutz Relevanz insbesondere die Ramsar-Konvention von 1971, die Bern Convention on the Conservation of European Wildlife and Natural Habitats von 1979 und die Konvention über Biologische Vielfalt von 1992[642].

Die Ramsar-Konvention dient dem Schutz von Feuchtgebieten[643]. Sie verpflichtet die Unterzeichnerstaaten zur Benennung jener Feuchtgebiete, die von internationaler Bedeutung sind. Eine spezielle gesetzliche Umsetzung gab es bis zum CROWA 2000 im vereinigten Königreich nicht[644]. Zur Verfügung steht wiederum das Instrumentarium von NNRs, SSSIs und MNRs sowie das Planungsrecht. Im

---

638 Bell/ McGillivray, S. 620.

639 Bell/ McGillivray, S. 643 f.

640 Erster Fall in 1992, Bell/ McGillivray, S. 644; seit 1994 Bestandteil der Verwaltungsvorschriften: Für England PPG 9 Nr. 37; für Schottland NPPG 14 Nr. 39; für Wales Planning Guidance Nr. 5.3.17; für Nordirland PPS 2 Nr. 44.

641 Kommission, Natura-Baromter, Stand 11.4.2002, http://europa.eu.int/comm/environment/nature; Krämer, EC Environmental Law, 5-10, S. 135 m.w.N.; s. insbesondere auch die Entscheidung zur Lappelbank, JEL 1997, 139-180; dazu Reid, SPEL 1996, 57: 95; Holder, CMLRev 1997, 1469-1480.

642 Neben den genannten auch die Bonn Convention on the Conservation of Migratory Species of Wild Animals von 1979.

643 Die Konvention nimmt eine sehr umfassende Definition von Feuchtgebieten vor, diese umfasst alle möglichen Formen von Mooren, Sümpfen und Gewässern, Küstengewässer bis zu einer Tiefe von sechs Metern, Bell/ McGillivray, S. 653.

644 Seitdem gibt es für England und Wales eine Verpflichtung, Ramsar-Gebiete verschiedenen öffentlichen Stellen mitzuteilen, sect. 37A WCA 1981 eingef. durch sect. 77 CROWA 2000.

Bezug auf letzteres haben die Ramsar-Gebiete Einfluss in Verwaltungsvorschriften gefunden[645].

Die Verpflichtungen der Bern Convention entsprechen im Wesentlichen denen der FFH-Richtlinie[646]. Vor Erlass der FFH-Richtlinie war sie nur durch WCA 1981 umgesetzt[647].

Die Konvention über die biologische Vielfalt aus dem Jahre 1992 verpflichtet in ihrem Art. 6 die Unterzeichnerstaaten zur Entwicklung von nationalen Plänen zum Erhalt der Biodiversität[648]. Im Vereinigten Königreich ist dazu ein UK Biodiversity Action Plan aufgestellt worden[649]. Unter diesem werden einzelne Pläne für bestimmte Arten und Habitate entwickelt, die verschiedene Ebenen der Aktivität (Öffentlichkeitsarbeit, staatliches Handeln i.e.S., ehrenamtliches Engagement, privates Sponsoring) bündeln sollen, um die verschiedenen Faktoren zum Erhalt von Biodiversität zu beeinflussen[650]. Rechtlich wird wiederum auf das sonst zur Verfügung stehende Instrumentarium zurückgegriffen.

IV. Rechtsprechung der Gerichte des Vereinigten Königreichs zur FFH- und Vogelschutz-RL

Die zwei wichtigsten Gerichtsentscheidungen, die ihren Ausgangspunkt im Vereinigten Königreich haben und Vogelschutz- oder FFH-RL betreffen, sind solche des EuGH, weil die nationalen Gerichte diese Entscheidungen vorlegten.

Die eine Entscheidung betraf die sogenannte Lappel-Bank. Diese sollte nach Ansicht des Secretary of State for the Environment von der Ausweisung als Vogelschutzgebiet ausgenommen werden, um dort Hafenanlagen errichten zu können.

---

[645]Für England PPG 9 Nr. 13, 27 f.; für Schottland NPPG 14 Nr. 35 und 39; für Wales Planning Guidance, Nr. 5.3.16 f.; für Nordirland PPS 2 Nr. 17; s. zu den Ramsar-Sites Rowan-Robinson/ Philp/ de la Torre, in: Rowan-Robinson/ McKenzie Skene, S. 205, 224 f.

[646]Eine Lücke der FFH-Richtlinie im Vergleich zum Schutz der Bern Convention nennt und diskutiert Krämer, EC Environmental Law, S. 137.

[647]Hughes, Patsy, II. A.

[648]Im deutschen Diskurs ist gemeinhin von Artenschutz die Rede, Biodiversität geht jedoch insofern weiter, als dass sie auch die biologische Diversität innerhalb einer Art umfasst, vgl. Freiburg, S. 4-7.

[649]Secretary of State for the Environment and for Foreign and Commonwealth Affairs u.a., Biodiversity – The UK Action Plan; s. zu den Biodiversity Action Plans Rowan-Robinson/ Philp/ de la Torre, in: Rowan-Robinson/ McKenzie Skene, S. 205, 222 f.

[650]Bell/McGillivray, S. 654 f.

Der EuGH entschied 1996, dass wirtschaftliche Gründe bei der Festlegung von Vogelschutzgebieten und ihrer Grenzen keine Rolle spielen dürften[651].

Die zweite Entscheidung, die zur Fortbildung des europäischen Habitatschutzrechts beitrug, hatte ihren Ausgangspunkt in der Meldung eines Gebietes (Phase 1 – Art. 4 Abs. 1 FFH-RL) in der Severn-Mündung, die die Klägerin im Ausgangsverfahren – die gesetzlich errichtete Hafenbehörde von Bristol – rechtlich bekämpfte, weil die nationale Regierung nicht ausreichend wirtschaftliche Interessen berücksichtigt habe. Der EuGH machte (im Jahre 2000) deutlich, dass in dieser Phase des Prozesses wirtschaftliche Interessen nicht berücksichtigt werden können[652].

Nationale Rechtsprechung gab es zu der Frage, ob der Mitgliedstaat einen Ermessensspielraum bei der Festlegung der Grenzen eines gem. Art. 4 Abs. 1 FFH-RL zu meldenden Schutzgebiets hat. In Fortführung der Gedanken aus der Lappel-Bank-Rechtsprechung des EuGH entschied das Inner House of the Court of Session (Scotland) 1998, dass die Festlegung dieser Grenzen rein nach wissenschaftlichen, d. h. nicht-wirtschaftlichen Kriterien zu erfolgen hat[653].

Im Jahre 2000 beschäftigte sich dasselbe Gericht mit der Frage, auf die Ziele welcher Richtlinie sich die Formulierung „[...] sofern solche Störungen sich im Hinblick auf die Ziele dieser Richtlinie erheblich auswirken können." in Art. 6 Abs. 2 FFH-RL im Falle von Vogelschutzgebieten bezieht. Die Frage stellt sich, weil Art. 7 FFH-RL nur die Wirkung von Art. 6 Abs. 2-4 FFH-RL für Vogelschutzgebiete anordnet, nicht jedoch ausdrücklich von Art. 2 FFH-RL -in dem die fraglichen Ziele beschrieben werden. Das Gericht entschied, dass auch für Vogelschutzgebiete die Ziele der FFH-RL maßgeblich sind[654].

In beiden Entscheidungen stützte sich das Gericht auf den Gedanken, dass ein kohärentes Netz (Natura 2000) nur etabliert werden könne, wenn die gleichen Regelungen sowohl für FHH- als auch Vogelschutzgebiete gelten.

---

[651] EuGH, U. v. 11.7.1996, Rs. C-44/95, www.curia.eu.int (R v Secretary of State for the Environment ex p. Royal Society for the Protection of Birds (Vorlage des House of Lords)); dazu Harte, JEL 1997, 139-180; Reid, SPEL 57: 95.

[652] EuGH, U. v. 7.11.2000, Rs. C-371/98, NuR 2001, 206 f. = NVwZ 2001, 1147 f. (Q v Secretary of State for the Environment, Transport and Regions ex p. First Corporate Shipping (Vorlage des High Court of Justice)).

[653] Inner House of the Court of Session (Scotland), 27.10.1998, C.M.L.R. 1999, 1021, 1002 f. (Re the Petition of WWF-UK and the Royal Society for the Protection of Birds - Cairngorms).

[654] Inner House of the Court of Session (Scotland), 28.7.2000, C.M.L.R. 2000, 1157, 1158 (Barnacle geese).

Bereits im Jahre 1996 erging eine Entscheidung, die die Grenzen der Wirkung von Planungshinweisen für den Schutz von potentiellen Schutzgebieten klärte[655].

Größere Wellen schlug schließlich die sogenannte Greenpeace 2-Entscheidung 1999[656]. Diese stellte fest, dass die FFH-RL staatliches Handeln auch im Bereich des Festlandsockels außerhalb des Küstenmeers bindet. Außerdem wurde dadurch die Notwendigkeit des Schutzes potentieller Schutzgebiete anerkannt. Gleichzeitig erweiterte diese Rechtsprechung die Möglichkeiten der Public Interest Litigation[657], so dass vor englischen Gerichten eine umfassende Kontrolle der Einhaltung der FFH- und der Vogelschutz-RL durch Naturschutzverbände möglich ist.

V. Diskussionen im Rahmen des Gesetzgebungsverfahrens zur Umsetzung der FFH-Richtlinie in innerstaatliches Recht

Diskussionen im Rahmen des Gesetzgebungsverfahrens sind insoweit interessant, als dass aus ihnen deutlich werden kann, welche Alternativen bei der Umsetzung der Richtlinie bestanden hätten.

Eine nachvollziehbare Debatte über Alternativen hat im Rahmen des parlamentarischen Verfahrens zum Erlass der Conservation Regulations nicht stattgefunden[658]. Neben möglichen Ursachen im generellen politischen System im Vereinigten Königreich lag dies vor allem am gewählten Gesetzgebungsverfahren. Die Conservation Regulations wurden in dem durch den European Communities Act 1972 geschaffenen Verfahren erlassen[659]. Danach legt das zuständige Ministerium Regulations dem House of Commons und dem House of Lords vor, die nur als Ganzes angenommen oder abgelehnt werden können. Forderungen nach Veränderungen würden also einen neuen Anlauf notwendig machen. Außerdem dürfen im Rahmen dieses Verfahrens keine Parlamentsgesetze geändert werden, was den Spielraum innerhalb dieses Verfahrens weiter verengt[660]. Die Forderung etwa, die Umsetzung zum Anlass zu nehmen, das ganze Naturschutzrecht zu reformieren, hätte ein anderes, deutlich aufwändigeres Gesetzgebungsverfahren erfordert.

---

[655] English High Court (Queen's Bench Division), 25.6.1996, PELB 1997, MAR, 20 (Newbury By-pass).

[656] English High Court (Queen's Bench Division), 5.11.1999, C.M.L.R. 1999, 94-134.

[657] Siehe dazu im einzelnen unter § 4 VI 10.

[658] Die Conservation (Natural Habitats &c.) Regulations 1994 gelten nur für Großbritannien, für Nordirland wurden später die Conservation (Natural Habitats &c.) Regulations (Northern Ireland) 1995 erlassen, die die britische Regelung im Wesentlichen übernahmen.

[659] S. generell zu Gesetzgebung unter dem European Communities Act 1972: Barnett, S. 343 f.; Collins, S. 112-122; Lasok, S. 353-355.

[660] Ware, Richard, in: Hughes, Patsy, S. 38.

Die Reduzierung parlamentarischer Debatten im Rahmen des Umsetzungsprozesses ist bewusst im britischen System angelegt: Da davon ausgegangen wird, dass die eigentliche Entscheidung bei Beschluss über eine Richtlinie durch die Organe der EU fällt, liegt der Schwerpunkt der parlamentarischen Arbeit in der Beratung von geplanten Richtlinien[661]. Dabei wird auch ein Auge darauf geworfen, inwieweit die geplanten Maßnahmen Änderungen der nationalen Gesetzgebung erforderlich machen werden. Im Fall der FFH-Richtlinie ging die Regierung bei den dem Erlass vorausgehenden Beratungen noch davon aus, dass für das Vereinigte Königreich keine erheblichen Änderungen der Gesetzgebung notwendig sein würden[662]. Ursache für die Einsicht auf Seiten der Regierung, dass doch zusätzliche Regelungen erforderlich sein würden, hat offensichtlich die zwischenzeitlich ergangene Rechtsprechung zur Vogelschutzrichtlinie geschaffen[663]. Ergebnis dieses Prozesses ist allerdings, dass von parlamentarischen Gremien weder vor noch nach Erlass der FFH-Richtlinie über den Weg der nationalen Umsetzung diskutiert wurde.

Eine Debatte fand allerdings in der Fachöffentlichkeit statt. Das zuständige Ministerium veröffentlichte im Oktober 1993 ein Consultation Paper, in dem die geplante Umsetzung skizziert wurde[664]. Die genauen Formulierungen der geplanten Regulations wurden zu dem Zeitpunkt allerdings nicht vorgelegt. Zu diesem Consultation Paper gab es eine Vielzahl von Antworten[665]. Die Naturschutzver-

---

661 Die Beratungen vor Erlass der FFH-Richtlinie finden sich für das House of Commons (Select Committee on European Legislation) in HC 43 XXXIX (Session 1997/98), S. ix f. und für das House of Lords, Select Committee on the European Communities, Habitats and Species Protection, Session 1988-89, 15th Report, HL Paper 72; siehe zur Arbeit dieser Ausschüsse Collins, S. 120 f.; Lasok, S. 353 f.

662 Eine offizielle und definitive Stellungnahme in dieser Richtung gibt es offensichtlich nicht, s. jedoch die Aussage eines Regierungsvertreters, dass Veränderungen in der Gesetzgebung wahrscheinlich nicht notwendig sind, in einer Anhörung des House of Lords, Select Committee on the European Communities, Habitats and Species Protection, Session 1988-89, 15th Report, HL Paper 72, Minutes S. 13; Ball, in Holder, S. 215, 215; Bell/ McGillivray, S. 648; Reid, ELM 1995, 87; ders., in: Holder, S. 199, 210; Rodgers, J.P.L. 2001, 265, 266 f. m.w.N.

663 EuGH, U. v. 2.8.1993 – Rs. C-355/90 – (Santoña), ZUR 1994, S. 305-310; U. v. 11.6.1996 – Rs. C-44/95 – (Lappel-Bank), JEL 1997, 139-180 m. Anm. Harte; EuGH, U. v. 28.2.1991 – Rs. C-57/89 – (Leybucht-Deiche), Slg. I 1991, S. 924-933.

664 Für England und Wales: Department of the Environment and Welsh Office, Implementation of the Council Directive 92/43 on the Conservation of Nature Habitats and of Wild Fauna and Flora: Consultation Paper, J.P.L. 1993, B135-B149; für Schottland: Scottish Office: Environment Department, Implementation in Great Britain of the Council Directive on the Conservation of Natural Habitats and of Wild Fauna and Flora (92/43/EEC), "The Habitats Directive" (beide Papiere wortgleich).

665 Department of the Environment, Summary of responses to the EC Habitats Directive Consultation Paper (nicht veröffentlicht); Kritisch zu den geplanten Änderungen auch Reid, Nature Conservation Law, 7.4.36, S. 260 f.

bände kritisierten die Regelungen bereits für die bestehenden SSSIs als unzureichend, umso mehr gelte das für die Erfüllung der Verpflichtungen aus der FFH-Richtlinie wenn man sich weiterhin auf das Prinzip der Freiwilligkeit verlasse. Vertreter der Wirtschaft, Landwirtschaft und Grundeigentümer waren mit den Regelungen in den meisten Punkten zufrieden. Von beiden Seiten wurde jedoch angemerkt, dass primäre Gesetzgebung zu durchdachteren Lösungen hätte führen können.

VI. Legislative Umsetzung der FFH- und der Vogelschutz-RL

Die Umsetzung der FFH-Richtlinie und der Vogelschutz-Richtlinie in Großbritannien erfolgt in aller erster Linie durch die Conservation (Natural Habitats, &c.) Regulations 1994[666]. Materiell kann auf viele Errungenschaften des Naturschutzes verwiesen werden[667], es gab bereits vor Umsetzung der FFH-RL ein differenziertes naturschutzrechtliches Instrumentarium[668]. Die britische Regierung ging auch zunächst davon aus, dass es einer gesetzlichen Umsetzung der Richtlinie gar nicht bedürfe[669]. Die konkreten Forderungen der Richtlinien, jedenfalls im Bezug auf

---

[666]SI 1994 No. 2716, bezieht sich nur auf England, Schottland und Wales, zitiert als CR, geändert durch Conservation (Natural Habitats, &c.) (Amendment) Regulations 1997, SI 1997 No. 3055, für England geändert durch Conservation (Natural Habitats, &c.) (Amendment) (England) Regulations 2000, SI 2000 No. 192; siehe zur Entstehungsgeschichte der CR: Sharp, in: Lowe/ Ward, S. 33, 41-43; für Nordirland umgesetzt durch die Conservation (Natural Habitats &c.) Regulations (Northern Ireland) 1995, SI NI 1995 No. 380, auf jene Bestimmungen wird eingegangen, so weit sie abweichen.

[667]Siehe zur Geschichte des Naturschutzes in Großbritannien: Nature Conservancy Council, Nature Conservation in Great Britain, 1984, Kapitel 1-5; Secretary of State for the Environment u.a., UK Biodiversity Action Plan, Kapitel 1 2.19-2.34 (in diesem Werk findet sich auch eine sehr anschauliche Darstellung über die Charakteristika der Artenvielfalt in Großbritannien); Reid, in: Holder, S. 199, 200.

[668]Einen guten Überblick geben neben anderen Bell/ McGillivray, S. 617-655; entsprechende Verweise von Regierungsseite sind zu finden in: Department of the Environment and Welsh Office, Implementation of the Council Directive 92/43 on the Conservation of Nature Habitats and of Wild Fauna and Flora (Consultation Paper), 4.10.1993, J.P.L. 1993, B 135, B 136 1.2 (das Papier wurde inhaltlich identisch ebenfalls vom Scottish Office unter gleichem Titel und am selben Datum publiziert); dazu gibt es eine Zusammenfassung der Antworten vom Department of the Environment, nicht veröffentlicht; einen Überblick im Hinblick auf Verfahren, die Teile der Forderungen bereits erfüllen könnten gibt Hughes, Patsy, III/ IV; eine Darstellung der Regierung, was in dem Bereich bereits vor Existenz der FFH-Richtlinie bestand, findet sich in einem Bericht des House of Lords, Select Committee on the European Communities, Habitat and Species Protection, Session 1988-89, 15th Report, HL Paper 72, Minutes S. 17-21; siehe zum materiellen Vergleich mit der bereits vorher bestehenden Rechtslage oben § 4 III.

[669]Eine offizielle und definitive Stellungnahme in dieser Richtung gibt es offensichtlich nicht, s. jedoch die Aussage eines Regierungsvertreters, dass Veränderungen in der Gesetzgebung wahrscheinlich nicht notwendig sind, in einer Anhörung des Select Committee on the European Com-

den Habitatschutz[670], waren jedoch zum Zeitpunkt des Erlasses der Richtlinie zum ganz überwiegenden Teil noch nicht erfüllt[671]. Deswegen war Gesetzgebung erforderlich. Dabei wiederum wurde versucht, so weit wie möglich an das bestehende Instrumentarium, insbesondere zum Schutz von SSSIs[672], anzuknüpfen.

Die CR nehmen in Part I zunächst eine Reihe von Begriffsbestimmungen vor (reg. 2)[673], benennen die umzusetzende Richtlinie sowie die Gesetze, bei deren Anwendung die CR beachtet werden sollen (Art. 3) und benennen die zuständigen Institutionen (reg. 4-6). Hierbei spiegeln sich insbesondere die abweichenden Zuständigkeiten zwischen England, Schottland und Wales wieder.
Der Abschnitt "Erhaltung der natürlichen Lebensräume und der Habitate der Arten" (Art. 3-11 der RL) spiegelt sich in Part II und IV der CR wider. Part II betrifft die Auswahl, die Ausweisung, das Schutzregime und den Schutz von sog. European Sites[674], Part IV regelt das Zusammenwirken von Habitatschutzrecht und Planungsrecht. Part III ist die Entsprechung des Abschnitts "Artenschutz" (Art. 12-16) der RL.
Part V schließlich enthält einige Bestimmungen für Kompensationszahlungen an Eigentümer, Pächter usw. sowie Bestimmungen darüber, unter welchen Bedingungen jene Vereinbarungen mit den Nature Conservation Bodies eingehen können.

Wesentliche Veränderungen für SSSIs in England und Wales ergeben sich durch den Countryside and Rights of Way Act 2000 (CROWA 2000)[675]. Dieses Gesetz wird charakterisiert als ein Umschwung von der freiwilligen Kooperation hin zum regulierten Gebietsmanagement[676]. Da nach der FFH-RL zu schützende Gebiete auch als SSSI geschützt werden können, wirken sich diese Änderungen auf die

---

munities des House of Lords, Habitats and Species Protection, Session 1988-89, 15th Report, Minutes S. 13; Bell/ McGillivray, S. 648; Reid, ELM 1995, 87; ders., in: Holder, S. 199, 210; Ball, in: Holder, S. 215, 215.

670 Anders im Bezug auf den Artenschutz-Abschnitt (Art. 12-16), Reid, in: Holder, S. 199, 200.

671 Department of the Environment and Welsh Office, Implementation of the Council Directive 92/43 on the Conservation of Nature Habitats and of Wild Fauna and Flora (Consultation Paper), 4.10.1993, J.P.L. 1993, B 137 1.9.; Reid, in: Holder, S. 199, 200, 209 und S. 213; ders. J. R. 1997, 355, 364.

672 Sites of Special Scientific Interest, vgl. oben § 4 III. 2.

673 Beachte die Änderungen durch die Conservation (Natural Habitats, &c.) (Amendment) Regulations 1997, SI 1997 No. 3055.

674 European Sites ist ein Sammelbegriff, der FFH-Gebiete, Vogelschutzgebiete und unter bestimmten Umständen auch (potentielle) FFH-Gebiete vor ihrer Ausweisung umfasst, definiert in CR reg. 10.

675 Dieser ändert in einigen sect. den WCA 1981; soweit auf den WCA 1981 vor diesen Änderungen Bezug genommen wird, ist z.B. von old sect. 28 WCA 1981 die Rede.

676 Payne, ELM 2001, 239, 239.

Umsetzung der FFH-RL aus. Die CR, die auf dem WCA 1981 aufbauen, sollen dem CROWA 2000 angepasst werden[677], was bislang jedoch noch nicht geschehen ist.

1. Zuständigkeiten für die Umsetzung der Conservation (Natural Habitats, &c.) Regulations 1994

Die Aufteilung der Zuständigkeiten zwischen den beteiligten Institutionen ergibt sich aus den materiellen Regelungen in Part II und Part IV.
So ist bei den Regeln in Part II die Zuständigkeit zwischen den Nature Conservation Bodies[678] und dem Secretary of State[679] aufgeteilt. Grundsätzlich lässt sich sagen, dass die Nature Conservation Bodies zuständig sind für den Abschluss von Vereinbarungen im Konsens mit den Grundeigentümern (u.ä.), während für die Ausübung einschneidenderer Maßnahmen der Secretary of State zuständig ist. Allerdings können die Nature Conservation Bodies sog. Byelaws erlassen, die vom Gesetzesrang her am ehesten mit Satzungen in Deutschland zu vergleichen sind und insofern auch Einschränkungen gegenüber der Allgemeinheit beinhalten können.
In Part IV kommen hinzu die jeweils zuständigen Planungsbehörden, die in Fällen, in denen eine European Site betroffen ist, den zuständigen Nature Conservation Body vor einer Entscheidung, die wahrscheinlich erheblichen Effekt auf eine European Site haben kann, konsultieren müssen. Dieser gibt jedoch nur eine Stellungnahme ab, an die die Planungsbehörde nicht gebunden ist. Ein Veto kann hier wiederum nur vom Secretary of State eingelegt werden.
Auf die genaue Verteilung der Zuständigkeiten wird im Rahmen der Darstellung der materiellen Regelungen einzugehen sein.
In Schottland werden die Aufgaben des Secretary of State von den Scottish Ministers wahrgenommen. In Wales sind die Aufgaben des Secretary of State auf das National Assembly for Wales übertragen, in Nordirland der nordirischen Regierung[680].

2. Auswahl der Schutzgebiete

Die Auswahl der Gebiete, die in Großbritannien zum Netz Natura 2000 beitragen sollen, ist in CR reg. 7 geregelt. Es handelt sich dabei um die Phase 1 der Entste-

---

[677]DEFRA, Public Consultation Paper on Technical Amendments to the Conservation (Natural Habitats &c.) Regulations 1994; Rodgers, J.P.L. 2001, 265, 267.

[678]Definiert in Reg. 4: Nature Conservancy Council for England, Countryside Council for Wales und Scottish Natural Heritage.

[679]Gegenwärtig Secretary of State for the Environment, Food and Rural Affairs; das entspricht dem Minister in Deutschland.

[680]Siehe dazu oben § 4 I. 2.

hung von Natura 2000, die in Art. 4 Abs. 1 der FFH-RL geregelt ist. Reg. 7 hält sich sehr eng an den Wortlaut der FFH-RL und nimmt bezug auf Annex I der FFH-RL, was benannte Typen von Habitaten betrifft, und auf Annex II, was die Habitate bestimmter Arten betrifft. Für die Kriterien, nach denen die Gebiete ausgewählt werden sollen, wird auf Annex III der FFH-RL verwiesen. Insoweit werden Probleme kaum aus der legislativen Umsetzung der Richtlinie herrühren, sondern allenfalls aus der tatsächlichen Anwendung der Kriterien. Zuständig für die Übermittlung der Liste an die Kommission ist der Secretary of State der Zentralregierung.

Keine ausdrückliche Regelung erfährt jedoch die Auswahl von Vogelschutzgebieten. Sie werden von den CR (CR reg. 10 (1) (d)) vorausgesetzt, eine Umsetzung der Kriterien für ihre Auswahl in nationales Recht erfolgt nicht.

Die britische Regierung hat hier einen zunächst offensichtlich ungenügenden Ansatzpunkt gewählt indem sie nur solche Gebiete meldete, die bereits als SSSIs ausgewiesen waren[681]. Diese Politik wurde dann aufgegeben, eine Ausweisung als SSSI wird ggf. einem Schutz durch europäisches Naturschutzrecht nachfolgen[682].

3. Ausweisung der Schutzgebiete

Art. 4 Abs. 4 der FFH-Richtlinie findet seine Entsprechung in CR reg. 8. Übernommen in die nationale Gesetzgebung ist sowohl die Frist für die Ausweisung von sechs Jahren nach Fertigstellung der Liste als auch die vorzunehmende Prioritätensetzung nach Kriterien des Naturschutzes. Die Gebiete werden als Special Areas of Conservation (SACs) ausgewiesen.

Interessant ist hier wiederum weniger der legislative Umsetzungsakt, sondern die Praxis, also ob die Sechs-Jahres-Frist eingehalten wird und in welcher Reihenfolge bei der Ausweisung vorgegangen wurde.

4. Zwischenzeitliches Verschlechterungs- und Störungsverbot im Bezug auf Konzertierungsgebiete und auf Gebiete auf der Gemeinschaftsliste

Das Konzertierungsverfahren des Art. 5 FFH-RL selbst bedarf keiner nationalen Umsetzung. Nationaler Gesetzgebung bedarf es jedoch für den zwischenzeitlichen Schutz der fraglichen Gebiete. Gem. Art. 5 Abs. 4 FFH-RL gilt für diese Konzertierungsgebiete das gleiche Verschlechterungs- und Störungsverbot wie für die

---

[681] So für Schottland: Scottish Office Circular No. 6/1995, Nr. 17.

[682] So ausdrücklich für Schottland: Scottish Executive, Rural Affairs Department, Habitats and Birds Directives, Nrn. 1 und 20.

Gebiete, die Aufnahme in die Gemeinschaftsliste gefunden haben. Hierfür ist eine etwas besondere Regelung gefunden worden. CR reg. 9 (a) legt fest, dass ein Konzertierungsgebiet nicht erst nach formalem Abschluss des Konzertierungsverfahren den anderen auf der nach Art. 4 Abs. 2 FFH-Richtlinie entstandenen Liste befindlichen Gebiete gleichgestellt werden soll, sondern bereits dann, wenn der Secretary of State dem zugestimmt hat.

Interessant ist es, einen Blick darauf zu werfen, welche Auswirkungen die Schaffung des Sammelbegriffes "European Site" (in CR reg. 10) hat. Im Hinblick auf die Vogelschutzgebiete (einbezogen durch CR Reg. 10 (1) (d)) wird lediglich die Anordnung von Art. 7 FFH-Richtlinie nachvollzogen.

Mit den Regelungen von CR reg. 10 (1) (b) und (c) wird auf die Anforderungen aus Art. 4 Abs. 5 und Art. 5 Abs. 4 FFH-Richtlinie Bezug genommen. Diese werden oftmals als zwischenzeitliches „Störungs- und Verschlechterungsverbot" bezeichnet[683]. Tatsächlich verweist Art. 4 Abs. 5 für die durch den Rat festgestellten Europäischen Schutzgebiete bis zu ihrer Ausweisung auf Art. 6 Abs. 2, 3 und 4 FFH-Richtlinie, während Art. 5 Abs. 4 FFH-Richtlinie nur auf Art. 6 Abs. 2 FFH-Richtlinie verweist. Insoweit ist nur Art. 5 Abs. 4 FFH-Richtlinie mit zwischenzeitlichem „Störungs- und Verschlechterungsverbot" zutreffend bezeichnet. Art. 6 Abs. 3 und 4 FFH-Richtlinie haben jedoch auch Auswirkungen über das Zwischenstadium eines noch nicht ausgewiesenen europäischen Schutzgebiets hinaus, weil bei der Verträglichkeitsprüfung die Auswirkungen auf Dauer untersucht werden.

Der wesentliche Unterschied zu den Minimalanforderungen der Richtlinie ist, dass auf diese Gebiete auch die Regelungen über die Management Agreements Anwendung finden. Das bedeutet, die Nature Conservation Bodies sind ermächtigt und verpflichtet, auch für ein Gebiet vor seiner Ausweisung bzw. noch bevor fest steht, dass ein bestimmtes Gebiet nach Abschluss des Konzertierungsverfahrens überhaupt zu einem Gebiet von gemeinschaftlicher Bedeutung wird, ein Management Agreement anzustreben. Während es für die Gebiete von gemeinschaftlicher Bedeutung vor ihrer Ausweisung plausibel erscheint, dass bereits über ein Management Agreement verhandelt wird, dürften in der Praxis die Konzertierungsgebiete auf der Prioritätenliste der Nature Conservation Bodies hinten rangieren (zumal ein Konzertierungsverfahren ja nur dann eingeleitet wird, wenn aus Sicht des Secretary of State die Anforderung für ein Gebiet von gemeinschaftlicher Bedeutung nicht vorliegen). Dennoch macht die Einbeziehung der Möglichkeit des Abschlusses eines Management Agreements Sinn. Anderenfalls stünde zur Erfüllung der Verpflichtungen aus der Richtlinie nur die Special Nature Conservation

---

683 Vgl. Gellermann, Natura 2000, S. 147.

Order, die Byelaws oder gar Compulsory Acquisition zur Verfügung - alles Mittel, die relativ einschneidend sind. Sich auf diese Mittel zu beschränken, wäre ein Widerspruch zur Betonung der freiwilligen Kooperation des Grundeigentümers.

Einschränkend angewandt werden die Regelungen für die European Sites jedoch für Konzertierungsgebiete. Keine Anwendung sollen gem. CR reg. 10 (2) die CR reg. 20 (1) und 2, reg. 24 und reg. 48 finden. Diese Bestimmungen enthalten jeweils die aus Art. 6 Abs. 3, 4 FFH-Richtlinie stammende Verträglichkeitsprüfung und den Umgang mit deren Ergebnissen. Der Ausschluss spiegelt die (im Vergleich mit Art. 4 Abs. 5 FFH-Richtlinie) fehlende Verweisung von Art. 5 Abs. 4 auf Art. 6 Abs. 3 und 4 FFH-Richtlinie wieder.

Im Hinblick auf Planungsentscheidungen bedeutet dies, dass bei der Entscheidung über die Genehmigung eines Vorhabens, von dem ein Konzertierungsgebiet betroffen ist, die Belange des europäischen Habitatschutzes nicht zu berücksichtigen sind.

Sobald jedoch das Konzertierungsverfahren abgeschlossen ist oder der Secretary of State vor formellem Abschluss des Konzertierungsverfahrens der Aufnahme der Liste zustimmt (CR reg. 9 (a)), finden die kompletten Regelungen für die European Sites Anwendung. Dies dürfte auch die nachträgliche Überprüfung bereits ergangener Entscheidungen gem. CR reg. 50 einschließen. Zwar ist dort der Anknüpfungspunkt, dass die Entscheidung ergeht, bevor ein Gebiet eine European Site wird. Das würde die Anwendung ausschließen, wenn ein Gebiet erst ein Konzertierungsgebiet wird, dann die Planungsentscheidung ergeht und dann das Konzertierungsverfahren mit der Aufnahme des Gebietes beendet wird. Da aber Konzertierungsgebiete keine "richtigen" European Sites sind, dürfte die Regelung entsprechende Anwendung finden.

Nicht aus den CR selbst heraus erklärt sich die Folge des Ausschluss der Anwendung von CR reg. 24, wie sie CR reg. 10 (2) anordnet. Denn diese regulation ist integraler Bestandteil des Gefüges der CR reg. 22-24. Durch CR reg. 22 ist der Secretary of State ermächtigt, bestimmte Tätigkeiten zu benennen, die sich schädlich auswirken können, die Ausführung dieser Tätigkeiten wird durch CR reg. 23 (1) verboten, sofern nicht (neben einer anderen Bedingung) gem. CR reg. 23 (2) (a) eine schriftliche Zustimmung des zuständigen Nature Conservation Bodies vorliegt. CR reg. 24 kommt dabei die Aufgabe zu, zu bestimmen, unter welchen Bedingungen diese Zustimmung zu erteilen ist oder nicht.

Die Frage ist, wie sich das Verfahren im Falle von Konzertierungsgebieten genau gestaltet. In Betracht kommt entweder, eine schriftliche Zustimmung gem. CR reg. 23 (2) (a) für erforderlich zu halten, ohne dass dafür Regelungen für die Entscheidung über diese Zustimmung vorlägen. Andererseits kommt in Betracht, dass Ausnahmeregelungen zu Special Nature Conservation Orders für Konzertierungsgebiete (solange also das Konzertierungsverfahren läuft) nicht möglich sind.

Für erstere Ansicht spricht der Wortlaut der Regelung. Zwar würde dann in den Fällen, in denen es sich bei den Konzertierungsgebieten um SSSIs handelt, der WCA 1981 anwendbar sein[684]. Das ist zum einen nicht immer der Fall, weil nur Gebiete zu Land SSSIs sein können[685], und auch von den Gebieten zu Lande nicht alle SSSIs sein müssen[686]. Selbst wenn es sich bereits um eine SSSI handelt, müssen die Grenzen nicht notwendigerweise mit denen für eine SAC zu ziehenden identisch sein[687]. Besteht keine Ausweisung als SSSI, so wäre das Ermessen aus CR reg. 23 Abs. (2) (a) des Nature Conservation Body nicht durch nationale Gesetzgebung beschränkt. Aber selbst wenn es sich um eine SSSI handelt, so ergäbe sich das gleiche Ergebnis. Zwar sind old sect. 29 WCA 1981 bzw. sect. 28 ff. WCA 1981[688] dann anwendbar. In diesen Bestimmungen sind allerdings auch keine weiteren Kriterien für die Erteilung einer Zustimmung gegeben. Maßgeblich für die Ermessensausübung dürfte aber wiederum die FFH-Richtlinie sein; gem. Art. 5 Abs. 4, Art. 6 Abs. 2 FFH-Richtlinie besteht auch für Konzertierungsgebiete ein Störungs- und Verschlechterungsverbot.

Mit der Anwendung von CR reg. 24 entfiele jedoch auch die Möglichkeit des Grundeigentümers, bei dem Secretary of State gem. CR reg. 24 (4), (5) einen Antrag zu stellen, den Nature Conservation Body anzuweisen, Konsens zu erteilen.

Deshalb ist es überzeugender, dass gar keine Ausnahmen möglich sind, solange es sich um ein Konzertierungsgebiet handelt. Eine einmal gemachte Special Nature Conservation Order kann dann also nicht mehr vom Grundeigentümer angegangen werden. Er hat allerdings die Möglichkeit, im Prozess des Erlasses der Special Nature Conservation Order gem. CR reg. 22 (3) i.V.m. Schedule 1 Nr. 4 Einwen-

---

[684]Auch die schottische Regierung sieht - mittlerweile - dass nicht alle European Sites SSSIs sein müssen und dass sich aus dieser Unterscheidung (European Sites die SSSIs sind und solche die es nicht sind) unterschiedliche Maßnahmen ergeben, Scottish Executive, Rural Affairs Department, Habitats and Birds Directives, 2000, par. 23 f. (allerdings unzutreffend im Hinblick auf die Möglichkeit, eine Compulsory Acquisition durchzuführen, dies ist auch für eine European Site möglich, die keine SSSI ist); anders noch Scottish Office Circular No. 6/1995, Nr. 17; ein Umdenken wurde eingeleitet durch: Scottish Office, People and Nature, 1998, S. 20.

[685]S. o. § 4 III. 3.

[686]Sie werden es nach Ansicht der Regierung nur "in der Praxis" sein, Department of the Environment and Welsh Office, Implementation of the Council Directive 92/43 on the Conservation of Nature Habitats and of Wild Fauna and Flora: Consultation Paper, B 142 2.3.6.

[687]Vgl. Inner House of the Court (Scotland), Re the Petition of WWF-UK and the Royal Society of the Protection of Birds, C.M.L.R. 1999, 1021, 1023 und 1066 f.

[688]In der durch den CROWA 2000 geänderten Fassung.

dungen gegen sie zu machen. Diese Auslegung macht auch insofern Sinn, als dass im Laufe des Konzertierungsverfahrens der genaue erforderliche Schutzstandard häufig nicht klar sein wird und deswegen vorsorglich ein umfassender Schutz angezeigt ist.

5. Schutz von "European Sites"

Die Umsetzung der Verpflichtungen aus Art. 6 FFH-Richtlinie, zusammen mit den Verweisen aus Art. 4 Abs. 5 FFH-Richtlinie und Art. 5 Abs. 4 FFH-Richtlinie auf Art. 6 Abs. 2-4 FFH-Richtlinie ist der legislatorisch interessanteste Teil der Umsetzung der FFH-Richtlinie. Zugleich sind die Bestimmungen aus Art. 6 FFH-Richtlinie diejenigen, die auch dann noch erhebliche Relevanz haben werden, wenn der Prozess der Erstellung der Liste der Gebiete, die das Netz Natura 2000 bilden, und deren Ausweisung als entsprechende Schutzgebiete abgeschlossen ist. Schließlich zeigt sich an legislativer Umsetzung und praktischer Anwendung der Bestimmungen aus Art. 6 FFH-Richtlinie, ob mit der FFH-Richtlinie tatsächlich ein Quantensprung im Naturschutz erreicht werden wird.

Bei der Umsetzung der FFH-Richtlinie wurde in Großbritannien nicht bei Null angefangen, tatsächlich kann Großbritannien auf einiges zurückgreifen, was in der langen Geschichte des britischen Naturschutzes geleistet wurde[689]. Das gilt zum einen im Bezug auf die wissenschaftliche Basis für die Ausweisung, ohne ausreichende Kenntnis über die Habitate wird es schwer sein, einen adäquaten Schutz zu erreichen[690]. Dies gilt aber auch für bereits getroffene Schutzmaßnahmen. Nicht wenige der nach den Kriterien der FFH-Richtlinie auszuweisenden Gebiete werden bereits als SSSIs ausgewiesen sein und insofern schon seit einiger Zeit Schutz genießen[691].

Dennoch waren die bisherigen Regelungen nicht ausreichend, um einen adäquaten Schutz zu gewährleisten[692]. Wenn Grundeigentümer, Pächter o.ä. nicht zu einer Kooperation bereit waren, so konnte ein Schutz einer SSSI nicht gewährleistet werden[693].

---

[689]Department of the Environment and Welsh Office, Implementation of the Council Directive 92/43 on the Conservation of Nature Habitats and of Wild Fauna and Flora: Consultation Paper, 4.10.1993, J.P.L. 1993, B 139 2.2.2.

[690]Williams, ELM 1997, 74, 75.

[691]So jedenfalls die Sicht der Regierung, vgl. Department of the Environment and Welsh Office, Implementation of the Council Directive 92/43 on the Conservation of Nature Habitats and of Wild Fauna and Flora: Consultation Paper, 4.10.1993, J.P.L. 1993, B 139 2.2.4.

[692]Reid, Nature Conservation Law, 1994, S. 260 f.

[693]S. oben § 4 III. 2.

Bei der Umsetzung der zusätzlichen Verpflichtungen aus der FFH-Richtlinie hat sich die Gesetzgebung wiederum sehr weitgehend an den bisherigen Regularien im Bezug auf die SSSIs orientiert[694]. Insoweit weist die britische Umsetzung einige Besonderheiten auf.

a. Definition der geschützten Gebiete

In CR reg. 10 wird zunächst ein Begriff geschaffen, der keine direkte Entsprechung in der Richtlinie hat. Es handelt sich dabei um "European Sites". Dieser Begriff ist nicht identisch mit dem Begriff der Gebiete von gemeinschaftlicher Bedeutung in Art. 4 Abs. 2 FFH-Richtlinie. Vielmehr ist dies ein Sammelbegriff, der sowohl die letztlich nach CR reg. 8 ausgewiesenen Special Areas of Conservation (SACs)[695] umfasst (CR reg. Abs. 1 (a)), als auch die Gebiete, die (möglicherweise) als SACs auszuweisen sind. Das sind die nach Art. 4 Abs. 2 FFH-Richtlinie als Gebiete von gemeinschaftlicher Bedeutung festgestellten Gebiete und die Konzertierungsgebiete, die noch einem Beratungsprozess nach Art. 5 FFH-Richtlinie unterliegen. Schließlich umfasst der Begriff "European Site" auch die bereits nach der EU-Vogelschutzrichtlinie ausgewiesenen Gebiete (Special Protection Areas – SACs).

Für alle diese Gebiete gilt das gleiche Schutzregime. Ausnahmen gelten nur für die Konzertierungsgebiete, auf die die Regeln der CR reg. 20 Abs. 1 und 2, 24 und 48 keine Anwendung finden. Mit der Schaffung dieses einheitlichen Begriffes hat sich der Gesetzgeber in Großbritannien die Verweisung bei den einzelnen Pflichten und Einschränkungen, die für FFH- und Vogelschutzgebiete gelten, erspart. Dies wäre ansonsten notwendig gewesen, um den Forderungen nach einem zwischenzeitlichem Verschlechterungsverbot aus Art. 4 Abs. 5 und Art. 5 Abs. 4 FFH-Richtlinie gerecht zu werden.

Zwar nicht gesetzlich einbezogen, aber in der Praxis dem gleichen Schutzregime unterworfen sind bestimmte potentielle FFH-Gebiete. Die Regierungen folgen damit der Verpflichtung, die ihnen durch Art. 10 Abs. 2 EGV auferlegt sind[696]. Bei den erfassten potentiellen SACs handelt es sich insbesondere um solche Ge-

---

[694]Garner/ Jones, Countryside Law, 1997, S. 179; kritisch dazu Ball, in: Rodgers, Nature Conservation and Countryside Law, 1996, S. 89, 102.

[695]Das sind im deutschen die FFH-Gebiete.

[696]Für England: Department of the Environment, PPG 9, Nr. 13; für Schottland: Scottish Executive: Rural Affairs Department, Habitats and Birds Directive, 2000, par. 20; für Nordirland: Environment and Heritage Service, The Conservation (Natural Habitats, etc) Regulations (Northern Ireland) 1995 - A Guidance Note, 2.1.; ebenfalls für Nordirland: Department of the Environment for Northern Ireland, Planning Policy Statement 2 (PPS 2), "Planning and Nature Conservation", 1997.

biete, die vom Mitgliedstaat insofern als schutzwürdig angesehen werden, dass sie der Kommission bereits benannt sind, ohne dass diese daraus die Liste der Gebiete von gemeinschaftlicher Bedeutung gebildet hätte, die die gesetzliche Einbeziehung gem. CR reg. 10 Abs. (1) (b) auslöst. Für England ist dies mittlerweile auch durch eine Änderung[697] der CR klargestellt worden, zu European Sites gehören nach CR reg. Abs. (1) (e) auch Gebiete, die der Kommission benannt sind, ohne dass diese bereits über die Gemeinschaftsliste befunden hätte.

b. Anhörung der Öffentlichkeit

Die Verpflichtung der Mitgliedstaaten gem. Art. 6 Abs. 3 S. 2 FFH-RL „gegebenenfalls" die Öffentlichkeit anzuhören, findet in der legislativen Umsetzung im Vereinigten Königreich keinen Niederschlag. Diese weiche Verpflichtung wird also nur umgesetzt durch andere Gesetze, die eine Öffentlichkeitsbeteiligung vorsehen und die bei den fraglichen Entscheidungen zu beachten sind.

CR reg. 11-15 legen allerdings die Einrichtung eines Registers für alle European Sites fest (CR reg. 11) und regeln wie die Nature Conservation Bodies (CR reg. 12) und über diese die Eigentümer, Besitzer und Planungsbehörden (CR reg. 13) über die Aufnahme eines Gebietes in dieses Register informiert werden.

Das Register ist öffentlich zugänglich, Gebühren dürfen für eine Einsichtnahme nicht erhoben werden (CR reg. 11 Abs. 5). Neben dem nationalen Register beim Secretary of State, gibt es auch Register über die Gebiete des jeweiligen Nature Conservation Bodies über das Gebiet, für das er zuständig ist, diese Register sind ebenfalls öffentlich und gebührenfrei (CR reg. 12 Abs. 4).

Diese Maßnahmen sind zwar nicht als „Anhörung" zu bezeichnen, sie erleichtern der Öffentlichkeit aber, sich in Fragen des Schutzes von Gebieten einzumischen.

c. Schutz von "European Sites"

Für den tatsächlichen Schutz von European Sites steht den Behörden ein abgestuftes System zur Verfügung. Dieses besteht zunächst aus den Maßnahmen für den Schutz von SSSIs. Denn jedenfalls die Gebiete zu Lande werden häufig SSSIs sein, so dass auch deren Schutz besteht[698]. Der Grund liegt darin, dass sowohl die

---

[697]Geändert durch Conservation (Natural Habitats, &c.) (Amendment) (England) Regulations 2000, SI 2000 No. 192.

[698]Nach ursprünglicher Ansicht der Regierung werden die European Sites "in der Praxis" SSSIs sein, Department of the Environment and Welsh Office, Implementation of the Council Directive 92/43 on the Conservation of Nature Habitats and of Wild Fauna and Flora: Consultation Paper, B 142, 2.3.6; Department of the Environment, PPG 9, Nr. 13; ein Umdenken wurde eingeleitet in

Ausweisung von SSSIs als auch das von Vogelschutz- und Habitatrichtlinie gebildete Schutzsystem auf wissenschaftlichen Kriterien beruhen, die auf ähnliche Erkenntnisse zurückgehen. Anzumerken ist jedoch, dass insbesondere die genauen Grenzen eines FFH- oder Vogelschutzgebiets nicht mit den Grenzen der vorher bestehenden SSSI übereinstimmen müssen, weil im Hinblick darauf die Kriterien der Schutzregime abweichen[699]. Schon aus praktischen Gründen werden die zuständigen Behörden jedoch nach Festlegung der Grenzen des FFH- oder Vogelschutzgebiets die Grenzen der SSSI in Einklang bringen[700].
Auf die SSSI-Regelungen aufbauend sehen die CR einige weitere Schutzmaßnahmen vor. Die Nature Conservation Bodies haben also in diesen Gebieten, die den größten Teil der European Sites ausmachen, die Möglichkeit, sowohl auf die Bestimmungen für SSSIs aus dem WCA 1981 zurückzugreifen, als auch sich der spezielleren Kompetenzen für European Sites aus den CR zu bedienen.

Auf die Regelungen für die SSSIs aufzubauen, bedeutet, dass auch hier wieder zunächst die freiwillige Kooperation der Eigentümer, Pächter usw. im Vordergrund steht[701]. Diese Kooperation soll durch Management Agreements (Vereinbarung über die Bewirtschaftung eines Gebiets) erreicht werden[702]. Dem Abschluss solcher agreements wird auch hier regelmäßig zunächst seitens des Nature Conservation Body im Rahmen der Regelungen für SSSIs die Definition von potentiell gefährlichen Operationen vorausgehen (Potentially Damaging Operations oder PDOs)[703]. Diese dürfen nur nach Notifizierung seitens des Eigentümers o.ä. und entweder nach Zustimmung des Nature Conservation Bodies oder nach Ablauf von vier Monaten nach der Notifizierung durchgeführt werden. Bei Gebieten, die nur eine SSSI sind, kann der Secretary of State durch eine sog. Nature Conser-

---

People and Nature, 1998, S. 20; nach neuester Ansicht der Schottischen Regierung ist es nicht mehr Politik, dass alle European Sites auch als SSSIs notifiziert sein müssen, Scottish Executive, Rural Affairs Department, Habitats and Birds Directives, 2000, par. 1.

[699]Inner House of the Court of Session (Scotland), Re the Petition of WWF-UK and the Royal Society for the Protection of Birds, C.M.L.R. 1999, 1021, 1023 und 1066 f.; House of Lords, Select Committee on the European Communities, Biodiversity in the European Union: Interim Report, Session 1998-99, 18th Report, Nr. 26; House of Lords, Standing Committee on the European Communities, Session 1998-99, 22nd Report, Biodiversity in the European Union (Final Report), Part 3 (7).

[700]Keinen Schutz durch die SSSI-Regelungen existiert insbesondere dort, wo der Schutz als European Site vor der Notifizierung als SSSI notwendig ist; außerdem wird nach neuerer Politik auf den Schutz als SSSI dann verzichtet, wenn "positive Management Schemes" den Schutz der SSSI gewährleisten: Scottish Executive, Rural Affairs Department, Habitats and Birds Directive, 2000, par. 19.

[701]Vgl. zu diesem Ziel: Department of the Environment and Welsh Office, Implementation of the Council Directive 92/43 on the Conservation of Nature Habitats and of Wild Fauna and Flora: Consultation Paper, B 136 1.3, B 137 1.8.

[702]Siehe unten § 4 VI 5. c. bb.

[703]Siehe unten § 4 VI 5. c. aa.

vation Order[704] diesen Zeitraum auf zwölf Monate verlängern. Um aber auch den Schutz von Habitaten zu gewährleisten, deren Eigentümer usw. nicht kooperationsbereit ist, steht für European Sites ein weitergehendes Schutzinstrument zur Verfügung[705]. Es handelt sich dabei um die Special Nature Conservation Order[706]. Diese kann jedoch nur störende Handlungen auf Dauer unterbinden, nicht jedoch ein Management erzwingen, dass einen auf Dauer günstigen Erhaltungszustand gewährleistet. Deswegen steht als letztes Mittel auch eine Enteignung (Compulsory Acquisition) zur Verfügung[707]. Durch den CROWA 2000 ist als weniger einschneidendes Mittel die Möglichkeit hinzugekommen, Management Schemes durch Management Notices durchzusetzen[708].
Neben diesen sich gegen den Eigentümer richtenden Maßnahmen besteht auch die Möglichkeit des Erlasses von Byelaws, die am ehesten in Deutschland mit Satzungen zu vergleichen sind[709]. Diese bieten die Möglichkeit, gegenüber Dritten Verbote und Verhaltensregeln zur erlassen, die für den Schutz eines Gebietes notwendig sind.
Für das Zusammenwirken mit dem Planungsrecht steht ein eigenes Instrumentarium zur Verfügung[710].

aa. Potentially Damaging Operations

Old sect. 28 subs. (4) (b) WCA 1981 gibt die Möglichkeit solche Tätigkeiten zu definieren, die sich auf eine SSSI negativ auswirken können (Potentially Damaging Operations - PDOs). Sofern eine European Site eine SSSI ist, besteht dieses Schutzinstrument grundsätzlich in derselben Weise wie für SSSIs[711]. CR reg. 18-21 definieren jedoch abweichende Regelungen für European Sites. Identisch ist die viermonatige Frist, nach deren Ablauf eine Operation auch ohne die Zustimmung des Nature Conservation Body ausgeführt werden darf. Konkretisiert sind jedoch die Bedingungen, unter denen der Nature Conservation Body eine Zustimmung erteilen kann. Während im Rahmen von normalen SSSIs die Nature Conservation Bodies ein recht weites Ermessen haben, den ökologischen Wert,

---

[704] Zur Erläuterung von Nature Conservation Orders siehe § 4 III. 2.

[705] Department of the Environment and Welsh Office, Implementation of the Council Directive 92/43 on the Conservation of Nature Habitats and of Wild Fauna and Flora: Consultation Paper, 4.10.1993, J.P.L. 1993, B 137 1.9.

[706] Siehe unten § 4 VI 5. c. cc.

[707] Siehe unten § 4 VI 5. c. dd.

[708] Siehe unten § 4 VI 5. c. ee.

[709] Siehe unten § 4 VI 5. c. ff.

[710] Siehe unten § 4 VI 5. c. gg.

[711] Siehe für die Fälle, in denen ein Schutz durch das Regularium durch SSSIs nicht besteht, Scottish Executive, Rural Affairs Department, Habitats and Birds Directives, 2000, par. 19 und zur Differenzierung der anwendbaren Maßnahmen für den Fall eines unterliegenden SSSI-Schutzes a.a.O., par. 23 f.

die Art der Arbeiten, die Wahrscheinlichkeit, dass gefährdende Arbeiten unternommen werden, einzubeziehen, verhält es sich bei European Sites anders. Maßgeblich sind jetzt die Bedingungen aus Art. 6 Abs. 3 und 4 der FFH-Richtlinie. Das bedeutet, dass Pläne oder Projekte, die nicht unmittelbar mit der Verwaltung eines Gebietes zusammenhängen, auf ihre Verträglichkeit überprüft werden müssen, wenn dieser Plan oder dieses Projekt maßgeblichen Effekt auf den Erhaltungszustand der Site haben können (CR reg. 20 (1)). Zustimmungen dürfen dann nur gegeben werden, wenn das Gebiet nicht beeinträchtigt wird (CR reg. 20 (2)). Befürchtet der Nature Conservation Body, dass eine schädigende Operation dennoch ausgeführt wird, so muss es den Secretary of State (bzw. die entsprechend zuständigen Behörden in Schottland und Wales) informieren, der dann eine Special Nature Conservation Order erlassen kann. Das bedeutet allerdings, dass ein adäquater Schutz nur gewährleistet werden kann, wenn dem Nature Conservation Body keine Fehlprognosen im Hinblick auf das Verhalten der betreffenden Personen unterläuft[712]. Das Vertrauen in die Prognosefähigkeiten der Nature Conservation Bodies wird als unrealistisch kritisiert[713]. Liegt er in der Prognose falsch, so zieht selbst die Zerstörung eines Gebietes nur die relativ schwachen Konsequenzen nach sich, die auch für normale SSSIs gelten.

Einen weitergehenden Schutz bietet in England und Wales die Ausweisung als SSSI im Vergleich zur European Site jetzt durch die Änderungen durch den Countryside and Rights of Way Act 2000 (CROWA 2000). In sect. 28E WCA 1981[714] ist nun im Gegensatz zu old sect. 28 WCA 1981 die viermonatige Frist entfallen, nach der eine PDO ausgeführt werden darf[715]. Dafür gibt es gem. sect. 28F WCA 1981[716], nun die Möglichkeit eines Einspruchs beim Secretary of State. Eine entscheidende Schwäche, die bislang sowohl für SSSIs als auch für European Sites galt, ist durch neue Guidelines on Management Agreement Payments abgestellt worden: Seit 2001 ist es nicht mehr möglich, dass ein Grundeigentümer die Vornahme bestimmter Tätigkeiten anzeigt, diese ihm untersagt werden und für die Nichtvornahme der lediglich geplanten Tätigkeiten Entschädigung erhält. Vielmehr wird jetzt nur noch entschädigt, wenn eine langbestehende rechtmäßige Praxis als PDO untersagt wird[717].

---

[712] Zur Kritik daran: Ball, in: Rodgers, Nature Conservation and Countryside Law, S. 89, 109.

[713] Ball, in: Holder, S. 215, 217 und 227.

[714] Sect. 28E WCA 1981, eingef. durch Sched. 9, CROWA 2000.

[715] Dazu Rodgers, J.P.L. 2001, 265, 270 f.

[716] Sect. 28F WCA 1981, eingef. durch Sched. 9, CROWA 2000.

[717] Jedenfalls für England: DETR, Guidelines on Management Agreement Payments and Other Related Matters, 2001; Payne, ELM 2001, 239, 242.

bb. Management Agreements

Nach CR reg. 16 haben die Nature Conservation Bodies die Befugnis, eine Vereinbarung mit einem Eigentümer, Mieter oder Inhaber eines Gebietes, das Teil einer European Site ist oder an eine solche angrenzt, zu treffen[718]. Zweck der Vereinbarung kann die Verwaltung, der Schutz oder die Wiederherstellung eines Gebietes sein. Mittel dazu können das Verbot bestimmter Nutzungen und Tätigkeiten und die Ausführung bestimmter Arbeiten sein. Dafür ist ggf. ein Ausgleich zu zahlen.

Neu eingeführt durch die CR ist die Möglichkeit, auch positive Management Agreements abzuschließen. Damit wird nicht nur das Unterlassen bestimmter Tätigkeiten vereinbart, sondern es ist auch möglich, dass sich der Grundeigentümer o.ä. zur Vornahme bestimmter Tätigkeiten verpflichtet, z.B. um eine Kulturlandschaft in einem bestimmten Zustand zu erhalten oder um ein bereits geschädigtes Gebiet wieder herzustellen.

Durch den CROWA 2000 wurden die Entschädigungsregelungen dahingehend abgewandelt, dass künftig nur noch für das Unterlassen lange ausgeübter rechtmäßiger Nutzungen zu entschädigen, nicht – wie vorher – auch für rechtmäßige Nutzungen, die nur beabsichtigt sind[719].

Fraglich ist der genaue örtliche Anwendungsbereich. Die Nature Conservation Bodies haben die Befugnis, im Bezug auf die European Sites selbst, als auch auf angrenzende Gebiete (adjacent land) eine Vereinbarung zu treffen. Schädigende Auswirkungen können jedoch auch von Grundstücken ausgehen, die zwar nicht unmittelbar angrenzen aber dennoch in der Nähe liegen (etwa in Form von Frachten von Fliessgewässern[720]). Außerdem hat es sich als unbefriedigend herausgestellt, den Minderertrag bestimmter landwirtschaftlicher Bewirtschaftungsmethoden nur im Bezug auf das Gebiet, das von einer European Site umfasst wird, auszugleichen. Dies führt zu unterschiedlichen Bewirtschaftungsmethoden desselben landwirtschaftlichen Betriebs und hat zum Teil auch den Effekt, dass rund um das Schutzgebiet umso intensiver gewirtschaftet wird (sog. Halo-Effekt). Sinnvoller sei dagegen ein "Hole-Farm-Approach", der ein ökologisch verträglicheres Wirtschaften für den ganzen Betrieb vorsieht[721].

---

[718]Eine eingehende Untersuchung zu der bisherigen Praxis im Bezug auf Management Agreements und ihre Eignung, die FFH-Richtlinie umzusetzen, bei: Rodgers/ Bishop, Management Agreements for promoting nature conservation, 1998.

[719]Jedenfalls für England: DETR, Guidelines on Management Agreement Payments and Other Related Matters, 2001; Payne, ELM 2001, 239, 242.

[720]Hughes, Patsy, IV C 6 (S. 30) m.w.N.

[721]Rodgers/ Bishop, Management Agreements for Promoting Nature Conservation, S. 44 f.

Anhand der Formulierungen im Bezug auf die Ermächtigung zum Erlass von Byelaws (CR reg. 28 (4)) ließe sich argumentieren, dass die Ermächtigung tatsächlich nur auf angrenzende Gebiete zu beziehen ist. Denn dort wird zwischen angrenzenden (adjacent) und umliegenden (surrounding) Gebieten differenziert (und dem Nature Conservation Body eine Befugnis zum Erlass von Byelaws im Bezug auf beide gegeben). Dennoch dürfte die Befugnis zum Abschluss von Management Agreements sich auch auf solche Grundstücke beziehen, die zwar nicht angrenzen, aber doch in der Nähe der Site liegen[722]. Das ergibt sich aus einer richtlinienkonformen Auslegung der Regelungen. Denn Art. 6 Abs. 2 FFH-Richtlinie verlangt im Effekt auch einen Schutz vor Störungen von umliegenden Grundstücken aus, eine Reduzierung auf angrenzende Grundstücke lässt sich der Richtlinie nicht entnehmen. Eine richtlinienkonforme Auslegung ist hier auch insofern unproblematisch, als dass diese Auslegung nicht zu Lasten des einzelnen Bürgers geht. Die Bestimmungen in CR reg. 16 betreffen nur die Befugnis der Nature Conservation Bodies zum Abschluss von Vereinbarungen, der Bürger willigt in diese Vereinbarungen freiwillig ein. Ob für eine European Site jedoch auch ein agreement unter oben angeführtem "Hole-Farm-Approach" zulässig ist, ist zweifelhaft, weil das von einer Auslegung der Regelung nicht mehr umfasst ist. Für SSSIs in England und Wales (und damit auch für European Sites, die auch SSSIs sind) stellt sich dieses Problem seit dem CROWA 2000 nicht mehr, weil solche agreements seitdem nicht auf die Site und angrenzendes („adjacent") Land beschränkt ist, sondern auch anderes („other") Land Gegenstand sein kann[723].

Durch Registereinträge (CR reg. 16 (4), (5)) werden auch die Ansprüche Dritter ausgeschlossen, die den Vereinbarungen in einem Management Agreement zuwiderlaufen könnten.

cc. Special Nature Conservation Order

Da das Instrument des Management Agreements seit langem zum Schutz von SSSIs zur Verfügung stand, ist nur durch dieses Instrument allein kein ausreichend hoher Schutz für European Sites zu erwarten. Deswegen ist es notwendig, den Behörden weitere Möglichkeiten zur Durchsetzung eines adäquaten Schutzes zur Verfügung zu stellen. Die Wirkung dieser Instrumente liegt dabei nicht nur in ihrer Anwendung, sondern bereits in ihrer Existenz, weil sie die Verhandlungsposition der Nature Conservation Bodies stärken.

---

[722]Im Ergebnis gleicher Ansicht: Hughes, Patsy, IV C 6 (S. 30).

[723]Sect. 75 subs. 3 CROWA 2000, die sect. 15 subs. 2 Countryside Act 1968 ändert; dazu Rodgers, J.P.L. 2001, 265, 282.

Ein solches "hartes" Mittel ist die in CR reg. 22 geregelte Special Nature Conservation Order. Auch dieses Instrument spiegelt die hergebrachten Strukturen wider, ist doch eine Nature Conservation Order ein Instrument, das auch im Bezug auf SSSIs zur Verfügung steht. Im Gegensatz zu der Situation bei den SSSIs gewährt CR reg. 22 im Zusammenwirken mit CR reg. 23-27 aber nicht nur einen vorübergehenden Schutz, sondern kann bestimmte Aktivitäten auf Dauer untersagen. Die Kompetenz zum Erlass einer solchen Special Nature Conservation Order liegt beim Secretary of State, der vor Erlass sich mit dem zuständigen Nature Conservation Body berät. Das dem Secretary of State gegebene Ermessen ist limitiert durch die Anforderungen aus der Richtlinie, auf die alle beteiligten Behörden auch noch einmal durch CR reg. 3 (2) festgelegt werden. Das bedeutet, dass insoweit den Anforderungen der Richtlinie entsprochen wird. Dennoch wird bezweifelt, das von dem Instrument der Special Nature Conservation Order in ausreichendem Maße Gebrauch gemacht wird, da dieses Instrument von vornherein nur als letzter Ausweg angelegt worden sei[724].

Wie die Nature Conservation Orders, die im Zusammenhang mit SSSIs erlassen werden, richten sich Special Nature Conservation Orders gegen jedermann, während sich der aus der reinen Benennung von PDOs ergebende viermonatige Bann nur gegen den Eigentümer bzw. Inhaber richtet.

Außerdem sieht CR reg. 23 (3) Strafen für die Nichtbefolgung der Verbote aus der Special Nature Conservation Order vor. CR reg. 26 wiederum eröffnet die Möglichkeit, dem Täter die Wiedergutmachung der Schäden aus den Delikten nach CR reg. 23 aufzuerlegen.

Im Gefüge der CR reg. 22-27 legt CR reg. 22 bestimmte Handlungen fest, die grundsätzlich nicht zulässig sind. Ausnahmen ergeben sich dazu aus CR reg. 23 und 24. Während CR reg. 23 das Verfahren für das Vorliegen einer Ausnahme setzt, benennt CR reg. 24 die materiellen Voraussetzungen für ein Abweichen von der Special Nature Conservation Order. Nach CR reg. 23 muss eine durch eine Special Nature Conservation Order verbotene Maßnahme, um zugelassen zu werden, zum einen im Einklang mit dem Management Agreement stehen (so eins besteht) und zum anderen bedarf es eines schriftlichen Einverständnisses des zuständigen Nature Conservation Bodies. Ob dieses gegeben werden darf, ergibt sich aus CR reg. 24. Stehen die Tätigkeiten nicht im Zusammenhang mit einem Projekt oder einem Plan, der nicht mit der Verwaltung des Gebiets verknüpft ist und das bzw. der erhebliche Auswirkungen auf das Gebiet hat (alleine oder im Zusammenwirken mit anderen Plänen oder Projekten), so löst das entsprechend der Vorgabe von Art. 6 Abs. 3 S. 1 FFH-Richtlinie die Pflicht zur Durchführung einer

[724]Ball, in: Holder, S. 215, 216, 223 und 226.

Verträglichkeitsprüfung aus. Diese wird von dem zuständigen Nature Conservation Body durchgeführt (CR reg. 24 (1)). Ergibt diese Prüfung, dass der Plan oder das Projekt das Gebiet beeinträchtigt[725], so muss der zuständige Nature Conservation Body die Genehmigung versagen, womit für diesen Bereich Art. 6 Abs. 3 S. 2 FFH-Richtlinie umgesetzt wird.

Nicht ausdrücklich geregelt ist in diesem Zusammenhang eine Anhörung der Öffentlichkeit, wie sie Art. 6 Abs. 3 S.2 (am Ende) FFH-Richtlinie verlangt.

Dagegen können sich Grundeigentümer usw. zur Wehr setzen, indem sie den zuständigen Nature Conservation Body auffordern, die Angelegenheit dem Secretary of State vorzulegen (CR reg. 24 (4)). Dessen Ermessen (geregelt in CR reg. 24 (5) und (6)) orientiert sich wiederum an den Aussagen von Art. 6 Abs. 4 FFH-Richtlinie. Danach darf grundsätzlich ein Projekt oder Plan zugelassen werden, wenn keine Alternative besteht und wenn das Projekt bzw. der Plan aus überwiegendem öffentlichen Interesse[726] geboten ist (wozu ausdrücklich auch soziale oder ökonomische Gründe gehören). Anders ist es nach CR reg. 24 (6) beim Vorliegen prioritärer Habitate oder prioritärer Arten[727]. Eine Genehmigung kommt (über die genannten Kriterien hinaus) hier zunächst nur in Betracht, wenn es sich bei den überwiegenden öffentlichen Interessen um solche in Verbindung mit der menschlichen Gesundheit, mit der öffentlichen Sicherheit oder maßgeblich positiven Auswirkungen auf die Umwelt handelt. Andere öffentliche Interessen können nur Vorrang bekommen, wenn sie auch in den Augen der Europäischen Kommission überwiegend sind. Damit stellt sich der nationale Gesetzgeber auf den Stanpunkt, dass es nicht ausreichend ist, die Meinung der Kommission nur einzuholen. Vielmehr muss bei einem Projekt oder einem Plan, der solchen "anderen" (also wirtschaftlichen oder sozialen) Interessen dient, die Stellungnahme der Kommission beachtet werden. Art. 6 Abs. 4 UAbs. 2 Alt. 4 FFH-Richtlinie kann dem Wortlaut nach zwar so ausgelegt werden, dass es reicht, die Stellungnahme einzuholen, ohne ihr zu folgen. Das würde aber den Effekt der Unterscheidung zwischen prioritären und nichtprioritären Arten auf eine zusätzliche Konsultationspflicht reduzieren.

Auch bei der Genehmigung von Ausnahmen zu Special Nature Conservation Orders muss der Secretary of State sein Ermessen im Einklang mit den Anforderun-

---

[725]Zu den Anforderungen der Gefahrenprognose vgl. Inner House of the Court of Session (Scotland), Re the Petition of WWF-UK and the Royal Society for the Protection of Birds, C.M.L.R. 1999, 1, 1021, 1024 und 1084 f.

[726]Overriding public interest; kritisiert wird, dass hier nur der Text der Richtlinie übernommen wurde und keine Definition des Begriffes erfolgte, Rodgers, J.P.L. 2001, 265, 272.

[727]In Großbritannien finden sich sechs prioritäre Habitate und eine prioritäre Art, Hughes, Patsy, V B 1 (S. 39).

gen der Richtlinie ausüben. Auch hier gibt es Zweifel, ob dies im Ernstfall geschehen wird[728].

Wird ein solcher Eingriff in das Netz Natura 2000 zugelassen, so muss gem. CR reg. 24 (7) (entsprechend Art. 6 Abs. 4 UAbs. 1 FFH-Richtlinie) ein Ausgleich erfolgen. Hierfür soll nach Möglichkeit der Entwickler des betreffenden Gebiets die Kosten tragen[729].

Genau zu beachten ist der örtliche Geltungsbereich der Regelung. Es stellt sich die Frage, wo die Tätigkeiten lokalisiert sein müssen, um sie untersagen zu können. CR reg. 22 (1) sagt, dass solche Tätigkeiten untersagt werden können, die geeignet sind, die geschützte Flora, Fauna bzw. jene Eigenschaften, die ein Gebiet als solches zu einem geschützten Habitat machen, zu zerstören oder zu beeinträchtigen. Das ließe das Verbot von Tätigkeiten außerhalb der European Site von der Formulierung her zu. Allerdings verhalten sich die Formulierungen in den nachfolgenden Regelungen, durch die erst die Special Nature Conservation Order ihre Wirksamkeit bekommt dazu nicht konsistent. In CR reg. 23 (1) heißt es, dass keine Person *auf* einem Stück Land *innerhalb* European Site ("on any land within a European Site") eine in einer Special Nature Conservation Order genannte Tätigkeit ausführen darf. Die Verpflichtung aus Art. 6 Abs. 2 FFH-Richtlinie umfasst jedoch auch den Schutz des Gebietes und seiner Arten vor Einwirkungen von außerhalb des Gebietes[730]. Zwar könnte der Widerspruch innerhalb der CR durch eine unmittelbare Wirkung der Richtlinie aufgelöst werden. Dies kann jedoch nicht zu Lasten des einzelnen Bürgers geschehen. Da CR reg. 23 (1) der notwendige Anknüpfungspunkt für die Strafvorschriften in CR reg. 23 (3) ist, scheidet also eine Bestrafung von Zuwiderhandlungen schon mal aus (abgesehen davon, dass Art. 6 Abs. 2 FFH-Richtlinie nur die Vermeidung bestimmter Handlungen verlangt, nicht jedoch die Bestrafung, wenn diese Handlungen doch vorgenommen werden). Aber auch die Einschränkung der Dispositionsfreiheit des Eigentümers kann nicht auf eine unmittelbare Wirkung gestützt werden. Eine entsprechende Auslegung nur auf den Text der CR zu stützen, ist insofern nicht sehr überzeugend, als dass nach CR reg. 22 (1) nur bestimmte Tätigkeiten benannt, sie jedoch nicht verboten werden. Das geschieht erst durch CR reg. 23 (1). Insofern steht die Special Nature Conservation Order für den Schutz des Gebietes vor Störungen von außen nicht zur Verfügung. Fraglich ist, ob die Nature Conservation Order, aus old sect. 29 WCA 1981 weiterhelfen würde. Jede European Site kann ebenfalls als SSSI ausgewiesen werden. Die Regelung über die Nature Conservation

---

[728]Ball, in: Holder, S. 215, 216.

[729]So ausdrücklich für Schottland: Scottish Executive, Rural Affairs Department, Habitats and Birds Directives, par. 17.

[730]Vgl. Gellermann, Natura 2000, S. 71 f.

Order scheint zwar auch für Schutzmaßnahmen gegen Störungen von außerhalb eines Gebietes offen zu sein, sie bietet aber insofern nur einen unzureichenden Schutz, als dass sie nur eine befristete Wirkung hat. Sie kann jedoch ein Management Agreement befördern helfen oder jedenfalls möglich machen[731].

Nature Conservation Orders, die im Bezug auf eine SSSI gemacht wurden, gelten fort und werden von ihrer Wirkung her den Special Nature Conservation Orders gleichgestellt[732], sofern dieses Gebiet mittlerweile eine European Site darstellt.

Für die Einschränkungen durch eine Special Nature Conservation Order ist nach CR reg. 25 Entschädigung zu zahlen. Diese Regelung wirft die Frage auf, ob hier nicht auch wie bei den SSSIs der Umfang des Schutzes durch die zur Verfügung stehenden Mittel begrenzt wird. Denn ein umfassender Schutz für SSSIs kann jedenfalls dann erreicht werden, wenn der Nature Conservation Body eine Compulsory Acquisition veranlasst. Diese aber erfordern einen hohen Einsatz von Geld, was eine hohe Hürde darstellt, weswegen im Bezug auf SSSIs davon nur selten Gebrauch gemacht wurde[733]. Der Unterschied ist jedoch, dass die Entschädigung für die Einschränkungen durch die Special Nature Conservation Order deutlich moderater ausfällt, als die für eine Compulsory Acquisition erforderlichen Zahlungen[734].

Von der Systematik her ist anzumerken, dass sich in den Regelungen über die Special Nature Conservation Order zwar die Anforderungen von Art. 6 Abs. 3, 4 FFH-Richtlinie wiederfinden, diese aber erst aktiviert werden, wenn eine Special Nature Conservation Order ergeht. Es gibt also keinen automatischen Schutz durch das Gesetz für die betroffenen Gebiete. Ob sich das Vereinigte Königreich richtlinienkonform verhält, hängt also von den konkreten Entscheidungen des Secretary of State ab[735]. Diese sind zwar rechtlich determiniert, wenn der von der FFH-Richtlinie verlangte Schutz nur durch Erlass einer Special Nature Conservation Order erreicht werden kann. Dennoch bietet dieses zusätzliche Erfordernis ein Momentum der Ungewissheit und das Risiko, dass aus Gründen der politischen Opportunität die genaue Überprüfung anhand der Kriterien der FFH-Richtlinie unterbleibt. Der rechtzeitige Erlass einer Special Nature Conservation Order hängt auch davon ab, dass der Nature Conservation Body den Secretary of State rechtzeitig darüber in Kenntnis setzt, dass die Durchführung einer PDO zu befürchten ist. Zweifel in diesen Richtungen sind vor allem insoweit nicht ganz weit

---

[731] S. Ausführungen zu SSSIs oben § 4 III. 2.

[732] Fortgeltung ist geregelt in CR Reg. 27, Nature Conservation Orders geregelt in old sect. 29 WCA 1981 (special protection for certain areas of special scientific interest).

[733] Garner/ Jones, Countryside Law, S. 180.

[734] Garner/ Jones, Countryside Law, S. 181.

[735] Skeptisch auch Bell/ McGillivray, S. 649 f.

hergeholt, als dass vor Umsetzung der FFH-Richtlinie im Rahmen des Schutzes von SSSIs nur selten von sog. Nature Conservation Orders Gebrauch gemacht wurde. Zumeist waren zur selben Zeit nur ein bis zwei Dutzend in Kraft[736], insgesamt wurden bis zur Umsetzung der FFH-Richtlinie nur 40 Nature Conservation Orders gemacht[737].

Die Special Nature Conservation Order hat außerdem den Nachteil, dass mit ihr nur Tätigkeiten untersagt werden können, die sich schädlich auswirken würden. Einen fehlenden Abschluss eines Management Agreements kann sie aber insofern nicht kompensieren, als dass es in einigen Fällen positiver Maßnahmen bedarf, um einen günstigen Erhaltungszustand für die gefährdeten Arten zu erhalten, schließlich handelt es sich bei vielen Gebieten um Teile von Kulturlandschaften, mit denen sich die Tier- und Pflanzenarten arrangiert haben. Dies führt wiederum zurück auf den Ursprung der Special Nature Conservation Order. Ihre Vorläuferin, die sog. Nature Conservation Order im Zusammenhang mit dem Schutz von SSSIs hatte fast ausschließlich den Effekt, Verhandlungen mit dem Eigentümer zu ermöglichen. Einen Schutz der Gebiete gegen den anhaltenden Widerstand des Eigentümers war mit ihnen nicht zu erzielen. Die Special Nature Conservation Order kann zwar den Eigentümer dauerhaft an bestimmten Handlungen hindern. Dies zwingt ihn jedoch nicht zur Einwilligung in ein Management Agreement, weil er bereits ohne ein solches agreement für die Unterlassung bestimmter Maßnahmen entschädigt wird.

Aufgrund der Änderungen in England und Wales durch den CROWA 2000 dürfte die Anwendung der Special Nature Conservation Order seltener werden. Seit dieser Gesetzesänderung gilt das Verbot der Ausführung von PDOs in SSSIs unbefristet[738]. Insoweit besteht ein Anwendungsbereich nur noch für solche European Sites, die keine SSSIs sind. Die CR sollen jedoch für England auch entsprechend verändert werden, so dass Special Nature Conservation Orders nicht mehr notwendig sein werden, weswegen sie gleich ganz abgeschafft werden sollen[739].

Die entsprechende Regelung für Nordirland findet sich in reg. 15 Conservation (Natural Habitats, etc.) Regulations Northern Ireland 1995. Zu beachten ist jedoch, dass es in Nordirland keine Nature Conservation Order gibt und für European Sites lediglich der Bann von PDOs mit unbefristeter Geltung ausgestattet wird. Betroffen sind hier auch nur Eigentümer oder Besitzer, nicht jedermann.

---

736 Hughes, Patsy, IV B (S. 25) m.w.N.

737 Hughes, Patsy, V B 3 (S. 42).

738 Sect. 28E WCA 1981 eingef. durch Sched. 9, CROWA 2000; dazu Rodgers, J.P.L. 2001, 265, 270 f.

739 DEFRA, Public Consultation Paper on Technical Amendments to the Conservation (Natural Habitats &c.) Regulations 1994, Annex 1, Nr. 7.

dd. Compulsory Acquisition

Willigte ein Eigentümer oder Besitzer nicht in ein Management Agreement ein, so blieb bis zum CROWA 2000 nur die Compulsory Acquisition[740]. Nach der deutschen Terminologie handelt es sich dabei um nichts anderes als eine Enteignung. In der britischen Terminologie wird allerdings mit der wörtlichen Übersetzung des Begriffes Enteignung (Expropriation) nur die Enteignung ohne Entschädigung bezeichnet (die im britischen Recht in Ausnahmefällen - etwa im Kriegsfalle - zulässig ist)[741].

Eine Compulsory Acquisition kommt nicht nur in Betracht, wenn kein Management Agreement zustanden kommt, sondern auch wenn ein bestehendes agreement gebrochen wird[742].

Die Ermächtigung für die Compulsory Acquisition ergibt sich aus sect. 17 des National Parks and Access to the Countryside Act 1949[743]. Allerdings geht durch CR reg. 32 die Kompetenz zur Compulsory Acquisition vom Secretary of State auf den Nature Conservation Body über. Gem. CR reg. 98 ist aber nach wie vor die Autorisierung durch den Secretary of State notwendig.

Ob dieses Instrument direkt oder indirekt wirklich Wirkung entfaltet, ist zu bezweifeln, da es vor Umsetzung der FFH-Richtlinie so gut wie nie angewandt wurde. Um indirekte Wirkung zu entfalten, um also mit seiner Anwendung glaubwürdig drohen zu können, müßte es zumindest gelegentlich angewandt werden[744]. Auch zur Durchsetzung der FFH-Richtlinie soll die Compulsory Acquisition nur in extremen Ausnahmesituationen eingesetzt werden[745].

Außerdem ist die Maßnahme wegen der notwendigen Entschädigung äußerst kostenintensiv, was eine gewisse Zurückhaltung bei ihrer Anwendung erwarten läßt. Da aber die Compulsory Acquisition die einzige Maßnahme ist, die verbleibt, um positive Maßnahmen sicherzustellen, wenn der Eigentümer nicht kooperationsbereit ist, bestehen gewisse Zweifel, ob entsprechende Anforderungen aus der FFH-

---

[740]Für Schottland ist das nach wie vor die Rechtslage.

[741]Vgl. die Stichworte Expropriation und Compulsory Purchase in Martin (Hrsg)., Oxford Dictionary of Law.

[742]Reid, SPEL 45, 75, 76 (1994).

[743]Department of the Environment and Welsh Office, Implementation of the Council Directive 92/43 on the Conservation of Nature Habitats and of Wild Fauna and Flora: Consultation Paper, B 143 2.3.6 f.

[744]Hughes, Patsy, IV B (S. 25); zweifelnd auch Hughes, David, S. 235.

[745]So für Schottland: Scottish Executive: Rural Affairs Department, Habitats and Birds Directive, 2000, Annex E 25.

Richtlinie umgesetzt werden. Das Gesamtpaket der Umsetzungsmaßnahmen in Großbritannien ist deswegen auch kritisiert worden.

ee. Management Schemes und Management Notices

Seit dem CROWA 2000 gibt es in England und Wales die Möglichkeit, dass die Nature Conservation Bodies für SSSIs sog. Management Schemes[746] aufstellen und ggf. durch Management Notices[747] auch gegen den Willen des Grundeigentümers durchsetzen[748]. Die Management Schemes können auch positive Maßnahmen umfassen und der Nature Conservation Body kann dem Eigentümer bzw. Inhaber Entschädigung zahlen[749]. Management Notices können erst erlassen werden, wenn ein Management Agreement angeboten und abgelehnt wurde. In der Folge ist der Eigentümer bzw. Inhaber des Grundstücks zur Vornahme bestimmter Handlungen verpflichtet. Kommt er diesen Verpflichtungen nicht nach, so kann der Nature Conservation Body die Maßnahmen im Wege der Ersatzvornahme selbst durchführen, wofür der Eigentümer bzw. Inhaber die Kosten zu tragen hat. Gegen die Managements Notices können Eigentümer bzw. Inhaber Einspruch beim Secretary of State einlegen[750], dieser Einspruch hat aufschiebende Wirkung.

ff. Byelaws

Die Nature Conservation Bodies haben die Möglichkeit, Byelaws zu erlassen, um Störungen des Schutzgebietes zu vermeiden. Vom Gesetzesrang sind diese Byelaws am ehesten mit Satzungen zu vergleichen. Vergleichbar sind sie insoweit, als dass die Nature Conservation Bodies diese Byelaws aus eigenem Recht erlassen. Mangeln tut es ihnen freilich an der körperschaftlichen Verfassung.

Von ihrer Funktion her unterscheiden sie sich von Management Agreements und Special Nature Conservation Orders, da sie sich nicht gegen den Eigentümer o.ä., sondern gegen Dritte richten. So kann durch Byelaws der Zugang zu dem Gebiet bzw. der Verkehr mit Fahrzeugen, Booten oder das Mitbringen von Tieren eingeschränkt werden. Des weiteren können Byelaws die Tötung, Mitnahme oder Stö-

---

[746]Plan für den Erhalt oder die Wiederherstellung der Flora, Fauna oder der geologischen oder physiografischen Eigenschaften wegen derer das Gebiet eine SSSI ist, sect. 28 J WCA 1981, eingef. durch Sched. 9 CROWA 2000.

[747]Ein Anweisung, durch die von einem Eigentümer oder Besitzer eines Gebiets verlangt wird, bestimmte Arbeiten auf dem Gebiet durchzuführen, sect. 28 K WCA 1981, eingef. durch Sched. 9. CROWA 2000.

[748]Dazu Payne, ELM 2001, 239, 246; Rodgers, J.P.L. 2001, 265, 276.

[749]Sect. 28M WCA 1981, eingef. durch Sched. 9, CROWA 2000; dafür erhalten die Nature Conservation Bodies Richtlinien, so dass in der Regel eine Zahlung erfolgen wird.

[750]Sect. 28L WCA 1981, eingef. durch Sched. 9, CROWA 2000.

rung von Tieren oder Pflanzen verbieten. Schließlich bieten sie die Möglichkeit, Verbote im Bezug auf die Ablagerung von Abfällen und offene Feuer zu erlassen.

Die Ermächtigung zum Erlass von Byelaws ergibt sich aus sect. 20 National Parks and Access to the Countryside Act 1949, worauf in CR reg. 28 verwiesen wird. Hier besteht ein Unterschied zu dem Schutz für SSSIs in Schottland, im WCA 1981 besteht ein solcher Verweis auf die Regelung über den Erlaß von Byelaws nicht[751]. Erst durch den CROWA 2000 ist für England und Wales durch sect. 28 R WCA 1981 eine Ermächtigung zum Erlass von Byelaws auch für „normale" SSSIs gegeben. Abweichend von der Regelung im National Parks and Access to the Countryside Act 1949 können Byelaws im Zusammenhang mit SACs auch Einschränkungen für die Umgebung eines Gebietes vorsehen (CR reg. 28 (4)). Der örtliche Geltungsbereich der Regelungen über die Byelaws stimmt mit den Anforderungen der Richtlinie überein, indem ausdrücklich angrenzende als auch umliegende Gebiete einbezogen sind.

Die Möglichkeit zum Erlass von Byelaws hat nur geringe praktische Relevanz. Das wird darauf zurückgeführt, dass das Verfahren zum Erlass von Byelaws sehr umständlich ist, Byelaws sich grundsätzlich nur zur Verhinderung von Handlungen Dritter (also nicht der Grundeigentümer o. ä.) eignen und die meisten der in Frage kommenden schädigenden Handlungen Dritter bereits durch Gesetz verboten sind[752]. Dem ist insoweit zuzustimmen, als dass zwar nur ein Teil der potentiell schädigenden Handlungen durch Gesetz verboten sind (z.B. offenes Feuer zu entfachen), der andere Teil aber sehr schwer zu kontrollieren sein dürfte (z.B. das Freilaufen lassen von Hunden)[753].

gg. Planungskontrolle

Entscheidender Punkt ist die Einbindung der FFH-Gesetzgebung in die Gesetzgebung der Raumordnung. Die bei der Umsetzung bestehende Rechtslage im Planungsrecht hatte insoweit günstige Voraussetzungen, als dass die Raumplanung zwingend Maßnahmen zur Verbesserung der Umwelt vorsehen musste[754].

---

[751] Reid, SPEL 45, 75, 76 (1994).

[752] Scottish Office, People and Nature, 1998, S. 35 Nr. 93.

[753] Zu Zweifeln von der Durchsetzbarkeit von Byelaws u.ä. Regelungen insbesondere in entlegenen Gebieten: Scottish Office, People and Nature, 1998, S. 35 Nr. 94.

[754] Die Einhaltung der Pläne wird durch ein Genehmigungsinstrumentarium durchgesetzt, Bothe/ Gündling, S. 45.

Bei der Umsetzung der FFH-Richtlinie wurden gesonderte Regelungen für Planungsprozesse gewählt[755]. Dies hat zum einen die Funktion, dass bereits frühzeitig die Existenz einer European Site berücksichtigt wird. Mit dem oben beschriebenen Instrumentarium ließen sich zwar grundsätzlich auch Handlungen auf der Grundlage von Planungsprozessen verbieten. Eine Überprüfung einer gesamten Planung auf ihre Verträglichkeit mit einem Schutzgebiet findet aber erst statt, wenn zunächst eine Special Nature Conservation Order erlassen worden ist, in der bestimmte Handlungen untersagt werden, was das weitere Procedere in CR reg. 23/ 24 auslöst. Planungsentscheidungen implizieren aber regelmäßig Handlungen, die vor Beginn einer Planung noch gar nicht vorausgesehen werden können. Mit dem Instrumentarium der CR reg. 22-24 allein ließe sich also oftmals nur ein Plan nach seiner Aufstellung stoppen.

Zum zweiten soll diese Gestaltung des Planungsprozesses einen einheitlichen Entscheidungsvorgang gewährleisten.

Schließlich ist die Wirkung des Instruments der Special Nature Conservation Order für den Fall des Vorliegens einer Planning Permission (Genehmigung einer Planung) beschränkt. Jedenfalls stellt das Vorliegen einer Planning Permission gem. CR reg. 23 Abs. 4 eine reasonable excuse (begründete Entschuldigung) dar, so dass das Missachten der Verbote aus einer Special Nature Conservation Order nicht nach CR reg. 23 Abs. 3 bestraft werden kann. Damit entfällt auch die Anordnung der Wiederherstellung nach CR reg. 26.

So spiegelt die Struktur der Regelungen insbesondere in CR reg. 23 die Regelungen für SSSIs wieder. Eine Zerstörung eines als SSSI geschützten Schutzgebietes ist nicht rechtswidrig, wenn eine Planungsgenehmigung vorliegt[756]. Das bedeutet, Planungsrecht geht im Zweifelsfall vor Naturschutzrecht.

Zur Durchsetzung der Anforderungen der FFH-Richtlinie ist deswegen eine Änderung der Planungsgesetzgebung erforderlich gewesen[757]. Diese wurde dann in den CR in einem getrennten Abschnitt vorgenommen.

Die Regelungen über den Umgang mit Planungsentscheidungen im Hinblick auf den Schutz von European Sites finden sich in den CR reg. 47-85.

---

[755] S. generell zu den Änderungen im Rahmen der Planungskontrolle: Reid, SPEL 45, 75, 76 f. (1994); Scottish Executive, Rural Affairs Department, Habitats and Birds Directives, 2000, par. 27-29.

[756] S. oben § 4 III. 2.; Reid, Nature Conservation Law, 1994, S. 192.

[757] S. im Einzelnen: Department of the Environment and Welsh Office, Implementation of the Council Directive 92/43 on the Conservation of Nature Habitats and of Wild Fauna and Flora: Consultation Paper, B 141 2.3.3.

CR reg. 48/ 49 beziehen sich dabei auf neu beantragte Planungsentscheidungen. Einbezogen sind dabei sowohl Maßnahmen, die von der Behörde selbst vorgenommen werden, als auch Zustimmungen zu, Erlaubnisse für und Ermächtigungen zu Plänen oder Projekten, die von Dritten vorgenommen werden. CR reg. 50 legt fest, daß auch bereits erteilte Planungsentscheidungen auf ihre Verträglichkeit mit den Anforderungen einer European Site zu überprüfen sind (nach einem Verfahren, das sich aus CR reg. 50/51 ergibt). Aus den CR reg. 54-85 ergeben sich Verfahrensregeln für einzelne Planungsverfahren.

Ausgangspunkt für die Einbeziehung der Fragen des Habitatschutzes sind die Anforderungen aus Art. 6 Abs. 3 S. 1 FFH-Richtlinie. Die zuständige Behörde hat zu prüfen, ob ein Plan oder ein Projekt geeignet ist, (einzeln oder im Zusammenwirken mit anderen Plänen oder Projekten) das Gebiet erheblich zu beeinträchtigen (und nicht mit der Verwaltung des Gebietes zusammenhängt). Wenn eine solche erhebliche Beeinträchtigung zu befürchten ist, so muss sie eine Verträglichkeitsprüfung im Hinblick auf die Erhaltungsziele des Gebietes durchführen. Dabei soll die zuständige Behörde den jeweiligen Nature Conservation Body anhören und, falls sie es für erforderlich hält, auch die Öffentlichkeit beteiligen.

Führt die Verträglichkeitsprüfung zu einem negativen Ergebnis, so darf die Behörde eine Zustimmung nur erteilen, wenn die Bedingungen aus Art. 6 Abs. 4 FFH-Richtlinie erfüllt sind. Diese finden sich CR reg. 49 Abs. 1 und 2 wieder. Zu beachten ist auch hier wieder die genaue Regelung im Hinblick auf prioritäre Arten oder Habitate für den Fall, dass die Maßnahme anderen Interessen als denen der Sicherheit, der Gesundheit oder einer maßgeblich günstigen Auswirkung auf die Umwelt dient. Ausreichend ist nicht, die Kommission eine Stellungnahme abgeben zu lassen, sondern diese muss auch positiv sein[758].

Soll, entgegen eines negativen Ergebnisses einer Verträglichkeitsprüfung eine Zustimmung erteilt werden, ist der Secretary of State zu informieren. Gültigkeit erlangt diese Genehmigung erst nach 21 Tagen nachdem der Secretary of State informiert wurde. In dieser Zeit hat dieser die Gelegenheit, die zuständigen Behörde anzuweisen, die Genehmigung nicht zu erteilen (CR reg. 49 (6)).

Bereits erteilte Genehmigungen müssen ebenfalls daraufhin untersucht werden, ob eine European Site beeinträchtigt wird. Von den materiellen Anforderungen entsprechen die Regelungen über die Überprüfung von bereits erteilten Genehmigungen denen über noch zu erteilende Genehmigungen[759]. Im Ergebnis ist diese nach-

---

[758]Vgl. oben § 4 VI 5. c. cc.

[759]Das erste Beispiel für die Rücknahme einer Planungsentscheidung wird dargestellt in Bell/ McGillivray, S. 651.

trägliche Überprüfung deswegen genauso aufwändig, als wenn es sich um ein neues Vorhaben handelt[760].

An dem Umgang mit Planungsentscheidungen wird kritisiert, dass es sehr zeitaufwändig ist[761]. Zum zweiten dürften die zu zahlenden Entschädigungen einen erheblichen Umfang ausmachen[762]. Zum dritten schließlich hängt die Einleitung des Verfahrens davon ab, ob die Nature Conservation Bodies einen negativen Effekt auf die Site für wahrscheinlich halten. Das sei insbesondere dann fraglich, wenn es sich um eine Planung handelt, die weiter von dem Gebiet entfernt liegt und dennoch schädliche Auswirkungen auf es haben wird[763].

Im gesamten wird den CR in Verbindung mit den entsprechenden Handlungsanleitungen für die Verwaltung[764] zugute gehalten, dass sie eine Vermutung gegen eine Entwicklung auf dem Gebiet einer European Site schaffen[765]. So habe bereits die Ausweisung (bzw. bereits die Benennung eines Gebietes gegenüber der Kommission) einschneidende Auswirkungen auf den Wert eines Grundstückes, gegen die sich der Grundeigentümer auch nicht direkt wehren kann[766]. Interessant ist, dass genau eine solche Folge der Ausweisung einer SSSI als Ausfüllung von Verpflichtungen nach internationalem Recht (hier der Vogelschutzrichtlinie) von der Regierung ursprünglich verneint wurde. Wenn eine solche Wirkung vorliegen würde, so die Regierung im Jahre 1991, würde in die Rechte des Grundeigentümers bzw. Besitzers eingegriffen, weil sein Land bereits mit der Ausweisung als SSSI als Folge internationaler Verpflichtungen entwertet würde. Dagegen müssten dann zusätzliche Verfahrensrechte zur Verfügung stehen[767]. Dass eine solche semi-konfiskatorische Wirkung bereits mit der Benennung eines Gebietes gegen-

---

760 Purdue, in: Holder, S. 231, 251.

761 Ball, in: Holder, S. 215, 225; Bell/ McGillivray, S. 652; Rodgers, J.P.L. 2001, 265, 269.

762 S. dazu auch Purdue, in: Holder, S. 231, 251.

763 Ball, in: Rodgers, Nature Conservation and Countryside Law, S. 89, 106; ders., in Holder, S. 215, 225; Rodgers, J.P.L. 2001, 265, 269.

764 DoE, PPG 9 für England und Wales (Oktober 1994) und Scottish Executive: Development Department, NPPG 14 für Schottland (Januar 1999); zu den Grenzen des Schutzes durch diese Planungsanweisungen English High Court (Queen's Bench Division), 25.6.1996, PELB 1997, MAR, 20 (Newbury By-pass).

765 Ball, in: Rodgers, Nature Conservation and Countryside Law, S. 89, 107; ders.; in: Holder, S. 215, 225.

766 Ball, in: Rodgers, Nature Conservation and Countryside Law, S. 89, 107; ders., in: Holder, S. 215, 225; EuGH, U. v. 7.11.2000 – Rs. C-371/98 –, NuR 2001, 206 f. = NVwZ 2001, 1147 f. (Q v Secretary of State for the Environment, Transport and Regions ex p. First Corporate Shipping (Vorlage des High Court of Justice)).

767 Department of the Environment, Planning Controls over Sites of Special Scientific Interest: Consultation Paper, 1991 (gültig für England and Wales); in Auszügen wiedergegeben und kommentiert bei Hockin, Ounsted, Turner, Lund, LMELR 1992, 178, 181.

über der Kommission eintritt, ist im Laufe der Diskussionen um den Erlass und die Umsetzung der FFH-Richtlinie deutlicher geworden. Es ist deswegen erstaunlich, dass die britische Regierung nicht ihren früheren Bedenken folgend entsprechende Verfahrensrechte verankert hat.

6. Schutz von Meeresgebieten

Wie bereits im Zusammenhang mit der Umsetzung in Deutschland erwähnt, verlangen FFH-RL und Vogelschutz-RL auch den Schutz von Habitaten im Meer[768]. Auch im Bezug auf das Vereinigte Königreich ist eine Betrachtung getrennt nach Bereichen des Küstenmeers und nach den angrenzenden Bereichen innerhalb der Ausschließlichen Wirtschaftszone und des Festlandsockels sinnvoll.

a. Schutz von Gebieten im Bereich des Küstenmeers

Bereits vor der legislativen Umsetzung der FFH-RL gab es im Vereinigten Königreich die Möglichkeit, Schutzgebiete im Meer auszuweisen. Sect. 36 WCA 1981 gibt die Möglichkeit, für Gebiete des Küstenmeers[769] bis zu einer Entfernung von 3 Seemeilen von den Basislinien[770] Marine Nature Reserves (MNRs) auszuweisen. Für diese Schutzgebiete können die Nature Conservation Bodies Byelaws erlassen, mit denen sie den Zugang zu dem Gebiet, das Töten, Sammeln, Stören oder Zerstören von Tieren, Pflanzen oder des Seebettes und die Ablagerung von Abfällen verbieten können. Sie sind nicht ermächtigt, das Recht der Durchfahrt durch das Küstenmeer zu beschränken[771]. Der Prozess der Ausweisung dieser Gebiete hat sich als so umständlich erwiesen, dass kaum von dieser Regelung Gebrauch gemacht wurde[772].

---

[768]English High Court (Queen's Bench Division), C.M.L.R. 2000, 94, 114; Czybulka, NuR 2001, 19, 23; Jans, JEL 2000, 385, 386; Jarass, Naturschutz in der Ausschließlichen Wirtschaftszone, S. 45; Owen, JEL 2001, 39, 75.

[769]Als auch für Gebiete landwärts der Basislinien und für Gebiete, die gezeitenbedingt nur zeitweise unter Wasser stehen.

[770]In Nordirland umfasst die entsprechende Ermächtigung die vollständigen Hoheitsgewässer, sect. 20 Nature Conservation and Amenity Lands (Northern Ireland) Order 1985; vgl. zu den Basislinien Art. 5-7 SRÜ.

[771]Außer im Hinblick auf sog. Pleasure boats, vgl. sect. 37 subs. (3) WCA 1981 bzw. sect. 21 subs. (4) Nature Conservation and Amenity Lands (Northern Ireland) Order 1985.

[772]Kritik an den MNRs bei House of Lords, Select Committee on the European Communities, Biodiversity in the European Union: Interim Report, Session 1998-99, 18th Report, S. 15 und dazu Minutes of Evidence, S. 208 f.; vor der legislativen Umsetzung der FFH-RL gab es im Vereinigten Königreich lediglich zwei MNRs im Vergleich zu 300 National Nature Reserves zu Lande, Hughes, Patsy, III. H.

Durch die CR wurden die Nature Conservation Bodies ermächtigt, im Bezug auf die gesamten Hoheitsgewässer sog. European Marine Sites auszuweisen[773]. Voraussetzung ist, dass ein Meeresgebiet unter den Sammelbegriff der European Site gem. CR reg. 10 fällt[774]. Sie haben dann die Möglichkeit, Byelaws nach den Regeln für Marine Nature Reserves zu erlassen[775]. Die CR formulieren keine weiteren Anforderungen an den Schutzstandard. Die Nature Conservation Bodies müssen die notwendigen Handlungen direkt aus den Richtlinien ableiten[776]. Ob Rechte Dritter dadurch wirksam eingeschränkt werden können, ist zweifelhaft.

b. Schutz von Gebieten über dem Festlandsockel

Das Vereinigte Königreich hat keine Ausschließliche Wirtschaftszone für sich beansprucht[777]. Maßgeblich ist deswegen lediglich, inwieweit Gebiete über dem Festlandsockel geschützt werden.

Mitgliedstaatliche gesetzliche Regelungen über Naturschutz über dem Festlandsockel gibt es erst seit Erlass der Offshore Petroleum Activities (Conservation of Habitats) Regulations 2001. Selbst wenn man der Auffassung folgt, dass die für das Hoheitsgebiet geltenden Gesetze ipso iure auch auf Bereiche über dem Festlandsockel Anwendung finden, so weit die ausschließlichen Rechte des Küstenstaats in dem Bereich reichen[778], so scheidet eine Anwendung der in Betracht kommenden Gesetze gleichwohl aus. Denn alle fraglichen Bestimmungen sind ausdrücklich auf die Hoheitsgewässer oder sogar engere Bereiche beschränkt[779].

Die Offshore Petroleum Activities (Conservation of Habitats) Regulations 2001 sind die direkte Antwort des Gesetzgebers auf die sog. Greenpeace 2-Entscheidung des englischen High Court of Justice[780]. Diese Regulations gelten für das gesamte Vereinigte Königreich. Sie sehen nicht die Ausweisung nach einer Schutzkategorie nationalen Rechts vor. Vielmehr lassen sie es damit bewenden,

---

773 CR reg. 33 i.V.m. CR reg. 2 (1); für Nordirland reg. 28 i.V.m. reg. 2 (2) Conservation (Natural Habitats, etc.) Regulations (Northern Ireland) 1995.

774 Für Nordirland: Reg. 9 Conservation (Natural Habitats, etc.) Regulations (Northern Ireland) 1995; siehe zu European Sites § 4 VI 5. a.

775 CR reg. 36; für Nordirland: Reg. 31 Conservation (Natural Habitats, etc.) Regulations (Northern Ireland) 1995.

776 Kritik bei Bell/ McGillivray, S. 650 f.

777 Owen, JEL 2001, 39, 45 und 47.

778 Czybulka, NuR 2001, 367, 370; a.A. Lagoni, NuR 2002, 121, 125.

779 Sect. 36 WCA 1981 (für Nordirland: Sect. 20 Nature Conservation and Amenity Lands (Northern Ireland) Order 1985); CR reg. 33 i.V.m. CR reg. 2 (1); für Nordirland reg. 28 i.V.m. reg. 2 (2) Conservation (Natural Habitats, etc.) Regulations (Northern Ireland) 1995.

780 English High Court (Queen's Bench Division), 5.11.1999, C.M.L.R. 1999, 94-134; siehe dazu § 4 IV.

dass ein Gebiet von der Kommission auf die Liste gem. Art. 4 Abs. 2 FFH-RL genommen wurde. Für den Fall wird eine Verträglichkeitsprüfung vor der Genehmigung der Förderung von Rohöl oder Gas angeordnet. Das nachfolgende Entscheidungsprogramm entspricht der FFH-RL. Zu beachten ist auch hier wieder, dass die Stellungnahme der Kommission gem. Art. 6 Abs. 4 UAbs. 2 FFH-RL bindend sein soll.

Schutz genießen Gebiete auch hier wiederum vor der Aufnahme auf der Gemeinschaftsliste gem. Art. 4 Abs. 2 FFH-RL. Geschützt sind demnach nicht nur die Konsultierungsgebiete und die vom Vereinigten Königreich gemeldeten Gebiete, sondern auch solche, die aus Sicht des Secretary of State wahrscheinlich zu übermitteln sein wird bzw. wahrscheinlich ein Gebiet von gemeinschaftlicher Bedeutung werden wird[781]. Der Schutz potentieller FFH-Gebiete wird damit noch einen Schritt weiter gefasst als durch die Conservation (Natural Habitats, &c.) (Amendment) (England) Regulations 2000[782]. Die Offshore Petroleum Activities (Conservation of Habitats) Regulations 2001 enthalten außerdem das generelle Verbot bestimmter Handlungen, die durch die FFH-RL geschützte Arten schädigen könnten[783].

7. Schutz von potentiellen FFH- und faktischen Vogelschutzgebieten

Die Frage des Schutzes potentieller FFH-Gebiete ist im Vereinigten Königreich für eine Reihe von Fällen durch den weiten Begriff der „European Sites“ beantwortet. Dieser Begriff umfasst ausgewiesene FFH- und Vogelschutzgebiete und Gebiete, die voraussichtlich ausgewiesen werden. Mit der Erweiterung auf noch nicht ausgewiesene Gebiete kommt der Gesetzgeber einerseits der Verpflichtung des zwischenzeitlichen Schutzes von Gebieten auf der Gemeinschaftsliste (gem. Art. 4 Abs. 5 FFH-RL) und von Konzertierungsgebieten (gem. Art. 5 Abs. 4 FFH-RL) nach[784]. Der Schutz geht jedoch teilweise darüber hinaus, indem in England davon auch jene Gebiete umfasst werden, die der Kommission bereits gemeldet sind, ohne dass sie bereits auf der Gemeinschaftsliste stünden[785]. Im Hinblick auf Meeresgebiete, die sich über dem Festlandsockel aber außerhalb des Küstenmeers befinden, kann sogar bereits vor Übermittlung an die Kommission ein Gebiet gleichgestellt werden[786].

---

[781]Reg. 2 (1) und reg. 5 (4) Offshore Petroleum Activities (Conservation of Habitats) Regulations 2001.

[782]Siehe dazu § 4 VI 5. a.

[783]Reg. 10-18 Offshore Petroleum Activities (Conservation of Habitats) Regulations 2001.

[784]Siehe dazu oben § 4 VI. 4.

[785]CR reg. 10 (1) (e), eingef. durch Conservation (Natural Habitats, &c.) (Amendment) (England) Regulations 2000.

[786]Offshore Petroleum Activities (Conservation of Habitats) Regulations 2001, reg. 2. (1).

Neben diesen gesetzlichen Möglichkeiten, Gebiete bereits vor ihrer Ausweisung im Schutzstandard ausgewiesenen Gebieten gleichzustellen, sieht auch die Rechtsprechung des Vereinigten Königreichs eine Verpflichtung zum Schutz potentieller Schutzgebiete auch in Fällen vor, die durch das nationale Recht nicht erfasst werden[787].

Dies ist wiederum insofern auch in die Praxis des Regierungshandelns eingeflossen, als dass die Planungshinweise einen Schutz potentieller FFH-Gebiete verlangen[788].

8. Entschädigung für Eigentümer

Im Vereinigten Königreich gibt es für SSSIs ein einheitliches System für die Entschädigung von Eigentümern und Besitzern unabhängig davon, ob ihnen von staatlichen Stellen bestimmte Handlungen untersagt werden oder sie sich im Rahmen einer Vereinbarung dazu verpflichten, bestimmte Maßnahmen nicht vorzunehmen. In beiden Fällen richten sich die Zahlungen nach den gleichen Richtlinien[789]. Durch die neueste Fassung dieser Richtlinien ist die Zahlung von Entschädigung auf solche Nutzungen beschränkt worden, die schon längere Zeit ausgeübt worden, während vorher auch noch nicht ausgeübte aber zulässige Nutzungen zu Entschädigungen berechtigten. Dadurch, dass weniger Mittel dafür aufgewandt werden, dass Eigentümer und Besitzer bestimmte Dinge unterlassen, sind mehr Mittel frei für sog. Positives Management.

Neben den sich auf SSSIs beziehenden Zahlungen als Entschädigung für das Unterlassen von PDOs und als Zahlung im Rahmen von Management Agreements gibt es auch im Vereinigten Königreich eine Reihe von Programmen, die sich insbesondere auf die Landwirtschaft beziehen und die sich auf die Rahmenbedingungen von Natura 2000-Habitaten günstig auswirken können[790].

---

[787]English High Court (Queen's Bench Division), 5.11.1999, C.M.L.R. 1999, 94-134 (Greenpeace 2).

[788]Für England: DoE, PPG 9, Nr. 13; für Schottland: Scottish Executive: Rural Affairs Department, Habitats and Birds Directive, 2000, par. 20; für Nordirland: Environment and Heritage Service, The Conservation (Natural Habitats, etc) Regulations (Northern Ireland) 1995 - A Guidance Note, 2.1.; ebenfalls für Nordirland: Department of the Environment for Northern Ireland, Planning Policy Statement 2 (PPS 2), "Planning and Nature Conservation", 1997.

[789]Jedenfalls für England: DETR, Guidelines on Management Agreement Payments and Other Related Matters, 2001.

[790]Siehe dazu DEFRA, First Report by the United Kingdom under Article 17 on implementation of the Directive from June 1994 to December 2000, S. 62-68.

9. Maßnahmen zur Schaffung einer vernetzten Biotopstruktur

Art. 10 FFH-Richtlinie verlangt von den Mitgliedstaaten Maßnahmen, die geeignet sind, zu einer Vernetzung der Lebensräume wildlebender Arten beizutragen. Die Maßnahmen sollen sich beziehen auf lineare Landschaftselemente, wie etwa Flüsse und Feldraine.

Von Interesse sind aber auch andere Maßnahmen, die über das relativ kleinteilige System des Schutzes einzelner bedrohter Arten oder seltener Habitate hinausgehen und so zu einem günstigen Erhaltungszustand wildlebender Arten insgesamt beitragen.

Eine Umsetzung im Rahmen der Conservation Regulations erfuhr die Forderung aus Art. 10 FFH-Richtlinie durch CR reg. 37. In dieser werden die weichen Forderungen aus Art. 10 FFH-Richtlinie lediglich wiederholt. Wie der Forderung aus Art. 10 FFH-Richtlinie Rechnung getragen werden soll, bleibt insoweit unklar. Gleiches gilt für die Anweisungen an Planungsbehörden, die auch keine näheren Hinweise geben, wie denn im Konflikt zwischen durch Art. 10 FFH-Richtlinie beschriebenen Landschaftselementen und einer bestimmten Planung vorgegangen werden soll[791]. Es lässt sich allenfalls sagen, dass so der Aspekt der Vernetzung der Biotopstrukturen im Rahmen von Planungsentscheidungen nicht übersehen werden wird.

Den Planungsbehörden stehen tatsächlich eine Reihe von Instrumenten des Planungs- und Naturschutzrechts zur Verfügung, um solche Landschaftselemente, die sie als wichtig im Zusammenhang mit der Biotopvernetzung erkannt haben, zu schützen[792].

Die Frage nach dem Schutz der "wider countryside" (der Schutz von Natur und Landschaft über Schutzgebiete hinaus) führt zwangsläufig auch zu den Auswirkungen der Landwirtschaft auf die Biodiversität. Diese ist selbst sehr stark von europäischen Einflüssen geprägt. Gerade der verschärfte Wettbewerb auf einem gemeinsamen Markt für Agrarprodukte verbunden mit den Instrumenten der europäischen Agrarpolitik, die eine Überproduktion rentabel machen, haben Landwirte dazu gebracht, ihre Produktion stetig zu intensivieren. Das hat zu einer Abkehr von traditionellen Bewirtschaftungsmethoden geführt. Das hatte wiederum die Zerstörung vieler Lebensräume aber auch erwähnter Verbindungselemente wie

---

[791] Für England: DoE, PPG 9, Nr. 23; für Schottland: Scottish Executive, Rural Affairs Department, Habitats and Birds Directives, 2000, Nr. 36 m.w.N.; Scottish Executive: Development Department, NPPG 14, Nr. 48.

[792] Vgl. für Schottland: Scottish Executive: Development Department; NPPG 14, par. 50-62.

Hecken zur Folge[793]. Daneben hatte aber auch die Einführung anderer Pflanzenarten und anderer Fruchtfolgen erhebliche Auswirkungen auf andere Pflanzen- und Tierarten. Eine veränderte europäische Landwirtschaftspolitik wiederum war es auch, die die Einführung von Anreizen zur naturverträglicheren Bewirtschaftung ermöglichte[794]. In Großbritannien wurde dieser Ansatz umgesetzt durch das Programm für Environmentally Sensitive Areas (ESAs)[795]. Jenes Programm gewährt Landwirten einen Zuschuss, die ökologisch wichtiges Land bewirtschaften, wenn sie sich umweltfreundlicher Bewirtschaftungsmethoden bedienen[796]. Zugang haben sie, wenn das Land durch ein Statutory Instrument[797] zuvor als ESA ausgewiesen wurde. Allerdings stehen im Rahmen dieser Programme weniger Mittel zur Verfügung als an interessierte Landwirte verteilt werden kann[798].

Dennoch kann die Landwirtschaftspolitik, die zu großen Teilen europäische Politik ist, noch nicht als Alliierter des Naturschutzes gesehen werden[799]. Es liegt also zu starken Teilen in den Händen der EU, ob die Anforderungen von Art. 10 FFH-Richtlinie erfüllt werden können.

Schließlich soll auch das System der SSSIs, die keine European Sites darstellen, daraufhin überprüft werden, ob es zur Vernetzung von Biotopen beitragen kann[800].

Eine breitere Berücksichtigung finden Maßnahmen zur Biotopvernetzung im Biodiversity Action Plan[801]. In diesem wird ein umfassender Ansatz gewählt, indem

---

793 Reid, in: Holder, S. 199, 201.

794 Siehe dazu Verordnung (EWG) Nr. 797/85 zur Verbesserung der Effizienz der Agrarstruktur, berichtigt in ABl.EG 1985 NR. L 210, S. 35.

795 S. zu diesem Programm u.a. Garner/ Jones, S. 169-172; Reid, Nature Conservation Law, 1994, S. 173-175; ders., in: Holder, S. 199, 201; zu historischen Vorläufern auch Hughes, David, S. 237 f.

796 Vgl. für Schottland: Scottish Executive: Development Department NPPG 14, par. 58 f.

797 Statutory Instrument ist ein Instrument abgeleiteter Gesetzgebung.

798 House of Lords, Select Committee on the European Communities, Biodiversity in the European Union: Interim Report, Session 1998-99, 18th Report, Nr. 37.

799 S. die Ausführungen Frankreichs in: EuGH, U. v. 25.11.1999 – Rs. C-96/98 –, NuR 2000, 206, 207 f. (Kommission ./. Frankreich); Reid, in: Holder, S. 199, 201; Rodgers, J.P.L. 2001, 265, 281; eine positivere Sichtweise vermittelt Scottish Office, People and Nature, S. 4 Nr. 5, dort wird jedoch auch eingeräumt, dass im Rahmen der Reform der Landwirtschaftspolitik (insbesondere im Zusammenhang mit Agenda 2000) noch ein Weg zu gehen ist, S. 10 Nr. 18.

800 So jedenfalls für Schottland: Scottish Executive, Rural Affairs Department, Habitats and Bird Directives, 2000, par. 38.

801 Secretary of State for the Environment u.a.: Biodiversity - The UK Action Plan, 1994 (ein Regierungsprogramm für den Artenschutz); eine Bewertung dieser Strategie innerhalb eines Sets mit Artikeln über andere europäische Staaten und Bereiche europäischer Politik findet sich bei Voisey/ O'Riordan, in: O'Riordan/ Voisey, S. 156-173; s. zum Stand in verschiedenen Bereichen der nachhaltigen Entwicklung: Secretary of State for the Environment, Transport and the Regions, A better

dargestellt wird, durch welche unterschiedlichen Faktoren Biodiversität beeinflusst wird. Gleichzeitig werden nicht nur Maßnahmen beschrieben, die sich auf den Schutz einzelner ausgewiesener Gebiete beziehen, sondern auch Natur und Artenvielfalt außerhalb solcher Gebiete ("in the wider countryside") betreffen. Aus diesem folgen konkrete Action Plans im Bezug auf bestimmte Arten oder Habitate[802]. Allerdings steht der aus dem Biodiversity Action Plan resultierende Prozess auf schwachen Füßen, weil er keine gesetzliche Verankerung findet[803]. So kann etwa eine planungsrechtliche Genehmigung nicht verweigert werden, weil ein konkreter Action Plan dadurch vereitelt würde[804].

10. Rechtsschutz

Ein wichtiger Faktor für die tatsächliche Umsetzung sowohl nationaler wie auch europäischer Vorgaben im Naturschutzrecht ist die Möglichkeit, die Anwendung der Rechtsnormen, die zum Schutz der Natur dienen, einzuklagen[805].

Vor Gerichten im Vereinigten Königreich kann klagen, wer „locus standi“[806] hat. Für locus standi bedarf es eines ausreichenden Interesses an der Sache, auf die sich der Antrag bezieht[807]. Da sich viele der zu schützenden Gebiete in privatem Eigentum befinden, kann das Interesse des Eigentümers zur gerichtlichen Abwehr von Schädigungen sowohl durch staatliches Handeln als auch durch private Dritte genutzt werden. Jedoch wird diese Möglichkeit in den meisten Fällen unzureichend sein, weil entweder der Eigentümer selbst die Schädigung vornimmt oder

---

quality of life, 1999; einen Überblick über weitere Maßnahmen zum Habitatschutz außerhalb von Schutzgebieten gibt: DEFRA, First Report by the United Kingdom under Article 17 on implementation of the Directive from June 1994 to December 2000, S. 62-68.

802 Im Sommer 1999 45 im Bezug auf Habitate und über 400 im Bezug auf Arten, Secretary of State for the Environment, Transport and the Regions, A Better Quality of Life, 1999, S. 83.

803 Kritik daran und entsprechende Änderungsvorschlage: House of Lords, Select Committee on the European Communities, Session 1998-99, 22nd Report, Biodiversity in the European Union (Final Report), Part 3, (21) m. Verweis auf Interim Report 50 f.

804 House of Lords, Select Committee on the European Communities, Session 1998-99, 18th Report, Biodiversity in the European Union: Interim Report, Nr. 50 f.; Radikaler in seiner Kritik: Ball, in: Rodgers, Nature Conservation and Countryside Law, S. 89, 109 f.

805 Die Wichtigkeit ergibt sich aus der einheitlichen Durchsetzung des Gemeinschaftsrechts; siehe dazu: Rehbinder, in: Somsen, S. 151, 153-160; Falks/ Rose, in: Somsen, S. 195, 202-204; House of Lords, Select Committee on the European Communities, Session 1991-92, 9th Report, Implementation and enforcement of environmental legislation, S. 29 u. S. 39 u. S. 44 f.; Macrory, JEL 1992, 298-304.

806 Im Recht des Vereinigten Königreichs ist in der Regel von locus standi die Rede, während standing eher im amerikanischen Recht verwandt wird. Allerdings wird auch im Vereinigten Königreich der Begriff nicht einheitlich verwandt. Im deutschen Recht am ehesten mit der Klagebefugnis vergleichbar.

807 Le Sueur/ Sunkin, S. 490 mwN; Barnett, S. 1024 f. mwN.

ihm die Schädigung egal ist, der Staat Eigentümer ist (etwa, um ein Straßenbauvorhaben durchzusetzen) oder das Gebiet in niemandes Eigentum steht (Meeresgebiete). Hier stellt sich die Frage, inwieweit Einzelpersonen oder Gruppen im öffentlichen Interesse Klage erheben können[808].

Die Möglichkeit einer solchen Public Interest Litigation wurde im Vereinigten Königreich ursprünglich sehr restriktiv gehandhabt. Dies hat sich jedoch Schritt um Schritt verändert. Zunächst wurde Gruppen zugestanden, Klage zu erheben, wenn eine Vielzahl ihrer Mitglieder von der beklagten Maßnahme betroffen waren[809]. Voraussetzung war danach, dass die einzelnen Mitglieder ein „interest to sue“ haben, dann konnte die Gruppe deren locus standi übernehmen. Die Argumentation dafür war pragmatisch; die Gruppe sei von der Fachkompetenz her eher in der Lage, einen Prozess gegen ein Großprojekt sachlich angemessen zu führen.

Das Thema Public Interest Litigation wurde dann 1994 in einem Bericht der Law Commission[810] aufgegriffen. Empfohlen wurde die Einräumung einer gerichtlichen Ermessensentscheidung für Klagen im öffentlichen Interesse durch eine ausdrückliche gesetzliche Regelung[811]. Verbunden wurden damit Empfehlungen für die Kosten[812].

Diese Empfehlungen wurden bislang gesetzlich nicht umgesetzt. Jedoch ging die Rechtsprechung jedenfalls für England weitere Schritte in Richtung zur Ausweitung der Public Interest Litigation. So wurde mittlerweile mehreren NGOs in verschiedenen Verfahren ein locus standi auch dann eingeräumt, wenn keines ihrer Mitglieder durch die fragliche Maßnahme betroffen war[813]. Voraussetzung für diese rein auf das öffentliche Interesse gestützte Klagen war, dass es Gegenstände waren, bei denen es gar keinen Kläger geben konnte und dass die klagende Organisation über die erforderliche Sachkenntnis verfügte. Ein Beispiel, dass auch die Anwendung der FFH-Richtlinie zum Gegenstand hat, ist die Klage von Greenpeace Ltd (UK) gegen die Vergabe von Kontingenten zur Ausbeutung von Ölvorkommen über dem Festlandsockel nordwestlich von Schottland vor einem engli-

---

808 Umfassende Analyse der public interest litigation im Common Law vor dem Hintergrund verschiedener Gesellschaftsmodelle bei Feldman, Modern Law Review 1992, 44-72.

809 Le Sueur/ Sunkin, S. 496 m.w.N.; Barnett, S. 1025 f. m.w.N.; Allen/ Thompson, S. 718 f.

810 Die Law Commission ist eine unabhängige Beratungsinstitution, die durch den Law Commission Act 1965 eingerichtet wurde und die ihre Empfehlungen an Parlament und Regierung richtet. Ihre Arbeit bezieht sich auf die Gesetze für England und Wales.

811 Law COM. No. 226, 5.22.

812 Law COM. No. 226, 10.6.

813 Le Sueur/ Sunkin, S. 497 mwN.

schen Gericht[814]. Mittlerweile haben offensichtlich auch die schottischen Gerichte ihren Widerstand gegen die Einräumung von locus standi für Vertreter des öffentlichen Interesses aufgegeben[815].

Insoweit hat sich das Ansinnen der Law Commission teilweise erledigt. Es stellt sich aber die Frage, ob NGOs auch dann klagen können, wenn es einen potentiellen privaten Kläger gibt, dieser aber kein Interesse an einer Klage hat (und auch nicht Mitglied einer entsprechenden NGO ist). Das mangelnde Interesse einer einzelnen Privatperson vermag in der Regel nichts am Betroffensein öffentlicher Interessen zu ändern. Schließlich ist problematisch, dass die Rechtsprechung die Klagebefugnis auf bestimmte, besonders kompetente Gruppen wie Greenpeace oder RSPB reduziert (es stellt sich die Frage, wonach das entschieden wird)[816] und dass die Kosten eine massive Hürde darstellen[817]. Wird ein öffentliches Interesse verfolgt, so müsste auch die Öffentlichkeit die dadurch entstehenden Kosten tragen[818].

---

[814] „Greenpeace 2", R v Secretary of State for Trade and Industry, ex p. Greenpeace Ltd, English High Court (Queen's Bench Division), C.M.L.R. [2000] 2 94-134; dazu Philp, SPEL 2000, 78: 36-38; Tromans, I.E.L.T.R. 2000, 75-77; Macrory, ENDS 1999, 54-56; Jans, JEL 2000, 385-390. Ein weiterer Fall zu standing ist der Pinochet-Fall (in diesem Rechtsstreit ging es um die Anfechtung der Entscheidung des Secretary of State for Home Affairs, Pinochet aus gesundheitlichen Gründen nicht auszuliefern, zuletzt verkürzte sich die Frage auf die Frage, ob die medizinische Untersuchung offenzulegen ist), in dem amnesty international und anderen Menschenrechtsorganisationen standing gewährt wurde. In der Vorinstanz wurde dies abgelehnt, in der Entscheidung selbst war dies nicht mehr umstritten, ai führte als Begründung das öffentliche Interesse an effektiver Strafverfolgung an: R v Secretary of State for the Home Department, ex parte The Kingdom of Belgium; R v Secretary of State for the Home Department, ex parte Amnesty International Limited and others English High Court (Queen's Bench Division, 15.2.2000), Lexis-Nexis (CO/236/2000, CO/238/2000) vom 15.2.2000.

[815] Scottish Court of Session (Inner House), 28.7.2000, C.M.L.R. 2000, 1157 (Royal Society for the Protection of Birds and another v. Secretary of State for Scotland; Barnacle geese); zur vorigen Rechtslage Ashton/ Finch, S. 401 f. Nr. 13-19 f. In English High Court (Queen's Bench Division), 24.5.1995, Lexis-Nexis (CO/1485/95) (R v Secr of State for Scotland, ex p Greenpeace Ltd; Brent Spar) wurde eine Klage vor einem englischen Gericht u.a. deswegen zugelassen, weil Greenpeace in Schottland wohl kein locus standi hätte; s. dazu Reid, J.R. 1997, 355, 369; Poustie, J.R. 1995, 542, 542 f.

[816] S. entsprechende Äußerungen von NGOs und UKELA (UK Environment Law Association) in House of Lords, Standing Committee on the European Communities, Session 1997-98, 2nd Report, Community environmental law: Making it work, par. 100.

[817] Daneben spielt auch eine Rolle, inwieweit Ermessensentscheidungen überprüfbar sind und ob einstweiliger Rechtsschutz zu erlangen ist, s. Rehbinder, in: Somsen, S. 155, 164; zu den Kosten der Child poverty case [1998] 2 All ER 755, [1999] 1 WLR 347.

[818] Teilweise nutzen die Gerichte bereits jetzt ihren Ermessensspielraum dazu, unterlegenen Klägern, die wegen einer Sache im öffentlichen Interesse geklagt haben, die Kosten nur teilweise aufzuerlegen, s. Epiney/ Sollberger, S. 190 f.; s. zu dem Thema insbesondere die Expertenanhörungen in House of Lords, Select Committee on the European Communities, Session 1997-98, 2nd Report, Community environmental law: Making it work, par. 101, 103; zu der Frage auch EP, Ausschuss

Gegenstand der gerichtlichen Überprüfung sind die Zuständigkeit der handelnden Behörde, die Überschreitung des Ermessens und die Verletzung der Grundsätze des fairen Verfahrens. Eine Überprüfung der der Entscheidung zugrunde liegenden Tatsachen findet nicht statt[819].

11. Haftung und Sanktionen

Entscheidend für die Durchsetzung des Schutzes von Natura 2000-Gebieten ist auch, inwieweit die Beeinträchtigung der Artenvielfalt die Haftung des Schädigers oder dessen Bestrafung nach sich zieht. Haftung und Sanktionen wirken präventiv, durch die Haftung wird darüber hinaus der Schädiger auch zur Wiedergutmachung herangezogen, so dass die Behebung von Schäden wahrscheinlicher wird.

Die Untersuchung der gegenwärtigen Haftungsregeln für die Beeinträchtigung der Artenvielfalt ist auch interessant vor dem Hintergrund des Entwurfs für eine Umwelthaftungs-RL der EU[820]. Danach sollen die Mitgliedstaaten auch für Schäden an der biologischen Vielfalt eine Haftung des Schädigers schaffen. Die zuständige Behörde soll dazu den Schädiger zur Sanierung der von ihm verursachten Schäden heranziehen.

Im Vereinigten Königreich sind die Regeln für Sanktionen für die Beeinträchtigung der Artenvielfalt eng verknüpft mit den Regeln über die Wiederherstellung der Gebiete. Ein Schädiger kann – unter bestimmten Umständen – dann zur Behebung der Schäden herangezogen werden, wenn er zu einer Geldbuße verurteilt wird.

Es ergibt sich durch die durch den CROWA 2000 für England und Wales wiederum eine dreigeteilte Situation.

In Schottland gilt noch die unveränderte Fassung des WCA 1981. Danach ist der Eigentümer und der Besitzer eines Gebietes mit einer Strafe von £ 2.500 bedroht,

---

für Umwelt, Gesundheit und Verbraucherschutz, Working document on implementation of Community environmental law, Solutions Nr. 10 (nachzulesen als Appendix 6 zu House of Lords, Standing Committee on the European Communities, Session 1997-98, 2nd Report, Community environmental law: Making it work), wo vorgeschlagen wird, nicht nur über einen Erlass von Gebühren, sondern zusätzlich oder alternativ auch über die Gewährung rechtlicher oder wissenschaftlicher bzw. technischer Unterstützung in der Vorbereitung von Fällen des öffentlichen Interesses zu gewähren.

[819]Kloepfer/ Mast, S. 121.

[820]Vorschlag für eine Richtlinie des Europäischen Parlaments und des Rates über Umwelthaftung betreffend die Vermeidung von Umweltschäden und die Sanierung der Umwelt, KOM(2002) 17 endg., www.europa.eu.int/comm/environment/liability/index.htm; als nur begrenzt sieht Lübbe-Wolff, NVwZ 2001, 481, 485 die Leistungsfähigkeit dieses Instruments an.

wenn er eine PDO ausführt. Ist eine Nature Conservation Order[821] oder eine Special Nature Conservation Order[822] erlassen, so ist jedermann durch eine unbegrenzte Geldbuße bedroht. Nur wenn eine solche order besteht, kann das Gericht den Schädiger zur Wiederherstellung verpflichten[823].

In Nordirland ist für den (längeren oder bei European Sites unbegrenzten) Bann von PDOs nur der Eigentümer oder Besitzer mit einem begrenzten Bußgeld bedroht[824]. Nur jene können zur Wiederherstellung herangezogen werden[825].

In England und Wales gilt seit Einführung des CROWA 2000 ein unbegrenztes Bußgeld für jedermann, der eine PDO vornimmt oder gegen eine Management Notice verstößt und dadurch Schäden anrichtet[826]. Die Möglichkeit durch ein Gericht dem Schädiger die Wiederherstellung aufzuerlegen, besteht jetzt auch bei Vornahme von PDOs und Verstößen gegen Management Notices. Davon sind auch Dritte betroffen[827].

Haftstrafen sind, im Gegensatz zu anderen Umweltstraftaten für die Beeinträchtigung der biologischen Vielfalt nicht vorgesehen[828].

VII. Kritik an der Umsetzung

1. Allgemeiner Regelungsmechanismus zur Umsetzung der Richtlinien

Die Umsetzung der FFH-Richtlinie im Vereinigten Königreich ist – wie in den entsprechenden Abschnitten aufgezeigt – in vielen Details kritisiert worden. Daneben gab es auch sehr grundsätzliche Kritik an der Art und Weise der Umsetzung.

Besonders massive Kritik gab es an der zunächst vorgenommenen Umsetzung der Richtlinien-Anforderungen allein durch die CR, was nach wie vor die Rechtslage in Schottland und durch entsprechende Regelungen in Nordirland ist. Zum einen ist kritisiert worden, dass bei der Umsetzung durch die CR ein minimalistischer

---

[821] Old sect. 29 subs. (8) WCA 1981.

[822] CR reg. 23 (3).

[823] Old sect. 31 subs. (1) WCA 1981; CR reg. 26.

[824] Sect. 25 subs. (6) Nature Conservation and Amenity Lands (Northern Ireland) Order 1985; reg. 16 (3) Conservation (Natural Habitats, etc.) Regulations (Northern Ireland) 1995.

[825] Sect. 27 Nature Conservation and Amenity Lands (Northern Ireland) Order 1985; reg. 22 Conservation (Natural Habitats, etc.) Regulations (Northern Ireland) 1995.

[826] Sect. 28 P WCA 1981 eingef. durch Sched. 9 CROWA 2000.

[827] Sect. 31 subs. (1) WCA 1981 geänd. durch Sched. 9 CROWA 2000.

[828] Vgl. Payne, ELM 2001, 239, 247.

Ansatz gewählt wurde, indem auf die Regelungen für die SSSIs nach dem WCA 1981 aufgebaut wurde und möglichst wenige Änderungen am System vorgenommen wurden[829]. Das System sei deswegen nach wie vor auf Kompromiss und freiwillige Kooperation angelegt und trotz aller zusätzlichen Maßnahmen zum Scheitern verurteilt. Fragwürdig sei angesichts der jeweils möglichst geringen Änderungen, warum Änderungen nicht gleich auf alle SSSIs ausgedehnt wurden[830]. Das wiederum gebe Anlass zu der Befürchtung, dass mit der Besserstellung bestimmter, besonders schützenswerter Gebiete eine Schlechterstellung der anderen Gebiete (insbesondere der "normalen" SSSIs) einhergeht[831]. Dies scheint sich nach den ersten Erfahrungen in der Arbeit mit European Sites und ihnen im Vorhinein gleichgestellten Gebieten zu bestätigen[832]. In einem sich auf Schottland beziehenden Consultation Paper[833] wird sogar so weit gegangen, vorzuschlagen, die Kriterien für die Auswahl von SSSIs (die für Großbritannien einheitlich bestimmt werden[834]) derart zu verändern, dass nur noch die Gebiete als SSSIs ausgewiesen werden, die von nationaler Bedeutung (im schottischen Sinne) sind und die als "the jewel in Scotland's nature conservation crown" betrachtet werden können[835]. Minimalistisch sei die Umsetzung auch insoweit, als dass die Worte der Richtlinie in vielen Abschnitten wortgetreu wiederholt werden. Das bürdet die Last der Untersuchung, ob die Richtlinie voll umgesetzt wurde, denjenigen auf, die die Interpretation der Regierung in Frage stellen (und setzt sie in abschreckender Weise den ganzen Kosten und Widrigkeiten von Gerichtsverfahren aus) und verlagert die Verantwortung für die Interpretation von der Regierung auf die Gerichte[836]. Schließlich wird der Umsetzung auch insoweit Minimalismus vorgeworfen, als dass Aspekte wie Verschmutzung von Luft, Wasser und Böden nicht einbezogen seien, obwohl dies vom Verschlechterungsverbot in Art. 6 Abs. 2 FFH-

---

[829]Ball, in: Rodgers, Nature Conservation and Countryside Law, S. 89, 102; ders., in: Holder, S. 215, 216 und 221; Bell/ McGillivray, S. 648; Rodgers, J.P.L. 2001, 265, 266 und 267.

[830]Ball, in: Rodgers, Nature Conservation and Countryside Law, S. 89, 104 f.; ders., in: Holder, S. 215, 216 und 223; Bell/ McGillivray, S. 652.

[831]Ball, in: Rodgers, Nature Conservation and Countryside Law, S. 89, 108 f.; ders., in: Holder, S. 215, 226; Bell/ McGillivray, S. 652; Reid, in: Holder, S. 199, 212.

[832]Scottish Natural Heritage, Plans and Progress 1995-96, S. 14, Nr. 36; dazu Reid, SPEL (1996) 53, 2, 3.

[833]Scottish Office, People and Nature, S. 19; ein Consultation Paper ist ein Diskussionsanstoß der Regierung, mit dem sie sich weit vor einem Gesetzgebungsverfahren an die Fachöffentlichkeit wendet.

[834]Gegenwärtig: Nature Conservancy Council, Guidelines for Selection of biological SSSIs, 1989; mittlerweile Aufgabe des Joint Nature Conservation Committee (JNCC).

[835]Kritisch dazu: House of Lords, Select committee on the European Communities, Biodiversity in the European Union: Interim Report, Session 1998-99, 18th Report, S. 16.

[836]Ball, in: Rodgers, Nature Conservation and Countryside Law, S. 89, 103 und 108; ders., in: Holder, S. 215, 221 f. und 226; Reid, J.R. 1997, 355, 365 f.; generell kritisch zum Verfahren unter dem ECA 1972: Noble, in: Somsen, S. 37, 40.

Richtlinie geboten sei[837]. Der Minimalismus bei der gesetzlichen Umsetzung wirft auch die Frage auf, ob nicht auch in der Praxis im Umgang mit Gefahren für Schutzgebiete ein minimalistischer Ansatz verfolgt wird[838].

Etwas konkreter, im Ergebnis jedoch mit der vorgenannten Kritik vereinbar, wird das Ineinandergreifen der unterschiedlichen Maßnahmen als ungenügend bezeichnet. Als einziges hartes Mittel zur Sicherstellung positiver Maßnahmen zur Erhaltung oder Wiederherstellung eines Gebietes steht in aller Regel nur die Compulsory Acquisition zur Verfügung. Stattdessen sollten bereits auf früherem Level Maßnahmen zur Verfügung stehen, die ein Eingreifen ermöglichen, insbesondere der Zugang der Nature Conservation Bodies auf das Land, wenn ein positives Management Agreement nicht zustande kommt. Der Anknüpfungspunkt zu vorgenannter Kritik ist, dass dieser Konstruktionsfehler letztlich auch auf das Festhalten an dem System der SSSIs zurückzuführen ist, dass möglichst geringe Eingriffe in die Rechte von Grundeigentümern will[839]. Zwar steht auch für SSSIs das Instrument der Compulsory Acquisition zur Verfügung, dies ist aber wohl bereits im Design der Maßnahmen und jedenfalls in der Praxis von untergeordneter Bedeutung. Dass sich das im Hinblick auf European Sites ändert, ist zwar denkbar, aber durchaus zu bezweifeln[840].

Kritisch wird auch gesehen, dass das zentrale Element des verstärkten Schutzes für European Sites, die Special Nature Conservation Order, nur dann aktiviert wird, wenn zum einen der zuständige Nature Conservation Body eine zutreffende Prognose über die Wahrscheinlichkeit zerstörerischer Handlungen trifft und zum anderen der Secretary of State (bzw. die in Wales und Schottland zuständigen Institutionen) von seinem Ermessen dahingehend Gebrauch macht, eine Special Nature Conservation Order auch zu erlassen[841].

Schließlich bestehen Probleme in der Abstimmung zwischen SSSIs und SACs. Diese bestehen insbesondere auf der Tatbestandsseite, weil zweifelhaft ist, ob bestimmte Gebiete, die als SAC auszuweisen sind, die Kriterien für die Ausweisung eines Gebietes als SSSI erfüllen[842].

---

837 Ball, in: Holder, S. 215, 216 f.

838 Ball, in: Rodgers, Nature Conservation and Countryside Law, S. 89, 108; ders., in: Holder, S. 215, 226.

839 Rodgers, J.P.L. 2001, 265, 267.

840 S. oben § 4 VI 5. c. dd.

841 Bell/ McGillivray, S. 652; Ball, in: Holder, S. 215, 223 und 226; Rodgers, J.P.L. 2001, 265, 270.

842 Scottish Office, People and Nature, 1998, S. 20.

Daher verlangen die Kritiker an dem minimalistischen und auf Kompromiss mit Grundeigentümern angelegten Ansatz dass den Rechten am Eigentum ökologische Rechte gegenübergestellt werden, für die auch radikal neue Institutionen und Mechanismen erforderlich sind[843]. Nur so könne die Idee der nachhaltigen Entwicklung und insbesondere der Erkenntnis der begrenzten natürlichen Ressourcen Rechnung getragen werden. Letztlich sei zur Umsetzung der Anforderungen der Richtlinie erforderlich, dass akzeptiert würde, dass der Erhaltung von Natur so gut wie absolute Priorität gegeben würde, so dass alle anderen Gesichtspunkte beiseite gedrängt würden, was auch immer die finanziellen Folgen sind[844].

Entschärft hat sich die Kritik durch die für England und Wales erfolgten Änderungen für SSSIs durch den CROWA 2000. Dadurch sei ein Wechsel vom freiwilligen zum kontrollierten Management vollzogen worden[845]. Insoweit ist auch der Forderung entsprochen worden, nicht nur bei European Sites ein strikteres Regime anzuwenden. Konkreten Kritikpunkten entsprochen wird durch die unbefristete Geltung des Banns von PDOs und der Möglichkeit des Erlasses von Management Schemes und Management Notices, so dass nicht so häufig zu der Compulsory Acquisition gegriffen werden muss. Nicht mehr notwendig ist auch der Erlass von Special Nature Conservation Orders, so dass der Schutz auch nicht mehr vom Tätigwerden des Secretary of State abhängt. Erforderlich ist allerdings nach wie vor die korrekte Prognose des Nature Conservation Body im Hinblick auf PDOs. Schließlich sind auch Befugnisse zum Betreten des Lands für die Nature Conservation Bodies geschaffen worden. Anderes gilt jedoch einstweilen für European Sites, die keine SSSIs sind sowie generell für Schottland und Nordirland.

Für Nordirland kommt hinzu, dass der Schutz von European Sites bereits hinter dem vor dem CROWA 2000 für Großbritannien bestehenden zurückblieb.

2. Verknüpfung mit der UVP

Die Verknüpfung mit der UVP ist im Vereinigten Königreich nicht sehr ausgeprägt. Sie ist nicht verpflichtend angeordnet. In vielen Fällen besteht nicht einmal eine Möglichkeit der Verknüpfung, weil eine Konzentrationswirkung, also die Vornahme der FFH-Verträglichkeitsprüfung durch die Behörde, die schon in anderer Weise eine Genehmigung für das Vorhaben zu erteilen hat, nicht vorgesehen ist. Eine solche Konzentration gibt es nur für die Erteilung von Planungsgenehmigungen.

---

843 Ball, in: Rodgers, Nature Conservation and Countryside Law, S. 89, 109 f.
844 Reid, in: Holder, S. 199, 212.
845 Payne, ELM 2001, 239, 242 f.

3. Schutz von potentiellen FFH- und faktischen Vogelschutzgebieten

Im Hinblick auf potentielle FFH- und faktische Vogelschutzgebiete lässt sich die Umsetzung im Vereinigten Königreich nur an wenigen Stellen kritisieren. Zum einen wird die Wirkung einer Genehmigung einer Planung, die ein Konzertierungsgebiet beeinträchtigt, erst dann gestoppt, wenn ein Konzertierungsverfahren abgeschlossen ist[846]. Zum anderen ist bislang nur für England klargestellt, dass auch solche Gebiete unter den Sammelbegriff „European Site" und damit unter den gleichen Schutz wie ausgewiesene FFH-Gebiete (SACs) fallen sollen, die bislang nur der Kommission gemeldet sind. Im übrigen wird jedoch in allen Planungsrichtlinien darauf hingewiesen, dass ein gleichwertiger Schutz erfolgen sollte[847]. Die Gefahr, dass vor Erreichen dieses Verfahrensschritts eine Schädigung von potentiellen FFH-Gebieten erfolgt, weil die Regierungen von Schottland, Wales oder Nordirland die Benennung von zu benennenden Gebieten verweigern, ist dadurch verringert, dass im Rahmen der Devolution die Zentralregierung sich die Kompetenz vorbehalten hat, anstelle der jeweiligen Regierungen von Schottland, Wales oder Nordirland zu handeln, wenn dies zur Erfüllung internationaler Verpflichtungen notwendig ist[848].

4. Meeresgebiete

Der Schutz von Habitaten im Meer ist insgesamt sehr zurückhaltend ausgefallen.

Innerhalb der Hoheitsgewässer gibt es zwar die Möglichkeit, FFH- oder Vogelschutzgebiete auszuweisen. Zu kritisieren ist hier jedoch, dass die innerstaatlichen Stellen das notwendige Schutzniveau direkt aus den Richtlinien ableiten müssen. Welche Grenzen wiederum das Seerechtsübereinkommen der Vereinten Nationen (SRÜ) auferlegt (insbesondere das Recht der friedlichen Durchfahrt gem. Art. 17 SRÜ), muss ebenfalls von den zuständigen Stellen für den Einzelfall ermittelt werden. Das schafft ein erhebliches Maß an Ungewissheit im Hinblick auf die tatsächliche Beachtung der Anforderungen der Richtlinien.

Die Möglichkeit, durch Byelaws bestimmte Aktivitäten zu untersagen, unterliegt so vielen Beschränkungen, dass viele schädigende Handlungen nicht unterbunden werden können.

Unzureichend sind auch die Möglichkeiten für einen (abgestuften) Schutz der Umgebung von FFH- oder Vogelschutzgebieten. Das sonstige Naturschutzinstru-

---

[846] S. dazu § 4 VI 5. c. gg.

[847] S. dazu § 4 VI 5. a.

[848] S. dazu § 4 I 2.

mentarium für das Küstenmeer ist ineffektiv. Die Einrichtung von Marine Nature Reserves (MNRs) bedarf des Konsenses von so vielen Beteiligten, dass nur ganz wenige ausgewiesen wurden. Hinzu kommt, dass MNRs nur innerhalb des Bereichs von drei Seemeilen ab der Basislinien möglich ist. Einen Schutz der Natur außerhalb der Natura 2000-Gebiete gibt es deswegen praktisch nicht.

Für Meeresgebiete außerhalb der Hoheitsgewässer, die sich über dem Festlandsockel befinden, gibt es einen umfassenden Schutz vor den Aktivitäten der Öl- und Gasförderung. Soweit ersichtlich dürfte es sich um die größte Bedrohung für nach der FFH-RL geschützte Arten und Habitate handeln. Positiv zu vermerken ist, dass es im Hinblick auf die Öl- und Gasförderung den weitestgehenden Schutz potentieller FFH-Gebiete gibt.

Die Belastung durch die Schifffahrt dürften dagegen weniger erheblich sein; sie kann durch einen Küstenstaat aufgrund der Verpflichtungen aus dem SRÜ auch kaum eingeschränkt werden.

Unzureichend ist jedoch der Schutz vor anderen Beeinträchtigungen. Zu nennen ist hier insbesondere die Offshore-Nutzung der Windkraft und die Fischerei. An die Nutzung von Gebieten durch die Windkraft ist seitens des Gesetzgebers offensichtlich überhaupt nicht gedacht worden. Für den Fall, dass die Genehmigung der Errichtung von Windkraftanlagen beantragt werden wird, steht kein direkt anwendbares Gesetz zur Verfügung.

Die Fischerei ist zwar Gegenstand der gemeinsamen Fischereipolitik der EU. Dies hindert die Mitgliedstaaten jedoch nicht daran, Beschränkungen zum Schutz von FFH- oder Vogelschutzgebieten zu erlassen[849]. Dies ist unterblieben.

Unzureichend ist auch der Umgebungsschutz. Ein über FFH- oder Vogelschutz-Gebiete hinausgehender Schutz steht überhaupt nicht zur Verfügung.

5. Rechtsschutz

Die Möglichkeiten, durch eine Public Interest Litigation die Einhaltung der Anforderungen von FFH- und Vogelschutz-RL einzuklagen, sind durch die Rechtsprechung der Gerichte im Vereinigten Königreich sehr weit gefasst. Zu kritisieren bleibt, dass die Kriterien für die Zulassung von Klägern des öffentlichen Interesses unklar bleiben.

[849] Jarass, Naturschutz in der Ausschließlichen Wirtschaftszone, S. 34.

6. Stand der tatsächlichen Umsetzung

Zum Stand 11.4.2002 hatte das Vereinigte Königreich lediglich eine umfangreiche, wenn auch immer noch unvollständige Liste der Gebiete der Kommission gemeldet, obwohl bereits 1995 eine vollständige Liste hätte vorliegen müssen. Das Vereinigte Königreich hatte zu dem Zeitpunkt 567 Gebiete mit einer Gesamtfläche 23.541 km² gemeldet. Das entspricht einem Anteil von 9,7 % der Gesamtfläche des Hoheitsgebiets. Die Ausweisung von Vogelschutzgebieten war zum gleichen Zeitpunkt unvollständig, obwohl die Verpflichtung dazu bereits aus der 1979 erlassenen Vogelschutz-RL stammt. Ausgewiesen waren 233 Vogelschutzgebiete, die eine Gesamtfläche von 13.115 km² einnahmen, was 5,4 % des Hoheitsgebiets entspricht[850].

[850] Daten aus Kommission, Natura-Barometer, Stand 11.4.2002, http://europa.eu.int/comm/environment/nature.

§ 5: Vergleich der Rechtslagen

I. Gesetzgebungs- und Verwaltungskompetenzen

Durch die Devolution hat es in einiger Hinsicht eine Angleichung der Struktur der Gesetzgebung in Deutschland und im Vereinigten Königreich gegeben. Bis zur Devolution ab dem Jahre 1998 erfolgte die Gesetzgebung im Vereinigten Königreich zentral und – abgesehen von Nordirland – einheitlich durch Parlament bzw. Regierung des Vereinigten Königreichs. Auch die administrative Steuerung erfolgte bis zur Zerschlagung des NCC im Jahre 1991 zentral. Seitdem trägt das Vereinigte Königreich gewisse föderalistische Züge. Für die Umsetzung einer europäischen Richtlinie, die zentral Vorgaben für die ganze EU macht, bringt das mehr Hemmnisse mit sich als es zur Förderung des Anliegens beitragen würde. Zum einen werden die Verfahren komplizierter. Zum anderen lastet der Druck der Umsetzung einer Richtlinie hauptsächlich auf der zentralen Regierung. Unterschiede gibt es zwischen beiden Mitgliedstaaten insoweit, dass es im Vereinigten Königreich nicht einer zentralen Gesetzgebung und einer Gesetzgebung für die einzelnen Nationen gleichzeitig bedarf. Es kann also zu Unterschieden in der Rechtslage, nicht jedoch zu einer Lähmung der Gesetzgebung kommen, wie sie im deutschen Staatsgefüge u.a. durch das Zusammenwirken von Bundestag und Bundesrat angelegt ist[851].

Bei den ersten (und wesentlichen) Schritten der legislativen Umsetzung der FFH-RL wirkte sich die Devolution noch nicht aus, weil die CR bereits vor Inkrafttreten der entsprechenden Schritte zur Devolution erlassen wurden. Aber bereits bei dem CROWA 2000 zeigt sich, dass es zu unterschiedlichen Tempi im Naturschutz kommen kann.

Im Hinblick auf konkrete Verpflichtungen aus europäischen Richtlinien fällt ins Gewicht, dass dem zentralen Parlament und der zentralen Regierung die Kompetenz zusteht, Entscheidungen im Bereich delegierter Kompetenzen an sich zu ziehen, wenn dies für die Erfüllung internationaler oder europäischer Verpflichtungen notwendig ist. Diese Möglichkeit hat die deutsche Bundesregierung nicht. Sie hat nicht einmal die Möglichkeit, bei einem Bundesland Regress zu nehmen, wenn durch säumiges Verhalten dieses Bundeslandes Deutschland im Rahmen von Art. 228 Abs. 2 EGV zu einem Bußgeld verurteilt wird. Im Vereinigten Königreich stellt sich die Frage des Regresses nicht, weil die gesamtstaatliche Ebene das Eintreten einer weiteren Säumnis spätestens nach einer ersten Verurteilung

[851] Die Bundesregierung verteidigt sich gegen die Klage der Kommission wegen verspäteter Umsetzung mit dem komplizierten Kompetenzgefüge, EuGH, U. v. 11.9.2001 – Rs. C-71/99 –, www.curia.eu.int (Kommission ./. Deutschland).

durch den EuGH gem. Art. 228 Abs.1 EGV durch Wahrnehmung ihrer vorbehaltenen Kompetenz verhindern kann.

Wesentliche Unterschiede ergeben sich im Hinblick auf die Einflussmöglichkeiten der Politik auf einzelne Verwaltungsentscheidungen. Im Vereinigten Königreich liegt die Zuständigkeit für die Auswahl der zu benennenden Gebiete beim Secretary of State.

Im Hinblick auf die Entscheidungen, die zum Schutz ausgewiesener und potentieller FFH- und Vogelschutzgebiete notwendig sind, ist die Verteilung der Kompetenzen anders gegliedert. Zunächst ist der Nature Conservation Body zuständig[852]. Bei einschneidenderen Entscheidungen ist dann der Secretary of State zuständig[853] oder es gibt die Möglichkeit, bei ihm Einspruch einzulegen[854]. Diese Kompetenzen sind im Rahmen der Devolution übergegangen auf die Regierung von Schottland, Wales und Nordirland[855]. Der Vorstand der Nature Conservation Bodies wird zwar durch die jeweiligen Regierungen ernannt, es gibt jedoch keine Möglichkeit, dass die Regierungen die Nature Conservation Bodies direkt anweisen, eine Entscheidung in einer bestimmten Weise zu treffen. Zusammengefasst lässt sich sagen, dass die Regierungen auf die ersten Schritte für den Schutz von Gebieten (insbesondere deren Ausweisung) keinen Einfluss haben, dann aber über die weiteren Schritte (insbesondere deren effektiven Schutz) selbst entscheiden.

In Deutschland gibt es eine solche Differenzierung zwischen Aufgaben der Verwaltung und der Regierungen nicht. Die Naturschutzverwaltungen sind Teil des Regierungsapparats, in dem die politische Ebene prinzipiell auf jede Entscheidung direkten Einfluss nehmen kann.

---

[852]So für die Definition von Potentially Damaging Operations (PDOs), s. § 4 VI 5. c. aa., den Abschluss von Management Agreements, s. § 4 VI 5. c. bb. und den Erlass von Byelaws, s. § 4 VI 5. c. ff.

[853]So für den Erlass von Special Nature Conservation Orders, s. § 4 VI 5. c. cc. und Compulsory Acquisition, s. § 4 VI 5. c. dd.

[854]So bei den nun in England und Wales für SSSIs unbefristet verbotenen PDOs, s. § 4 VI 5. c. aa. und den Management Notices, s. § 4 VI 5. c. ee.

[855]Wobei die Devolution für Nordirland bereits mehrfach suspendiert wurden, dann gehen die Kompetenzen wieder auf die Zentralregierung des Vereinigten Königreichs über; siehe zu der Übertragung der Kompetenzen im Rahmen der Devolution § 4 I 2.

II. Stand des Naturschutzrechts vor Umsetzung der FFH- und der Vogelschutz-RL

1. Allgemeine Grundlagen des Naturschutzrechts

Beim Vergleich der allgemeinen Grundlagen des Naturschutzrechts in beiden Staaten fällt auf, dass es im Vereinigten Königreich deutlich frühzeitiger eine breitere Naturschutzbewegung gab, die auch in der Oberschicht Unterstützung fand, so dass diese Bewegung auch Mittel für den Naturschutz einsetzen konnte. In Deutschland war Naturschutz um die Wende zum 20. Jahrhundert eher eine romantische Idee, die sich nicht gegen andere Interessen durchzusetzen vermochte. Diese Unterschiede wirkten fort: In Deutschland kam schon während der Weimarer Republik die Idee auf, Schutzgebiete auszuweisen, was dann in der Nazi-Zeit in ein Gesetz gegossen wurde. In der gleichen Zeit fand im Vereinigten Königreich Naturschutz nur dann statt, wenn private Eigentümer (was teilweise Naturschutzverbände waren) diesen betrieben. Auch die 1949 eingeführte Ausweisung eines Gebietes als SSSI führte nicht zu wirksamen Einschränkungen eines Grundeigentümers, der kein Interesse an Naturschutz hatte. Erst durch den WCA 1981 wurden halbwegs wirksame Möglichkeiten der Restriktion geschaffen, wenn auch dann noch der Wunsch nach Kooperation mit den Grundeigentümern deutlich im Vordergrund stand.

2. Naturschutzgebiete und SSSIs

Naturschutzgebiete in Deutschland und SSSIs im Vereinigten Königreich[856] sind bis zur gesetzlichen Umsetzung der FFH-RL jeweils die höchsten Schutzgebietskategorien in beiden Staaten gewesen. Die Voraussetzung ihrer Ausweisung sind ähnlich: Ein NSG kann ausgewiesen werden aus Gründen des Artenschutzes, aus wissenschaftlichen und aus ästhetischen Gründen. SSSIs dienen der Artenvielfalt und Zwecken der geologischen Forschung und Ausbildung.

Beides sind ambitionierte Ansätze, sie hatten aber auch beide erhebliche, allerdings abweichende Schwächen: Im Vereinigten Königreich war aufgrund der starken Betonung der Freiwilligkeit das Gesetz im Ergebnis vermeidbar („effectively avoidable")[857], in Deutschland musste der Naturschutz immer dann zurückweichen, wenn andere Interessen überwogen – was bei der Landwirtschaft generell der Fall war. Abgesehen vom Bereich der Landwirtschaft hatte die zuständige Behörde bei Eingriffen in Natur und Landschaft ein weites Ermessen, von ihr hing es ab, ob sich die Belange des Naturschutzes durchsetzen konnten. Wenn also ein politischer Wille zum effektiven Schutzes eines Gebietes gegeben war, gab es in

856 ASSIs in Nordirland.

857 Payne, ELM 2001, 239, 248.

Deutschland auch einen geeigneten rechtlichen Weg. Die Stärke der Regelung im Vereinigten Königreich war, dass die Potentiale des freiwilligen Engagements der Grundeigentümer für Natur auf ihrem Grund optimal genutzt werden konnten, ein Ansatz, der in Deutschland sehr im Hintergrund stand. Kurz gesagt: Lenkung von oben in Deutschland, freiwillige Vereinbarungen auf gleicher Ebene im Vereinigten Königreich.

III. Rechtsprechung zur FFH- und Vogelschutz-RL

Ein vertiefter Vergleich der Rechtsprechung zur FFH- und Vogelschutz-RL soll an dieser Stelle nicht erfolgen. Die einzelnen Gerichtsentscheidungen können nur sinnvoll im Zusammenhang mit den gesetzlichen Regelungen verglichen werden. Dies wird im folgenden Abschnitt geschehen.

Es fällt jedoch auf, dass es in Deutschland eine weitaus größere Zahl von Entscheidungen nationaler Gerichte als im Vereinigten Königreich gibt, die sich mit den beiden Richtlinien befassen. Die zahlenmäßige Diskrepanz ist vor allem interessant, weil die Grenzen des Verbandsklagerechts in Deutschland deutlich enger sind als die der Public Interest Litigation im Vereinigten Königreich. Der überwiegende Teil der Klagen in Deutschland geht deswegen auch nicht auf Klagen von Naturschutzverbänden sondern auf Grundeigentümer zurück, während im Vereinigten Königreich ein erheblicher Teil von Naturschutzverbänden ausgeht.

IV. Umsetzung der FFH- und der Vogelschutz-RL

1. Zuständigkeiten für den Vollzug

Weder im Vereinigten Königreich noch in Deutschland ist der Vollzug von FFH-RL und Vogelschutz-RL grundsätzlich zentralisiert. In Deutschland sind die Kompetenzen verteilt zwischen Landesministerien als obere und den Landkreisen und kreisfreien Städten als untere Naturschutzbehörde; hinzu kommen teilweise noch andere Behörden, wenn die Anwendung der Richtlinien im Rahmen eines anderen Genehmigungsverfahrens erfolgt. Im Vereinigten Königreich teilen sich die Vollzugskompetenzen zwischen den Nature Conservation Bodies und den Ministerien der einzelnen Nationen auf[858]; hier gibt es bei Berührung des Planungsrechts in jedem Falle eine Konzentrationswirkung bei der zuständigen Planungsbehörde. Während diese Dezentralität in Deutschland der herkömmlichen Kompetenzordnung des Grundgesetzes entspricht, ist sie für den Naturschutz im Vereinigten Königreich neu: Sie entstand erst durch die Devolution und die Zerschlagung des NCC. Zu beachten ist, dass der für Umwelt zuständige Secretary of

[858] Für England ist dies das Ministerium des Vereinigten Königreichs.

State der Zentralregierung eine Kompetenz hat, Entscheidungen auch im Hinblick auf Gebiete außerhalb Englands an sich zu ziehen, wenn die Verletzung europäischer Verpflichtungen droht.

Eine Integration von UVP- und FFH-Verträglichkeitsprüfung ist in beiden Staaten nicht sehr ausgeprägt. In Deutschland gibt es eine gesetzlich vorgeschriebene Zusammenfassung beider Prüfungen nur in einzelnen Bundesländern. Die Möglichkeit zur Zusammenfassung besteht regelmäßig, weil die FFH-Verträglichkeitsprüfung von der Stelle durchgeführt wird, die auch im übrigen für die Genehmigung eines Projekts zuständig ist (Konzentrationswirkung). Im Vereinigten Königreich gibt es eine solche Konzentration nur im Bereich von Planungsgenehmigungen, so dass nur in diesem Teilbereich eine Zusammenfassung von FFH-Verträglichkeitsprüfung und UVP wahrscheinlich ist.

2. Auswahl von FFH-Gebieten

Bei der legislativen Umsetzung wurden in beiden Staaten Probleme umschifft, indem die Kriterien von Art. 4 Abs. 1 FFH-RL in Bezug genommen werden.

Einfluss auf die Effektivität der Umsetzung kann die unterschiedliche Einbindung der Regierung des Vereinigten Königreichs und der Bundesregierung haben. In beiden Staaten ist die Auswahl der Gebiete an sich eine dezentrale Aufgabe; in Deutschland sind die Bundesländer zuständig, im Vereinigten Königreich die einzelnen Nationen. Während in Deutschland lediglich das Benehmen mit dem Bundesumweltminister herzustellen ist, hat im Vereinigten Königreich der zentrale Secretary of State eine Durchgriffskompetenz, wenn die Erfüllung europäischer oder internationaler Verpflichtungen gefährdet ist.

Dies führt auch zu erheblichen Verzögerungen; die Bundesländer gehen bei der Auswahl von FFH-Gebieten sehr unterschiedlich und nach ungenügenden Kriterien vor.

Ein Hemmnis bestand im Vereinigten Königreich zunächst darin, dass man davon ausging, dass nur bereits als SSSI ausgewiesene Gebiete gemeldet werden sollten. Davon ist man zwischenzeitlich abgekommen.

3. Ausweisung von FFH-Gebieten

Bei der legislativen Umsetzung der Verpflichtung aus Art. 4 Abs. 4 FFH-RL hat sich das deutsche Bundesrecht darauf beschränkt, die Länder zu verpflichten, die auf der Liste befindlichen Gebiete als Schutzgebiete gem. § 22 Abs.1 BNatSchG (früher § 12 Abs. 1 BNatSchG) auszuweisen. Eine Frist wird den Ländern nicht gesetzt. Im Landesrecht findet sich die Verpflichtung zur Ausweisung nur teilweise, weil die FFH-RL in einigen der Landesnaturschutzgesetze noch keinen Niederschlag gefunden hat.

Im Vereinigten Königreich ist die Frist zur Ausweisung wiedergegeben.

4. Zwischenzeitliches Verschlechterungs- und Störungsverbot im Bezug auf Konzertierungsgebiete und auf Gebiete auf der Gemeinschaftsliste

Die gesetzlichen Regelungen für Gebiete auf der Gemeinschaftsliste und Konzertierungsgebiete nach Art. 5 FFH-RL in beiden Staaten weichen deutlich voneinander ab. Im Vereinigten Königreich gibt es ein einheitliches Schutzregime unter dem Sammelbegriff „European Sites", der sowohl erklärte Vogelschutzgebiete, ausgewiesene FFH-Gebiete als auch jene Gebiete umfasst, die auf der Gemeinschaftsliste stehen oder Gegenstand eines Konzertierungsverfahrens sind. Für Konzertierungsgebiete gilt jedoch die Einschränkung, dass die Regeln für die Verträglichkeitsprüfung nicht gelten. So gelten für die Konzertierungsgebiete lediglich die gleichen Regeln für das Verschlechterungs- und Störungsverbot wie für ausgewiesene Gebiete, auf der Gemeinschaftsliste befindliche Gebiete genießen bereits vor Ausweisung das volle Schutzregime. Auch vor formalem Abschluss des Konzertierungsverfahrens kann durch Entscheidung des Secretary of State die Beschränkung des Schutzregimes entfallen.

In Deutschland gibt es für Konzertierungsgebiete und noch nicht ausgewiesene Gebiete auf der Gemeinschaftsliste ein besonderes Schutzregime. Dieses schützt nur vor erheblichen (in manchen Bundesländern vor erheblichen und nachhaltigen) Beeinträchtigungen und bietet auch keinen Schutz vor Einwirkungen von außen (mit Ausnahmen in einigen Bundesländern). Das Risiko einer Schutzlücke ergibt sich, weil diese Gebiete überhaupt nur geschützt werden, wenn sie im Bundesanzeiger bekannt gemacht sind. Hier fehlt eine Verpflichtung der unverzüglichen Bekanntmachung[859].

5. Erklärung zu Vogelschutzgebieten

Auswahl und Ausweisung fallen bei der Vogelschutz-RL in der Erklärung nach Art. 4 Abs. 1 Vogelschutz-RL zusammen. Eine zutreffende Umsetzung der Kriterien für die Erklärung zu Vogelschutzgebieten gab es in Deutschland erst durch die 2002 in Kraft getretene Novelle. Im Vereinigten Königreich sind die Kriterien für die Erklärung zu Vogelschutzgebieten gar nicht im nationalen Recht wiedergegeben, die Existenz von Vogelschutzgebieten wird lediglich vorausgesetzt.

---

[859] Die genannten Probleme werden umgangen durch die Regelung des § 26 e NatSchG B-W.

6. Schutz von FFH- und Vogelschutzgebieten

In diesem Abschnitt verglichen werden sollen die Regime, die dazu dienen, FFH- und Vogelschutzgebiete auf Dauer zu schützen. In Deutschland sind dies die §§ 34-37 BNatSchG n. F., im Vereinigten Königreich sind dies die CR reg. 11-32[860].

a. Geschützte Gebiete

In Deutschland sind vom Schutzregime der §§ 34-37 BNatSchG n. F. ausgewiesene FFH-Gebiete und erklärte Vogelschutzgebiete erfasst. Hier nicht erfasst sind auf der Gemeinschaftsliste befindliche FFH-Gebiete vor ihrer Ausweisung, Konzertierungsgebiete, gemeldete FFH-Gebiete vor der Listenerstellung, potentielle FFH-Gebiete und faktische Vogelschutzgebiete.

Im Vereinigten Königreich erfasst das Schutzregime der CR reg. 11-32 ebenfalls die ausgewiesenen FFH-Gebiete und erklärten Vogelschutzgebiete, darüber hinaus jedoch auch die Gebiete auf der Gemeinschaftsliste vor ihrer Ausweisung und (mit Einschränkungen) Konzertierungsgebiete. All diese Gebiete werden unter dem Begriff European Sites zusammengefasst. Die Gesetzgebung sieht jedoch auch hier keinen Schutz für potentielle FFH- und faktische Vogelschutzgebiete vor. Teilweise sind auch jene Gebiete eingeschlossen, die der Kommission gemeldet sind, ohne bereits Gegenstand der Gemeinschaftsliste zu sein.

b. Erfasste Pläne und Projekte

In Deutschland ergibt sich eine Regelungslücke im Hinblick auf Bauvorhaben in Geltungsbereichen von Bebauungsplänen, die vor Erlass der der Umsetzung der FFH-RL dienenden Bestimmungen 1998 zustande gekommen sind. Bauvorhaben, die den Festsetzungen des B-Plans entsprechen und teilweise auch solchen, für die eine Befreiung gem. § 31 BauGB erforderlich ist, kann die Unverträglichkeit mit einem FFH- oder Vogelschutzgebiet nicht entgegen gehalten werden[861].

Im Vereinigten Königreich sind sämtliche Pläne unter den Vorbehalt einer FFH-Verträglichkeitsprüfung gestellt[862].

---

[860]Für Nordirland gelten die Conservation (Natural Habitats &c.) Regulations 1994 nicht, statt ihrer gelten die Conservation (Natural Habitats &c.) Regulations (Northern Ireland) 1995. Es gibt gewisse Abweichungen, die im einzelnen unter § 4 dargestellt sind und die zur Wahrung der Übersichtlichkeit nicht im Vergleich wiedergegeben werden sollen.

[861]Siehe § 3 VI 7. a. aa.

[862]Siehe § 4 VI 5. c. gg.

c. Schutzmechanismus (Erfüllung der Verpflichtungen aus Art. 6 Abs. 3, 4 FFH-RL)

aa. Vertragliche Vereinbarungen

Im Vereinigten Königreich stehen im Naturschutz traditionell vertragliche Vereinbarungen mit den Grundeigentümern oder -besitzern im Vordergrund. Zunächst beschränkte sich die Gesetzgebung fast allein darauf. Erst mit dem WCA 1981 wurden dann auch einige härtere Maßnahmen ergänzt, die dominierende Rolle hatten jedoch auch hier die vertraglichen Vereinbarungen. Selbst in CR und CROWA 2000 haben die vertraglichen Vereinbarungen Vorrang vor einschneidenderen Maßnahmen. Die Grundidee ist, dass Grundeigentümer die Partner der Naturschutzbehörden sein sollen und sie deswegen in ihrer Aufgabe der Pflege der Landschaft unterstützt werden sollen.

Um dieser Kooperation die notwendige Verbindlichkeit zu geben, handeln die Nature Conservation Bodies mit den Eigentümern[863] Management Agreements aus. Gleichzeitig wird in diesen Agreements festgelegt, in welchem Umfang der Eigentümer Entschädigung erhält. Gegenstand kann sein, dass sich der Eigentümer dazu verpflichtet, bestimmte Handlungen nicht vorzunehmen oder bestimmte für den Erhaltungszustand des Gebiets wichtige Arbeiten auszuführen. Das Agreement kann sich beziehen auf die European Site selbst, auf angrenzende und umliegende Gebiete, nicht jedoch auf den gesamten landwirtschaftlichen Betrieb, wenn der Zusammenhang mit der European Site nur über die wirtschaftliche Einheit gegeben ist.
Entschädigt wird seit Erlass neuer Richtlinien[864] nicht mehr für das Unterlassen von Nutzungen, die bislang noch nicht ausgeübt wurden, aber rechtmäßig gewesen wären. Gezahlt wird nur noch für das Unterlassen von lange ausgeübten Nutzungen. Dadurch stehen mehr Mittel für positive Maßnahmen (der Pflege, zur Entwicklung) zur Verfügung.

In Deutschland gibt es auch die Möglichkeit, vertragliche Vereinbarungen mit Grundeigentümern abzuschließen, die dem Schutz eines Gebietes dienen. Nach § 8 BNatSchG n. F. hat das Landesrecht sicherzustellen, dass bei allen Maßnahmen geprüft wird, ob der Zweck auch durch andere Maßnahmen erreicht werden kann. Diese Regelung hat jedoch keine lange Tradition (eingeführt 1998), vielmehr ist dies der Versuch, das traditionell durch Ge- und Verbote geprägte Naturschutzrecht etwas aufzulockern. Sie begründet keinen Vorrang des Vertragsnaturschut-

---

[863] In Betracht kommen Eigentümer, Mieter oder Nutzer eines Gebiets.

[864] Jedenfalls für England: DETR, Guidelines on Management Agreement Payments and Other Related Matters, 2001.

zes. Der Vertragsnaturschutz ist teilweise – so etwa seit 1998 in Hessen – wieder auf dem Rückzug. Im Hinblick auf FFH- und Vogelschutzgebiete schlägt sich dies in § 33 Abs. 4 BNatSchG n. F. nieder, nach dem eine förmliche Unterschutzstellung unterbleiben kann, wenn vertragliche Vereinbarungen einen gleichwertigen Schutz gewährleisten. Dies wäre für Naturschutzbehörden reizvoll, weil sie so das Prozessrisiko vermeiden könnten. Gleichwertig wird eine vertragliche Vereinbarung aber deswegen nicht sein können, weil durch sie ein Schutz vor Schädigungen durch Dritte nicht erreicht werden kann. Eine Ausweisung gem. § 33 Abs. 3, 4 BNatSchG n. F. ist also in jedem Fall erforderlich. Für die Naturschutzbehörden besteht deswegen wenig Anreiz, mit dem Eigentümer eines Gebiets eine vertragliche Vereinbarung abzuschließen.

bb. Einseitig regulierende Maßnahmen

Im Vereinigten Königreich ist nach Erlass des CROWA 2000 ein zweigleisiges System entstanden, weil die CR bislang nicht angepasst wurden.

Nach den CR stehen an einseitigen Maßnahmen die Definition von Potentially Damaging Operations (PDOs), der Erlass einer Special Nature Conservation Order, die Compulsory Acquisition und der Erlass von Byelaws zur Verfügung. Die Definition von PDOs erfolgt zumeist bereits bevor über ein Management Agreement verhandelt wurde. Das zeitweilige Verbot von bestimmten schädigenden Maßnahmen dient auch hauptsächlich dem Zweck, zu verhindern, dass während einer Verhandlung über ein Management Agreement vollendete Tatsachen geschaffen werden. Scheitern die Verhandlungen, so kann durch den Erlass einer Special Nature Conservation Order ein längerfristiger Schutz erreicht werden. Während die Ausführung einer PDO nur dem Eigentümer oder Besitzer verboten ist, richtet sich die Special Nature Conservation Order gegen jedermann und sieht bei Verstößen deutlich höhere Strafen und eine Wiedergutmachungspflicht vor. Der rechtzeitige Erlass einer Special Nature Conservation Order hängt allerdings davon ab, dass der Nature Conservation Body den Secretary of State rechtzeitig darüber in Kenntnis setzt, dass die Durchführung einer PDO zu befürchten ist. Wirksam geschützt ist ein Gebiet so vor störenden Handlungen. Ist es erforderlich, zur Erhaltung, Entwicklung oder Wiederherstellung eines Gebietes bestimmte positive Maßnahmen zu ergreifen, so bleibt nur die Compulsory Acquisition. Durch Byelaws schließlich kann der Nature Conservation Body bestimmte Regeln erlassen, die sich an die Allgemeinheit richten, etwa das Verbot, Hunde freilaufen zu lassen. Byelaws sind auch neben Management Agreements sinnvoll, um Störungen durch Dritte auszuschließen. Der gesamte Regelungsmechanismus hat die Schwäche, dass ein wirksamer Schutz nur zustande kommt, wenn der Nature Conservation Body voraussieht, dass schädigende Handlungen durchgeführt werden. Außerdem bilden finanzielle Lasten eine erhebliche Hürde, erforderliche Maßnahmen zu ergreifen: Die Compulsory Acquisition ist sehr teuer, aber nur sie bietet die Möglichkeit, positive Maßnahmen durchzusetzen. Die Special Nature Conservation Order löst bereits für das Unterlassen schädigender Handlungen erhebliche Entschädigungszahlungen aus. Diese Hürden wiederum sind ein Anlass für Nature Conservation Bodies, bei der Aushandlung von Management Agreements großzügig zu sein.

Sowohl im Hinblick auf die Definition von PDOs als auch auf Special Nature Conservation Orders ist das Problem, dass sie nur zur Anwendung kommen, wenn das Risiko einer Beeinträchtigung eines Gebietes rechtzeitig erkannt und konkretisiert wird.

Die Regelung für Ausnahmen in Art. 6 Abs. 4 FFH-RL fließt bei den CR ein, wenn ein Grundeigentümer eine PDO durchführen oder von einer Special Nature Conservation Order abweichen möchte. Die Übertragung der Kriterien aus Art. 6 Abs. 4 FFH-RL ist nicht zu beanstanden. Positiv hervorzuheben ist, dass die Zustimmung zu einem Plan oder Projekt, dass im öffentlichen Interesse liegt und nicht der menschlichen Gesundheit oder der öffentlichen Sicherheit dient oder maßgeblich günstige Auswirkungen auf die Umwelt hat, nur gegeben werden darf, wenn auch die Europäische Kommission zustimmt.

Geändert hat sich die Situation für Gebiete in England und Wales, die zugleich eine SSSI sind, durch den CROWA 2000. Zum einen haben die PDOs jetzt dauerhafte Sperrwirkung. Dadurch entfällt in diesen Gebieten die Notwendigkeit, Special Nature Conservation Orders zu erlassen. Zum anderen hat der Nature Conservation Body die Möglichkeit, Management Schemes zu erlassen, die durch Management Orders durchgesetzt werden können. Dadurch ist es den Nature Conservation Bodies jetzt auch möglich, Grundeigentümer zu verpflichten, bestimmte Maßnahmen auszuführen und bei Weigerung sie auf seine Kosten vorzunehmen.

Geändert hat sich nun auch im Hinblick auf PDOs, dass lediglich für das Unterlassen solcher Nutzungen Entschädigung zu zahlen ist, die schon lange ausgeübt wurden und nicht auch für solche Nutzungen, die möglich wären[865].

Zur Beachtung der Kriterien aus Art. 6 Abs.3 und 4 FFH-RL werden Nature Conservation Bodies und der Secretary of State (bzw. die zuständigen Stellen in Schottland, Wales und Nordirland) nur durch die CR verpflichtet. Die Inanspruchnahme anderer Schutzmechanismen als die der CR ist gleichwohl möglich. Kritisch zu beurteilen ist – bis zur Anpassung der CR –, dass die zuständigen

[865] Jedenfalls für England: DETR, Guidelines on Management Agreement Payments and Other Related Matters, 2001.

Stellen bei der Anwendung der Regeln aus dem WCA 1981 nur durch die Richtlinien selbst auf die Einhaltung der FFH-Kriterien verpflichtet werden.

In Deutschland ist Voraussetzung für einen Schutz auch gegen den Willen des Grundeigentümers die Festlegung von Erhaltungszielen im Rahmen der Ausweisung als ein Schutzgebiet gem. § 22 Abs. 1 BNatSchG (früher § 12 Abs. 1 BNatSchG). Für die Festlegung der Erhaltungsziele wird auf die Richtlinien verwiesen, eine Abweichung ergibt sich so nicht. Die Rahmenvorschrift des § 33 Abs. 3 S. 3 BNatSchG (früher § 19 b Abs. 3 S. 3 BNatSchG) verpflichtet die Länder, sowohl von Ge- als auch Verboten sowie Pflege- und Entwicklungsmaßnahmen Gebrauch zu machen. Die Landesgesetzgebung fehlt jedoch bislang in den meisten Ländern; die vorhandenen Landesgesetze bleiben teilweise hinter dem Katalog der Instrumente zurück.

Soweit die Länder entsprechende Gesetze erlassen haben, ermächtigen diese auch zum Erlass von Verwaltungsakten in Form von Geboten, die für die Erreichung der Erhaltungsziele notwendig sind. Kommt diesen Verwaltungsakten der Grundeigentümer nicht nach, so können die Handlungen unproblematisch im Wege der Ersatzvornahme durchgeführt werden[866].

Grundsätzlich wird jedes Projekt und jeder Plan daraufhin überprüft, ob die Erhaltungsziele für das Gebiet verletzt werden könnten. Lücken bestehen bei Projekten, die außerhalb des Gebietes realisiert werden sollen, sich aber gleichwohl auf das Gebiet auswirken können und in einigen Fällen in Gebieten mit Bebauungsplänen. Ein Projekt ist grundsätzlich unzulässig, wenn es zu erheblichen Beeinträchtigungen des Gebiets in seinen Erhaltungszielen führt, wobei die Zulassung nicht-erheblicher Beeinträchtigungen nicht der Richtlinie entspricht. Ausnahmen werden nur zugelassen bei Vorliegen der Tatbestände aus Art. 6 Abs. 3, 4 FFH-RL. Ausgehöhlt werden die engen Ausnahmebestimmungen des Art. 6 Abs. 3, 4 FFH-RL bei Gewässerbenutzungen und nach BImSchG zu genehmigenden Anlagen. Hier soll jedes Projekt zugelassen werden können, selbst wenn überwiegende öffentliche Interessen nicht vorliegen, solange ein Ausgleich der Beeinträchtigung nach der allgemeinen Ausgleichsregelung möglich ist. Handelt es sich bei dem überwiegenden öffentlichen Interesse zur Realisierung eines Plans oder Projekts in einem prioritären Gebiet um solche wirtschaftlicher oder sozialer Art so reicht es aus, eine Stellungnahme der Kommission einzuholen, beachtet werden muss sie nicht. Eine weitere Aushöhlung der engen Ausnahmen von Art. 6 Abs. 3, 4 FFH-RL erfolgt durch die Beschränkung des Umfangs der Alternativenprüfung auf Alternativen an anderer Stelle. Schließlich macht die Regelung über den Aus-

[866] Siehe z.B. § 14 HmbVwVG.

gleich von Beeinträchtigungen nicht hinreichend deutlich, dass die Ausgleichsfähigkeit auf der Tatbestandsseite der Zulassung einer Beeinträchtigung steht.

In der vergleichenden Gesamtschau lässt sich sagen, dass im Vereinigten Königreich eine qualifizierte und ausreichend ausgestattete Naturschutzverwaltung, sofern sie nicht von der Politik gebremst wird, jedenfalls seitdem und soweit der CROWA 2000 gilt, in der Lage ist, den notwendigen Schutz von FFH- und Vogelschutzgebieten auch gegen den Willen von Grundeigentümern durchzusetzen. Voraussetzung ist jedoch, dass die Verwaltung die möglichen Risiken rechtzeitig erkennt. Tut sie dies nicht, was bei einer überforderten Verwaltung wahrscheinlicher wird, so hat sie kaum eine Handhabe gegen Zerstörungen eines Gebiets.
In Deutschland muss die Naturschutzverwaltung nicht im ähnlichen Maßnahmen den Grundeigentümern voraus sein; ein Projekt wird im Moment seiner Anmeldung oder Beantragung auf seine Verträglichkeit geprüft. Der Naturschutzverwaltung, sei sie noch so qualifiziert, sind jedoch in einer ganzen Reihe von Fällen die Hände gebunden, in denen der Schutz durch das nationale Recht hinter den Forderungen der FFH-RL zurückbleibt.
Besonders zu nennen ist hier der Unterschied, dass eine negative Stellungnahme der Kommission zu einem Projekt oder Plan in einem prioritären Gebiet, das einem überwiegenden öffentlichen Interesse wirtschaftlicher oder sozialer Art dient, im Vereinigten Königreich nach der Regelung in den CR zur Ablehnung des Projekts führt, während eine solche Stellungnahme nach dem BNatSchG übergangen werden kann.

7. Schutz von Meeresgebieten

Beim Schutz von Meeresgebieten ist zu unterscheiden zwischen Gebieten im Bereich des Küstenmeers einerseits und andererseits Gebieten in der Ausschließlichen Wirtschaftszone (AWZ) und über dem Festlandsockel.

Bei Gebieten innerhalb des Küstenmeers steht in Deutschland das volle Instrumentarium des Naturschutzes zur Verfügung, die Regelungen die die Verpflichtungen aus den Richtlinien in nationales Recht umsetzen gelten auch hier. Ein wirksamer Schutz von FFH- und Vogelschutzgebieten ist also in den Grenzen gewährleistet, die auch für Gebiete zu Land aufgezeigt wurden. Auch ein wirksamer Umgebungsschutz ist so gewährleistet.

Im Vereinigten Königreich sind die Regelungen für die Einrichtung von FFH- oder Vogelschutzgebieten unpräzise und deswegen keine Gewähr für eine ausreichende Umsetzung der Richtlinien. Einen Umgebungsschutz gibt es praktisch nicht, weil das Instrumentarium zum Schutz sonstiger Gebiete weitgehend wirkungslos ist.

Beim Vergleich der Regelungen für Gebiete in der AWZ und über dem Festlandsockel fällt auf, dass beide Mitgliedstaaten bei der Schaffung entsprechender Schutzregime bestimmte störende Nutzungen im Vordergrund standen. Interessant ist, dass es sich um unterschiedliche Nutzungen handelt: In Deutschland geht es um die Nutzung der Windkraft, im Vereinigten Königreich um die Öl- und Gasförderung. Die Regelungen wichen jedoch insofern ab, als dass im Vereinigten Königreich lediglich die Öl- und Gasförderung reguliert wird und andere Nutzungen der Meere nicht. Die Beschränkung mag im wesentlichen darauf zurückzuführen sein, dass man einerseits nur jene Nutzungen regulieren wollte, die tatsächlich stattfinden und dass andererseits die Schifffahrt aufgrund der Verpflichtungen aus dem Seerechtsübereinkommen der Vereinten Nationen nicht beschränkt werden kann. Auffällig ist aber, dass das Vereinigte Königreich auf eine Beschränkung der Fischerei verzichtet, obwohl dies im Hinblick auf FFH- oder Vogelschutzgebiete möglich wäre. Deutschland hat – wohl hauptsächlich anlässlich der Planungen, Offshore-Windanlagen zu errichten – die Möglichkeit geschaffen, eine Vielzahl von Nutzungen zu regulieren, so auch die Fischerei. Ein (abgestufter) Schutz von Gebieten, die FFH- oder Vogelschutzgebiete umgeben, ist in der AWZ bzw. über dem Festlandsockel beider Staaten nicht möglich.

8. Schutz von potentiellen FFH- und faktischen Vogelschutzgebieten

Der Schutz potentieller FFH- und faktischer Vogelschutzgebiete ist durch den deutschen Gesetzgeber vernachlässigt worden. Die Gerichte haben aus Art. 10 Abs. 2 EGV die Notwendigkeit eines Schutzes potentieller Gebiete abgeleitet, gewähren jedoch nur ein geringeres Schutzniveau. Nur in Baden-Württemberg genießen Gebiete bereits dann einen Schutz, wenn sie der Kommission gemeldet sind, ohne bereits Gegenstand der Gemeinschaftsliste sein zu müssen[867].

Im Vereinigten Königreich sind potentielle FFH- und faktische Vogelschutzgebiete zunächst einmal im Rahmen von Planungshinweisen dem Schutz von ausgewiesenen Gebieten gleichgestellt. In England sind auch durch Gesetz die gemeldeten Gebiete vor ihrer Aufnahme auf die Gemeinschaftsliste geschützt. Die Rechtsprechung erkennt ebenfalls die Verpflichtung des Schutzes potentieller FFH-Gebiete an.

9. Entschädigung von Eigentümern

Der Vergleich der Entschädigungsregelungen in beiden Staaten muss zunächst berücksichtigen, dass im Vereinigten Königreich der Vertragsnaturschutz im Hinblick auf FFH- oder Vogelschutzgebiete eine größere Rolle spielt. Jedem Grund-

---

[867] § 26 e NatSchG B-W.

eigentümer wird ein Management Agreement angeboten. Zum Vergleich mit diesen Management Agreements steht in Deutschland kein passendes Gegenstück zur Verfügung. Vergleichbar sind aber die Regeln über Entschädigung für Nutzungen die im Vereinigten Königreich von staatlicher Stelle untersagt wurden mit den entsprechenden Entschädigungsregelungen in Deutschland. Dabei fällt auf, dass in Deutschland im allgemeinen auch für solche untersagte Nutzungen Entschädigung geleistet wird, die bislang gar nicht ausgeübt wurden aber hätten ausgeübt werden können. Jedenfalls in England wird für solche möglichen Nutzungen keine Entschädigung mehr geleistet, sondern nur noch für lange ausgeübte Nutzungen.

10. Informationspolitik

Die Vorgabe aus Art. 6 Abs. 3 S. 2 FFH-RL, dass „gegebenenfalls" die Öffentlichkeit zu beteiligen ist, findet in beiden Staaten keine harte Umsetzung. Der Grad der Information der Öffentlichkeit dürfte deswegen wesentlich vom guten Willen der Naturschutzverwaltungen abhängen. Zusätzliche einklagbare Pflichten werden nicht geschaffen. Die Bürgerinnen und Bürger können sich allerdings auf jene Gesetze berufen, die der Umsetzung der Umweltinformations-Richtlinie dienen. Interessant sind jedoch im Vereinigten Königreich die öffentlichen Register über die ausgewiesenen Gebiete[868].

11. Rechtsschutz

Für den Vergleich interessant sind insbesondere die Klagen von Naturschutzverbänden auf Benennung eines Gebiets als FFH-Gebiet, auf dessen Ausweisung und auf die Nichtzulassung von Ausnahmen zur Schutzverordnung eines ausgewiesenen Gebiets. Im Vereinigten Königreich dient dazu die Public Interest Litigation, in Deutschland die altruistische Verbandsklage.

Im Vereinigten Königreich ist die Rechtslage etwas unübersichtlich, weil die Public Interest Litigation vor englischen Gerichten sehr weite Zulassung findet, sie in Schottland in einigen neueren Entscheidungen zugelassen wird, während für Nordirland und Wales keine neueren Entscheidungen vorliegen, die Rechtslage also insoweit unklar ist. In England lassen die Gerichte die Klagen bestimmter, als kompetent erachteter Verbände zu, wenn diese gegen ein Vorhaben klagen, von dem eine Vielzahl ihrer Mitglieder betroffen ist, oder gegen das kein potentiell direkt betroffener Kläger existiert. Unklar ist bislang, ob ein Verband auch dann klagen kann, wenn zwar jemand direkt betroffen ist, dieser aber kein Interesse an einer Klage hat. Die Entscheidung, welcher Verband kompetent ist, erscheint willkürlich. Eine Beschränkung auf bestimmte umweltrechtliche Normen ergibt

---

[868]Siehe § 4 VI 5. b.

sich aus der Rechtsprechung nicht. Insoweit eröffnet sich hier eine effektive Möglichkeit der Kontrolle der Umsetzung der FFH- und Vogelschutz-RL[869].

In Deutschland gibt es seit der BNatSchG-Novelle 2002 eine bundesrechtlich geregelte Verbandsklage, die als Minimum vorsieht, dass Verbände, die nach einem bestimmten Verfahren anerkannt sind, gegen Befreiungen von Schutzgebietsverordnungen und gegen Planfeststellungsbeschlüsse klagen können. Ein wirksamer Schutz für FFH- oder Vogelschutzgebiete ergibt sich also erst, wenn die Gebiete als Schutzgebiete ausgewiesen sind und die Schutzgebietsverordnung ausreichende Verbote und Gebote festsetzt.

Zu beachten ist beim Vergleich die unterschiedliche Kontrolldichte in beiden Staaten. Im Vereinigten Königreich findet anders als in Deutschland durch die Gerichte keine Überprüfung der der Entscheidung zugrunde liegenden Tatsachen statt.

12. Haftung und Sanktionen

Bei Sanktionen des Straf- und Ordnungswidrigkeitenrechts besteht der wichtigste Unterschied darin, dass in Deutschland die Zerstörung von Biotopen auch mit Haftstrafe bedroht ist, während sich das Recht des Vereinigten Königreichs auf Geldbußen beschränkt. Am geringsten fällt der Schutz in Nordirland aus, dort müssen nur die Eigentümer oder Besitzer eine Geldbuße fürchten, Dritte können auch bei Zerstörung von FFH- oder Vogelschutzgebieten nicht bestraft werden.

Bei den Regeln über die Haftung für die Wiederherstellung von Lebensräumen weisen beide Rechtsordnungen Defizite auf. In Deutschland fehlen in einigen Bundesländern entsprechende Regeln, dort ist man auf das allgemeine Schadensersatzrecht beschränkt. Dies kann aber nicht weiterhelfen, wenn der Schaden z. B. an Tieren entsteht, die in niemandes Eigentum stehen. In anderen Bundesländern gibt es Möglichkeiten, die Wiederherstellung sowohl von FFH- oder Vogelschutzgebieten als auch von umliegenden Flächen, die einen geringeren Schutz genießen, dem Schädiger aufzuerlegen.

Im Vereinigten Königreich gibt es auch unterschiedliche Situationen: Während in Nordirland nur Eigentümern oder Besitzern die Wiederherstellungspflicht trifft, können in Großbritannien auch Dritte herangezogen werden. In Schottland allerdings nur, wenn sich die Schädigung auf das FFH- oder Vogelschutzgebiet selbst

---

[869]Diese Möglichkeit ist jedoch eingeschränkt durch hohe Kosten für den Rechtsschutz, vgl. Wils, JEL 1994, 219, 242, FN 139.

bezieht, in England und Wales auch bei sonstigen Schutzgebieten (normale SSSIs).

13. Stand der tatsächlichen Umsetzung

Zum Stand 11.4.2002 hatte das Vereinigte Königreich 9,7 %, Deutschland dagegen nur 8,7 % der Hoheitsfläche als künftige FFH-Gebiete der Kommission gemeldet. Zwar lässt sich aus dieser Zahl ein gewisser Vorsprung des Vereinigten Königreichs ablesen, die prozentuale Zahl ist aber wenig aussagekräftig. Zum einen bestimmt sich die Verpflichtung der Mitgliedstaaten für die Gebietsmeldung nicht an abstrakten quantitativen Kriterien, sondern an qualitativen Kriterien. So ist es möglich, dass das Vereinigte Königreich viel mehr Gebiete melden und ausweisen muss als Deutschland. Außerdem sagt die Zahl noch nichts über die Qualität der Gebiete: Es kann sein, dass ein Staat erst die wertvollsten Gebiete benennt, es kann aber auch sein, dass der Staat erst einmal die Gebiete benennt, die am wenigsten Konfliktpotential bieten. Interessant ist deswegen die qualitative Bewertung durch die Kommission. Nach deren Ansicht ist die Meldung durch Deutschland beträchtlich unvollständig, während die vom Vereinigten Königreich gemeldeten Gebiete umfangreich, wenn auch immer noch unvollständig sind. Die begrenzte Aussagekraft des Flächenanteils belegt dabei die Bewertung Schwedens. Die Gebietsmeldung Schwedens ist beträchtlich unvollständig, obwohl 13,9 % der Landesfläche gemeldet waren.

Im Hinblick auf Vogelschutzgebiete werden beide Staaten gleich bewertet: Die Ausweisungen sind unvollständig. Die Flächenanteile am Hoheitsgebiet gehen hier allerdings weit auseinander: Deutschland hat 7,6 % der Fläche zu Vogelschutzgebieten erklärt, das Vereinigte Königreich nur 5,4 %[870].

---

[870]Daten aus Kommission, Natura-Barometer, Stand 11.4.2002, http://europa.eu.int/comm/environment/nature.

§ 6: Schlüsse aus der Untersuchung

Bei den Schlüssen aus der Untersuchung erfolgt zunächst eine generelle Bewertung der Umsetzungen der Richtlinien in das jeweilige nationale Recht. Dann wird dargelegt, welche Handlungsbedarfe für die Gesetzgeber der beiden untersuchten Mitgliedstaaten bestehen. Dabei wird auch einbezogen, inwieweit gelungene Regelungen des jeweils anderen Mitgliedstaats Vorbild für die weitere Entwicklung des Rechts sein könnten. Im Anschluss wird aufgezeigt, welche Gestaltungsspielräume für nationale Gesetzgeber und nationale Gerichte bestanden, welche erkannt und welche genutzt wurden. Schließlich werden Handlungsbedarfe für den Gemeinschaftsgesetzgeber und die Kommission benannt.

I. Generelle Bewertung der Umsetzungen in das jeweilige nationale Recht

Die Frage, welches der beiden Regelungssysteme eher den Anforderungen von FFH- und Vogelschutz-RL gerecht wird, ist nicht leicht zu beantworten. Der detaillierte Vergleich hat gezeigt, dass beide Systeme Schwächen haben. Insgesamt jedoch ist die legislative Umsetzung im Vereinigten Königreich, jedenfalls in ihrer mittlerweile in England und Wales gefundenen Form, besser gelungen als in Deutschland. Als erheblichste Schwäche stellte sich bei der englischen und walisischen Umsetzung heraus, dass ein ausreichender Schutz von der zutreffenden Prognose der Nature Conservation Bodies im Hinblick auf mögliche schädigende Handlungen abhängt. Dies wird insbesondere dann problematisch sein, wenn diese Einrichtungen nicht ausreichend mit Personal ausgestattet sind. Es ist jedoch die Frage, ob es Aufgabe des Rechts ist, sich einer ungenügenden Personalausstattung anzupassen. Die Alternative dazu wäre ein präventives umfassendes Verbot aller möglicher schädigender Handlungen, von denen dann im Ausnahmefall Befreiungen erteilt werden können. Dies ist in Deutschland der Ansatz. Bei geringer Personalausstattung der zuständigen Stellen läuft dies auf eine erhebliche zusätzliche Einschränkung der betroffenen Grundeigentümer u. ä. hinaus. Insoweit ist die beschriebene Schwäche des Schutzes in England und Wales keine Schwäche der rechtlichen Regelung. Vielmehr beschränkt sich das Recht hier auf das, was es sinnvoll regeln kann.

Die Regelungen im Vereinigten Königreich finden auch einen wesentlich besseren Umgang mit den betroffenen Grundeigentümern und Besitzern. Dieser Umgang ist der eigentliche Regelungsgegenstand der Gesetze. Durch differenzierte Regelungen wird sichergestellt, dass so weit wie möglich die Kooperation mit den Eigentümern gesucht wird und dass die Eingriffe in deren Rechte so gering wie möglich sind. In Deutschland dagegen werden die Grundeigentümer erst bei den Entschädigungsregelungen ausdrücklich erwähnt. Zwar stellen die Naturschutzgesetze in Deutschland in pauschaler Form die Forderung auf, dass vertragliche Regelungen stets zu prüfen sind. Die gesamte Gesetzeskonzeption fußt aber nach wie vor auf Sicherstellung des notwendigen Schutzes durch Verwaltungsakt.

Insgesamt betrachtet bietet die Regelung in Deutschland auch weit mehr Schlupflöcher zur Umgehung der Anforderungen der Richtlinien. Zwar können in einigen Fällen diese Schwächen durch richtlinienkonforme Auslegung und unmittelbare Anwendung von Richtlinien ausgeglichen werden. Dies gilt jedoch nicht in allen Fällen. Selbst in jenen Fällen, in denen das Europarecht gebietet, das nationale Recht nicht oder nur in einer bestimmten Weise anzuwenden, besteht die Gefahr, dass die zuständigen staatlichen Stellen diese Verpflichtung nicht erkennen.

Interessant ist, dass der Gesetzgeber im Vereinigten Königreich sich weit lernfähiger zeigte, als jener in Deutschland, obwohl beide nach erstmaliger legislativer Umsetzung der FFH-RL grundlegende Novellen der Naturschutzgesetzgebung vornahmen. Während der Gesetzgeber im Vereinigten Königreich für England und Wales im Rahmen des CROWA 2000 die wesentlichen Schwächen der bisherigen Regelung abstellte, hielt der deutsche Gesetzgeber auch im Rahmen der im Jahre 2002 in Kraft getretenen Novelle an den meisten der einhellig kritisierten Regelungen fest. Dies ist auch Ausdruck der Handlungsunfähigkeit des deutschen Gesetzgebers, dessen Ursache die konkrete Form des Föderalismus ist. Um die Schwächen der legislativen Umsetzung abzustellen, wäre die Zustimmung des Bundesrates notwendig gewesen, der in seiner Mehrheit kein Interesse an einer Verbesserung des Naturschutzes hatte.

Im Nachteil im Vergleich zur deutschen Gesetzgebung bleiben jedoch einstweilen die Regelungen für Schottland und Nordirland.

Einen Hinweis darauf, dass die rechtliche Umsetzung der FFH-RL in Deutschland der im Vereinigten Königreich unterlegen ist, liefert auch der unterschiedliche Grad der Vollständigkeit der Gebietsmeldungen. Während Deutschland aus Sicht der Kommission bislang nur eine beträchtlich unvollständige Liste vorgelegt hat, liegt vom Vereinigten Königreich immerhin eine umfangreiche, wenn auch unvollständige Liste vor. Kein Mitgliedstaat hat bislang eine vollständige Liste vorgelegt, es werden jedoch nur vier weitere Staaten so schlecht beurteilt wie Deutschland[871].

[871] Schweden, Belgien, Dänemark und Frankreich: Kommission, Natura-Barometer, Stand 11.4.2002, http://europa.eu.int/comm/environment/nature.

II. Handlungsbedarfe für die nationalen Gesetzgeber

1. Deutschland

a. Vertragsnaturschutz

Im Vordergrund steht bei der rechtsvergleichenden Untersuchung des Habitatschutzes die Frage, wie der Schutz der wertvollen Gebiete sichergestellt wird. Der deutlichste Unterschied ist hier bei der Frage festzustellen, ob auf vertragliche Regelungen oder auf einseitig regulierende Maßnahmen gesetzt wird.

Hier sollte Deutschland sein Instrumentarium weiter entwickeln, um eine Stärkung des Vertragsnaturschutzes zu erreichen. Vertragliche Vereinbarungen ermöglichen es, auf die Interessen des Grundeigentümers stärker einzugehen, sind weniger einschneidend, geringerem Prozessrisiko ausgesetzt und können besser das Engagement des Grundeigentümers mobilisieren. Dabei sollten in einigen Punkten Anleihen beim Vereinigten Königreich genommen werden. Die Bestimmung des § 8 BNatSchG n. F. und entsprechende landesgesetzliche Regelungen, wonach stets zu prüfen ist, ob der Zweck auch durch vertragliche Vereinbarungen zu erzielen ist, ist als solche zahnlos. Der für ein FFH- oder Vogelschutzgebiet erforderliche Schutzstandard wird sich allein mit einer vertraglichen Vereinbarung nicht erzielen lassen. Vielmehr muss zum Schutz vor Einwirkungen von außen in jedem Falle eine Schutzgebietsverordnung gem. § 22 BNatSchG n. F. erlassen werden. Das dürfte als Argument ausreichen, um eine vertragliche Vereinbarung nicht ernsthaft zu verfolgen. § 8 BNatSchG n. F. löst also im Zweifelsfall eine rein rechtstechnische Überprüfung aus. Ernsthafter ausgelotet würden die Möglichkeiten des Vertragsnaturschutzes jedoch, wenn die deutschen Behörden wie im Vereinigten Königreich stets verpflichtet wären, dem Grundeigentümer zunächst einen Vertrag anzubieten. Lässt sich dieser auf den Vertrag ein, so könnte die Behörde den durch den Vertrag nicht erzielbaren Schutz durch eine Schutzgebietsverordnung sicherstellen, die sich allein auf jene Punkte beschränkt und dem Grundeigentümer keine weiteren Beschränkungen auferlegt. Der deutsche Gesetzgeber sollte eine entsprechende Veränderung der Naturschutzgesetze vornehmen.

Dabei ist auch anzustreben, dass die Entschädigungen – sowohl im Rahmen vertraglicher Vereinbarungen als auch in Folge regulierender Maßnahmen – auf solche Nutzungen beschränkt wird, die bisher schon ausgeübt wurden.

b. Konkrete Anforderungen der Richtlinien

Der deutsche Gesetzgeber ist auch aufgefordert, die Vielzahl der Schlupflöcher der Umsetzung des Schutzregimes des Art. 6 FFH-RL und Art. 4 Abs. 4 Vogelschutz-RL zu schließen. Durch sie besteht die Gefahr, dass in einer Reihe von Fällen der notwendige Schutz nicht gewährleistet ist[872].

An der Lösung im Vereinigten Königreich orientieren sollte sich Deutschland insbesondere bei der Umsetzung des Schutzes für prioritäre Gebiete vor Projekten, die wirtschaftlichen oder sozialen Zwecken dienen. Wenn der Schutz prioritärer Gebiete praktisch auf einen Briefwechsel mit der Kommission beschränkt wird, ist die Differenzierung zwischen prioritären und nicht-prioritären Gebieten weitgehend sinnlos. Dass der Schutz prioritärer Gebiete auch weiter gehen kann, indem Art. 6 Abs. 4 UAbs. 2 FFH-RL so umgesetzt wird, dass eine Zustimmung der Kommission verlangt wird, belegt die Lösung im Vereinigten Königreich, wo eine solche Zustimmung Voraussetzung für die Zulassung wirtschaftlicher oder sozialer Projekte in prioritären Gebieten ist.

c. Verknüpfung mit der UVP

Vereinheitlicht werden sollte die Verknüpfung mit der UVP, um eine einheitliche Verwaltungspraxis zu entwickeln. Ein Eingriff in die Verwaltungskompetenzen ist dafür nicht notwendig, weil bereits jetzt regelmäßig eine Konzentrationswirkung dahingehend besteht, dass die FFH-Verträglichkeitsprüfung von jenen Stellen durchgeführt wird, die das Vorhaben auch im übrigen zu genehmigen haben.

d. Meeresschutzgebiete

Weiterer Handlungsbedarf ergibt sich für den deutschen Gesetzgeber für den Schutz von Gebieten in der Ausschließlichen Wirtschaftszone (AWZ) und über dem Festlandsockel. Auch Flächen außerhalb von FFH- oder Vogelschutzgebieten müssen zu Schutzgebieten erklärt werden können. Dies ist für das Netz Natura 2000 wichtig, um einen Umgebungsschutz für die FFH- und Vogelschutzgebiete und eine Biotopvernetzung zu ermöglichen.

e. Potentielle FFH- und faktische Vogelschutzgebiete

Stark vernachlässigt ist der Schutz potentieller FFH- und faktischer Vogelschutzgebiete. Dass die Zusammenstellung des Netzes Natura 2000 noch geraume Zeit in Anspruch nehmen wird, zeigt die schon bislang schleppende Umsetzung der

---

[872]Siehe den Überblick unter § 3 VII 1.

1992 erlassenen FFH- und der 1979 erlassenen Vogelschutz-RL. Auch wenn die Gemeinschaftsliste gem. Art. 4 Abs. 2 FFH-RL vorliegen wird und alle darauf befindlichen Gebiete gem. Art. 4 Abs. 4 FFH-RL ausgewiesen sind, dürfte der Schutz potentieller FFH-Gebiete noch nicht bedeutungslos werden. Einerseits wird auch das Schutzregime der FFH-RL nicht bei jedem Gebiet eine Verschlechterung ausschließen können. Fällt ein Gebiet weg, so kann zur Wahrung der Kohärenz des Netzes die Aufnahme eines anderen Gebietes notwendig sein[873]. Gleiches gilt für nicht rechtzeitig umgesetzte Ausgleichsmaßnahmen. Außerdem stellt sich die Frage, ob nicht auf Grundlage neuerer wissenschaftlicher Erkenntnisse in gewissen Abständen Aktualisierungen der Anhänge der FFH-RL notwendig sind, so dass im Hinblick auf neu aufgenommene Arten und Lebensräume der Prozess von vorne beginnt.

Der deutsche Gesetzgeber sollte eine Regelung finden, die einen vorgelagerten Schutz potentieller FFH- und faktischer Vogelschutzgebiete gewährleistet. Die Regelungen im Vereinigten Königreich zeigen, dass es dafür geeignete Regelungen gibt. Am weitest gehenden sind hier die Regelungen für Gebiete über dem Festlandsockel des Vereinigten Königreichs[874]. Praktisch dem gleichen Schutzregime unterworfen wie bereits ausgewiesene FFH- oder Vogelschutzgebiete sind demnach nicht nur Gebiete, die bereits auf der Gemeinschaftsliste gem. Art. 4 Abs. 2 FFH-RL zu finden sind und Konsultierungsgebiete (Art. 5 FFH-RL), sondern auch solche Gebiete, die vom Vereinigten Königreich an die Kommission übermittelt sind (ohne dass sie bereits auf der Gemeinschaftsliste wären) und auch solche Gebiete, bei denen es der Secretary of State für wahrscheinlich hält, dass sie übermittelt werden. Die Zentralregierung hat auch stets die Möglichkeit, über jene Kompetenzen der Regierungen von Schottland, Wales und Nordirland hinweg bestimmte Entscheidungen zu treffen, die zur Einhaltung von internationalen Verpflichtungen des Gesamtstaats notwendig sind.

In Deutschland ergibt sich in der Regel ein Schutz potentieller FFH-Gebiete durch Gesetz erst, wenn sie sich auf der Gemeinschaftsliste gem. Art. 4 Abs. 2 FFH-RL befinden oder wenn sie Gegenstand eines förmlichen Konzertierungsverfahrens gem. Art. 5 FFH-RL sind. Vom deutschen Gesetzgeber ist mindestens zu verlangen, dass er solche Gebiete unter gesetzlichen Schutz stellt, die vom Bundesumweltministerium an die Kommission übermittelt worden sind. Die Regelung in § 26 e NatSchG B-W kann hier als Vorbild herangezogen werden.

[873]Die Mitgliedstaaten haben gem. Art. 4 Abs. 1 UAbs. 1 S. 4 i. V. m. Art. 11 FFH-RL die Pflicht Anpassungen vorzuschlagen. Kommen sie dem nicht nach, so kommt das Vorliegen potentieller Schutzgebiete in Betracht.

[874]Reg. 2 Offshore Petroleum Activities (Conservation of Habitats) Regulations 2001.

Hier kann zwar eingewandt werden, dass ein solcher gesetzlicher Schutz angesichts der direkt aus der FFH-RL und dem EGV abgeleiteten Rechtsprechung der deutschen Gerichte zum Schutz potentieller FFH-Gebiete nicht notwendig ist. Hinsichtlich der Frage, ob solche Gebiete überhaupt Schutz genießen, ist dem weitgehend recht zu geben. Denn das Kriterium der Rechtsprechung für die Annahme eines potentiellen FFH-Gebiets, dass sich die Aufnahme in die Gemeinschaftsliste aufdrängt, dürfte regelmäßig bei der Kommission vorgeschlagenen Gebieten erfüllt sein. Dürftig ist jedoch der von der Rechtsprechung gewährte Schutzstandard. Schließlich ist es in einigen Fällen nicht möglich, Einschränkungen von Rechten von Privatpersonen aufgrund einer unmittelbaren Wirkung einer Richtlinie zu begründen[875]. Hier ist der Gesetzgeber gefordert, bis zur endgültigen Entscheidung über die Aufnahme des Gebiets in das Netz Natura 2000 einen Schutz zu gewährleisten, der dem Schutz eines ausgewiesenen FFH-Gebiets mindestens gleichwertig ist. Dies kann in Form einer Rahmenvorgabe für die Landesgesetzgebung geschehen. In diesen Schutz einbezogen werden sollte auch ein Schutz jener Gebiete, die von den Bundesländern an den Bund gemeldet sind, ohne dass diese bereits an die Kommission weitergemeldet worden wären.

Erforderlich ist auch ein Schutz für noch gar nicht gemeldete Gebiete. Zwar kann auch zugunsten solcher Gebiete der von der Rechtsprechung entwickelte Schutz potentieller Gebiete eingreifen. Dieser Schutz ist jedoch – wie dargelegt – seinem Schutzniveau nach unzureichend und es gibt Grenzen der unmittelbarer Wirkung von Richtlinien. Wichtig ist ein solcher Schutz jedoch auch, um sicherzustellen, dass die betroffenen Verwaltungsstellen diese Gebiete beachten und ein Schutz nicht erst nach einem Rechtsstreit zu erlangen ist (sofern überhaupt Rechtsschutz zu erreichen ist).

Eine einfache Übertragung der Regelung für die Gebiete über dem Festlandsockel des Vereinigten Königreichs wäre problematisch, weil die Kompetenz für die Auswahl der Gebiete bei den Ländern liegt. Insoweit sind zunächst die Länder aufgefordert, einen entsprechenden Schutz in ihre Landesnaturschutzgesetze aufzunehmen. Gebiete, bei denen der Landesumweltminister die Meldung an die Kommission für wahrscheinlich hält, wären dann dem gleichen Schutz unterworfen wie Gebiete auf der Gemeinschaftsliste und Konzertierungsgebiete.

Dieser Appell an die Landesgesetzgeber ist jedoch insoweit unbefriedigend, als dass die Praxis gezeigt hat, dass einige Bundesländer ihre Gebiete nur sehr schleppend melden[876]. Für die zu erfüllende Aufgabe, anhand der Kriterien des Anhangs III der FFH-RL die Gebiete auszuwählen, fehlt den Ländern auch der

[875] Vgl. § 2 I 2.
[876] Siehe dazu § 3 VII 9.

notwendige Überblick. Kriterien wie „Repräsentativitätsgrad" oder vom „Lebensraumtyp eingenommene Fläche im Vergleich zur Gesamtfläche des betreffenden Lebensraumtyps" sind relativ zur Gesamtfläche des Mitgliedstaats zu verstehen. Eine objektive Beurteilung kann im Hinblick auf solche Kriterien nur von einer übergeordneten Stelle vorgenommen werden. Eine solche ist zwar mit der Kommission gegeben und diese hat ja auch gewisse Möglichkeiten, auf einen Schutz hinzuwirken. Der Schutz der Kommission greift aber meist sehr spät ein, so dass eine Zerstörung des Gebietes in der Zwischenzeit nicht ausgeschlossen werden kann.

An dieser Stelle wäre deswegen eine Kompetenz des Bundesumweltministers zur vorübergehenden Anordnung eines Schutzes der Gebiete sinnvoll. Dieser sollte mindestens den gleichen Schutz wie für ausgewiesene FFH-Gebiete gewährleisten. Problematisch an einer solchen Lösung ist die Frage, ob durch eine solche Regelung nicht unzulässig in die Kompetenzen der Länder eingegriffen würde. Es müsste sich um eine Regelung im BNatSchG handeln, die direkt anwendbar wäre. Für direkt anwendbare Regelungen in Bereichen, die der Rahmengesetzgebung zugeordnet sind (hier durch Art. 75 Abs. 1 Nr. 3 GG) setzt Art. 75 Abs. 2 GG enge Grenzen[877]. Direkt wirkende Regelungen dürfen demnach nur in Einzelfällen erlassen werden. Es dürfte nur eine begrenzte Zahl von Gebieten und diese auch nur vorübergehend betroffen sein. Stellt man den Wirkungskreis des Vorschlags in das Verhältnis zur Reichweite des § 69 Abs. 1 BNatSchG n. F., so zeigt sich, dass letztere Regelung weitaus umfassender in die Gesetzgebungskompetenz der Länder eingreift. Über § 33 Abs. 5 BNatSchG n. F. (früher § 39 Abs. 1 S. 1 BNatSchG) wären bei rechtzeitiger Umsetzung der Richtlinie für einen begrenzten Zeitraum alle FFH-Gebiete in Deutschland direkt wirkenden Regelungen des BNatSchG unterworfen. Nur weil der Prozess der Umsetzung deutlich langsamer vorankam, als vom Gesetzgeber bei Erlass des damaligen § 39 Abs. 1 S. 1 BNatSchG a. F. vorgesehen, kam es nicht zu dieser Wirkung. Dieser vorübergehende Schutz sollte immerhin bis zu fünf Jahre betragen. Die vorgeschlagene Regelung stellt deswegen einen Einzelfall im Sinne von Art. 75 Abs. 2 GG dar. Der Bund kann zu dieser Frage eine direkt wirkende gesetzliche Regelung schaffen.

Die entsprechende Änderung des BNatSchG bedürfte allerdings der Zustimmung des Bundesrats. Dies ergibt sich aus Art. 84 Abs. 1 GG. Diese Regelung ist so auszulegen, dass eine Zustimmung des Bundesrates auch dann erforderlich ist, wenn das Gesetz zum Erlass von Rechtsverordnungen ermächtigt und so der Kompetenzbereich der Länder für Einwirkungen des Bundes geöffnet wird[878]. Zwar war die 2002 in Kraft getretene Novelle nicht zustimmungsbedürftig, ob-

---

[877]Siehe dazu Rozek, in: Mangoldt/ Klein/ Starck, Bonner Grundgesetz, Bd. 2, Art. 75 Rn 65-70; Jarass, NVwZ 2000, 1093, 1089-1096; Stettner, in: Dreier, GG, Bd. II, Art. 75, Rn 10-14.

[878]Sannwald, in: Schmidt-Bleibtreu/ Klein, Art. 78 Rn 10; BVerfGE 24, 184, 194-202.

wohl sie in § 38 Abs. 3 BNatSchG n. F. die Ermächtigung zum Erlass von Rechtsverordnungen für Schutzgebiete in der AWZ enthielt. Die von Bundesregierung und Bundestag eingenommene Rechtsauffassung, dass es einer Zustimmung des Bundesrats für die Gesetzesänderung nicht bedarf, begründet sich mit der Annahme, dass vor Einführung des § 38 BNatSchG n. F. keine gesetzlichen Regeln existierten, die einen Schutz in der AWZ ermöglichten und deswegen auch nicht in den Kompetenzbereich der Länder eingegriffen wurde[879]. Die vorgeschlagene Reglung zum einstweiligen Schutz potentieller FFH-Gebiete greift allerdings in den Kompetenzbereich der Länder ein, so dass eine Zustimmung des Bundesrats erforderlich ist.

Voraussetzung für eine vorübergehende Unterschutzstellung durch den Bundesumweltminister wäre jedoch auch, dass er auch die Kompetenz zum Erlass von Rechtsverordnungen hat. Da der Bund die Gesetzgebungskompetenz hat, hat er gem. Art. 80 GG auch die Kompetenz zum Erlass von Rechtsverordnungen. Ob einer solchen Rechtsverordnung auch der Bundesrat zustimmen müsste, hängt gem. Art. 80 Abs. 2 Alt. 4 GG davon ab, ob das zum Erlass der Rechtsverordnung ermächtigende Gesetz der Zustimmung des Bundesrats bedarf. Dies ist – wie gezeigt – der Fall, so dass auch die Rechtsverordnungen zur einstweiligen Unterschutzstellung der Zustimmung des Bundesrats bedürften.

Die Frage, ob die im Vereinigten Königreich für Gebiete über dem Festlandsockel geltende Regelung zum einstweiligen Schutz von potentiellen FFH-Gebieten auf Deutschland übertragen werden kann, findet also nur eine begrenzt befriedigende Antwort. Die Einführung einer entsprechenden Kompetenz des Bundesumweltministers ist möglich, durch das Zustimmungserfordernis des Bundesrats zu jeder Schutzgebietsverordnung würde eine solche Regelung nur selten zur Anwendung kommen.

Ganz unabhängig von Aktivitäten des deutschen Gesetzgebers ist den deutschen Gerichten zu empfehlen, die Frage des Schutzniveaus von potentiellen FFH-Gebieten dem EuGH zur verbindlichen Klärung vorzulegen.

f. Gesetzgebungskompetenz

Das Problem der Schaffung geeigneter Instrumentarien für den Schutz von potentiellen FFH-Gebieten, die schleppende Änderung der Landesnaturschutzgesetze und die verspätete und unvollständige Meldung der FFH-Gebiete wirft die Frage auf, ob der Naturschutz im Bereich der Rahmengesetzgebung richtig aufgehoben

---

[879]Siehe zur Frage, ob die deutschen Gesetze bislang schon Gültigkeit für die AWZ hatten: § 3 VI 8 b.

ist. Auch für die künftigen Phasen der Einrichtung und des Schutzes von Natura 2000 ist eine nachlässige Bearbeitung durch die Länder zu befürchten. Praktische Gesichtspunkte alleine vermögen jedoch keine ausreichende Begründung für die Änderung der grundgesetzlichen Kompetenzordnung zu liefern. Dies gilt insbesondere, weil eingewandt werden kann, dass der Stellenwert der Umsetzung von Natura 2000 von parteipolitischen Präferenzen abhängt.

Es gibt jedoch einige grundlegende Veränderungen, die den Bereich des Naturschutzrechts betreffen und die Anlass für eine Änderung der Gesetzgebungskompetenz bieten. Zu nennen ist hier zunächst der Bedeutungswandel des Naturschutzes. Der Naturschutz entwickelt sich immer weiter weg davon, Teil eines Schutzes von typischer Heimat zu sein. Dies war in Deutschland sein Ausgangspunkt. Noch anlässlich des Streits zwischen Bund und Ländern in den 70er Jahren des 20. Jahrhunderts, ob der Bund die Kompetenz für eine Vollregelung bekommen solle, argumentierten diese, dass für die Länder verschiedene Gesetze eine an die unterschiedlichen Landschaften angepasste Gesetzgebung ermöglichte[880]. Der Naturschutz hatte damit starke Parallelen zum Denkmalschutz. Zwischenzeitlich hat der Naturschutz jedoch einen wichtigen Bedeutungswandel dadurch erfahren, dass sich – spätestens seit dem Erdgipfel von Rio de Janeiro 1992 – die Erkenntnis durchgesetzt hat, dass der Erhalt der biologischen Vielfalt eine globale Überlebensfrage für Mensch und Umwelt ist und dass dafür auch der Schutz bestimmter Flächen notwendig ist. Naturschutz ist also mittlerweile auch eine Frage, die Interessen betrifft, die weit über einzelne Bundesländer hinausreichen.

Gleichzeitig werden durch Vogelschutz- und FFH-RL zentrale Vorgaben gemacht, die die Gestaltungsspielräume der nationalen Gesetzgeber jedenfalls erheblich einschränken. Vor dem Hintergrund ist es fraglich, ob es sinnvoll ist, den verbleibenden Spielraum zwischen Bund und Ländern nochmals aufzuteilen.

Vorzugswürdig wäre deswegen, den Naturschutz der konkurrierenden Gesetzgebung gem. Art. 72, 74 GG zuzuweisen. Das würde es ermöglichen, dass der Bund eine Vollregelung für bestimmte Bereiche des Naturschutzes vornimmt, die den o.g. Kriterien entsprechen, also insbesondere für den Schutz von FFH- und Vogelschutzgebieten. Andere Bereiche könnten vollständig den Ländern überlassen werden, wie z.B. der Schutz von Naturdenkmalen. Schließlich könnte der Bund auch im Bereich der konkurrierenden Gesetzgebung Regeln erlassen, die Gestaltungsspielräume für die Länder lassen, so z.B. für die Landschaftsplanung.

---

880 Siehe dazu § 3 II.

g. Rechtsschutz

Durch die Einführung der Verbandsklage auf Bundesebene ist in Deutschland zwar bereits ein wichtiger Schritt zu einer Stärkung des Naturschutzes gegenüber anderen Interessen getan worden. Der Wirkungskreis der Verbandsklage ist jedoch sehr zurückhaltend gestaltet worden.

Wenn das Verbandsklagerecht ein effektives Mittel zur Sicherstellung der Umsetzung der FFH- und der Vogelschutz-RL sein soll, muss der Gesetzgeber in einem zweiten Schritt sie so ausweiten, dass sich anerkannte Naturschutzverbände gegen jede Form der Missachtung von Normen, die zumindest auch dem Naturschutz zu dienen bestimmt sind, wenden können. Dabei wäre es sinnvoll, dass durch den Gesetzgeber klargestellt wird, dass sämtliche aus der FFH-RL abgeleitete Bestimmungen im Rahmen der Verbandsklage überprüft werden können. Dazu gehört auch das Vorliegen von Alternativen und von wirtschaftlichen oder sozialen Gründen. Die stärkere Integration von Naturschutz mit anderen Interessen kann nicht dazu führen, dass für den Naturschutz kein effektiver Rechtsschutz zur Verfügung steht.

Dass Gerichte in England und mittlerweile wohl auch in Schottland sich von dem Gedanken leiten lassen, dass gegen jede staatliche Entscheidung eine gerichtliche Überprüfung möglich sein muss, sollte dem Gesetzgeber in Deutschland zeigen, dass eine solche Ausweitung nicht abwegig ist. Zwar scheitert auch hier eine direkte Übertragung; ein Appell an die Gerichte, die Klagebefugnisse auszuweiten, scheidet aus. Die Gerichte sind an § 42 Abs. 2 VwGO gebunden und können deswegen das Verbandsklagerecht nicht erweitern. Der Gesetzgeber könnte sich diesen Gedanken aber zum rechtspolitischen Leitbild bei einer Ausweitung des Verbandsklagerechts machen.

Die im UGB-KomE vorgeschlagene umweltrechtliche Konkurrentenklage[881] dürfte für die Umsetzung des Habitatschutzes der FFH- und der Vogelschutz-RL nur einen geringen Beitrag leisten.

h. Haftung und Sanktionen

Die Untersuchung hat gezeigt, dass die Regeln in Deutschland über die Haftung von Schädigern für die Wiedergutmachung von Schäden, die sie an Lebensräumen anrichten, sehr uneinheitlich sind. Hier sollte eine Vereinheitlichung erfol-

---

[881] Vgl. dazu § 3 VI 12. d.

gen. Dabei sollte bereits die geplante EU-Richtlinie über Umwelthaftung[882] berücksichtigt werden. Nach bestehender Kompetenzordnung hat die Umsetzung durch Landesrecht zu erfolgen. Einer Bestimmung im BNatSchG, die Mindestanforderungen definiert, steht nichts entgegen.

2. Vereinigtes Königreich

a. Anpassung der Gesetzgebung an CROWA 2000

Am gegenwärtigen Zustand des Schutzes von FFH- und Vogelschutzgebieten im Vereinigten Königreich lassen sich eine Menge von Detailpunkten kritisieren. Eine Großzahl davon ist in England und Wales durch die durch den CROWA 2000 eingeführten Änderungen am WCA 1981 ausgeräumt worden Ein weiterer Teil wird sich wohl erledigen, wenn die CR an die Änderungen durch den CROWA 2000 angepasst werden. Hier handelt es sich vor allem um Probleme, die daraus entstehen, dass ein Gebiet ein FFH-Gebiet ist, ohne eine SSSI zu sein.

Deswegen steht hier der Appell an die Gesetzgebungsorgane für Nordirland und Schottland, solche Gesetzesänderungen vorzunehmen, die dem CROWA 2000 entsprechen und an die zuständigen Stellen aller vier Nationen jeweils Änderungen der CR vorzunehmen, die für FFH-Gebiete einen Schutz bringen, der mindestens dem für SSSI nach dem CROWA 2000-Regime entspricht.

b. Konzentrationswirkung und Verknüpfung mit der UVP

Anders als in Deutschland gibt es eine Konzentration der FFH-Verträglichkeitsprüfung mit anderen Genehmigungen im Vereinigten Königreich nur in Ausnahmefällen. Eine solche Konzentrationswirkung ist nur bei Planungsgenehmigungen vorgesehen. Hier wäre sinnvoll, ähnlich wie in Deutschland eine generelle Konzentration bei der Stelle anzuordnen, die auch im übrigen für die Genehmigung des Vorhabens zuständig ist. Das würde die Möglichkeit eröffnen, UVP und FFH-Verträglichkeitsprüfung miteinander zu kombinieren. Auch dem Gesetzgeber im Vereinigten Königreich wäre zu empfehlen, eine solche Kombination grundsätzlich anzuordnen, wenn beide Prüfungen notwendig sind. Das würde eine einheitliche Verwaltungspraxis ermöglichen.

---

[882] Vorschlag für eine Richtlinie des Europäischen Parlaments und des Rates über Umwelthaftung betreffend die Vermeidung von Umweltschäden und die Sanierung der Umwelt, KOM(2002) 17 endg., www.europa.eu.int/comm/environment/liability/index.htm.

c. Meeresschutzgebiete

Dringend verbesserungsbedürftig ist der Schutz von Meeresgebieten.

Was den Schutz von Gebieten im Bereich des Küstenmeers betrifft, so wäre es zu empfehlen, dass sowohl für FFH- und Vogelschutzgebiete als auch für sonstige Gebiete die Möglichkeit eines strengen Schutzes geschaffen wird, der nur die nach dem SRÜ notwendigen Ausnahmen macht. Der strenge Schutz sonstiger Gebiete ist im Hinblick auf FFH- und Vogelschutzgebiete wegen des Umgebungsschutzes und der Biotopvernetzung wichtig. Bei der konkreten Ausgestaltung wird es nicht sinnvoll sein, das Schutzregime der terrestrischen Gebiete zu übertragen. Dieses sieht schließlich vor, zunächst dem Eigentümer der Gebiete ein Management Agreement anzubieten. Da Meeresgebiete in niemandes Eigentum stehen, kann auch keine vertragliche Vereinbarung geschlossen werden. Hier wäre eine Orientierung am deutschen Regelungsmodell sinnvoller.

Im Hinblick auf Gebiete über dem Festlandsockel außerhalb des Küstenmeers ist der Schutz absolut unzureichend. Hier kann die Regelung aus § 38 BNatSchG n. F. Beispiel sein. Diese zeigt, dass die Ausweisung von Schutzgebieten sich umfassend auf eine Vielzahl von Nutzungen beziehen kann. Eine Neuregelung für das Vereinigte Königreich sollte allerdings anders als in Deutschland auch die Ausweisung sonstiger Schutzgebiete über dem Festlandsockel ermöglichen.

d. Potentielle FFH- und faktische Vogelschutzgebiete

Im Vereinigten Königreich gibt es drei unterschiedliche Stufen des vorläufigen Schutzes möglicher späterer Schutzgebiete. Während die Gebiete zu Lande und im Küstenmeer in Schottland, Wales und Nordirland nur einem Schutz unterliegen, wenn sie sich bereits auf der Gemeinschaftsliste gem. Art. 4 Abs. 2 FFH-RL befinden oder Gegenstand eines Konzertierungsverfahrens gem. Art.5 FFH-RL sind, werden die entsprechenden Gebiete in England bereits dann geschützt, wenn sie vom Secretary of State der Kommission vorgeschlagen worden sind. Den frühesten Schutz genießen jedoch jene Gebiete über dem Festlandsockel, die außerhalb des Küstenmeers und damit außerhalb der Hoheitsgewässer des Vereinigten Königreichs liegen. Jene werden bereits dann geschützt, wenn der Secretary of State ihre Übermittlung an die Kommission für wahrscheinlich hält.

Hier wäre eine Übertragung der Regelung auf Gebiete zu Lande und im Küstenmeer sinnvoll.

e. Haftung und Sanktionen

Der Gesetzgeber im Vereinigten Königreich sollte – wie in Deutschland – für schwerwiegende Schädigungen von Habitaten einen Straftatbestand schaffen und sich nicht auf die Verhängung von Bußgeldern beschränken. Dies ist insbesondere notwendig, um auch vor solchen Schädigungen abzuschrecken, aus denen sich ein großer finanzieller Nutzen ziehen lässt.

Im Hinblick auf die Verpflichtung zur Wiedergutmachung würde die Übertragung der CROWA 2000-Regeln auch in Nordirland und Schottland zu befriedigenden Regelungen führen.

III. Gestaltungsspielräume nationaler Gesetzgeber und nationaler Gerichte bei der Umsetzung von FFH- und Vogelschutz-RL

Bei der Untersuchung sind an vielen Punkten Gestaltungsspielräume deutlich geworden. Erkennbar werden sie teils durch die Unterschiede in den beiden untersuchten Mitgliedstaaten, teils anhand der in den Gesetzgebungsverfahren diskutierten Alternativen. Im Hinblick auf manche Gestaltungsspielräume stellt sich die Frage, ob sie überhaupt erkannt wurden, weil im Vorfeld der Gesetzgebung keine Alternativen diskutiert wurden. Schließlich gibt es auch Abweichungen zwischen beiden Staaten, die nur durch Überschreitung von Gestaltungsspielräumen zustande kommen.

In der Gesamtschau zeigt sich, dass es erheblich auf die legislative und praktische Umsetzung durch den Mitgliedstaat ankommt, sowohl im Hinblick darauf, ob der Mitgliedstaat tätig wird als auch im Hinblick auf das „Wie".

Bei der zusammenfassenden Darstellung soll unterschieden werden zwischen Gestaltungsspielräumen, die positiv und solche, die negativ sind. Positiv sind solche Spielräume, die die Ziele der Richtlinien nicht gefährden und eine optimale Anpassung der Umsetzung an das jeweilige Rechts-, Gesellschafts- und Wirtschaftssystem ermöglichen. Selbst wenn letzteres nicht der Fall ist, so tragen diese Spielräume dazu bei, dass die Mitgliedstaaten nicht unnötig eingeschränkt werden. Negativ sind Spielräume, die die Ziele der Richtlinie gefährden oder Unklarheiten bei der Umsetzung herbeiführen, die zu Rechtsunsicherheit führen.

1. Positive Gestaltungsspielräume

Am augenfälligsten ist der Spielraum im Hinblick auf die Frage, ob die Staaten den erforderlichen Schutz von FFH-Gebieten ausschließlich mit Mitteln des staatlichen Zwangs oder auch mit anderen Mitteln erreichen. Der Spielraum dürfte allerdings nicht so weit gehen, dass auf Mittel des staatlichen Zwangs ganz verzichtet wird. Das ursprüngliche Schutzregime des WCA 1981 in Großbritannien[883], dass „effektiv vermeidbar"[884] gewesen ist – also im Zweifelsfall keinen Zwang ausübte –, lag außerhalb des Gestaltungsspielraumes.

Eng verknüpft ist die Frage, inwieweit Eigentümer oder Nutzer eines Schutzgebiets entschädigt werden, wenn sie bestimmte Tätigkeiten ausüben sollen oder nicht ausüben dürfen. Dies hat sowohl Einfluss auf die Erfolgschancen von Schutzregimen, die stark auf Freiwilligkeit setzen als auch auf die Bereitschaft von Naturschutzverwaltungen, zwingende Regeln zu erlassen. Hier ist es notwendig, auf die rechtlichen Rahmenbedingungen für die Beschränkung des Eigentums des jeweiligen Mitgliedstaats Rücksicht zu nehmen; außerdem ist die Frage, wofür entschädigt wird, eine politische Frage, die am besten im nationalen Kontext entschieden werden kann.

Freigestellt ist den Mitgliedstaaten auch, ob sie für FFH- oder Vogelschutzgebiete neue Schutzkategorien schaffen oder auf bestehende zurückgreifen. Dies ermöglicht es, bei Gebieten, die bislang schon einen Schutz genossen, der den Anforderungen genügt, auf eine erneute Ausweisung zu verzichten.

Spielraum besteht auch im Hinblick auf die innerstaatliche Verteilung der Zuständigkeiten. So muss die bisher bestehende Kompetenzordnung nicht verändert werden oder kann – wie im Vereinigten Königreich – unabhängig von europarechtlichen Vorgaben umgestaltet werden. So besteht auch die Möglichkeit, den zusätzlichen Verwaltungsaufwand für Verträglichkeitsprüfungen gering zu halten, indem diese mit anderen Prüfungen, die sich aus anderen rechtlichen Regeln ergeben, zusammenzufassen (Konzentrationswirkung).

Art und Intensität der Öffentlichkeitsbeteiligung liegt ebenfalls in der Entscheidung der Mitgliedstaaten. Art. 6 Abs. 3 S. 2 FFH-RL schreibt lediglich vor, dass die Öffentlichkeit zu beteiligen ist. Sinnvoll ist es, die Ausgestaltung den sonstigen Regularien für Planungsprozesse und der politischen Kultur in dem Mitgliedstaat anzupassen.

Sehr weite Möglichkeiten haben die Mitgliedstaaten auch im Hinblick auf die Gestaltung des Umfelds von FFH- und Vogelschutzgebieten. Hier fließt auch ein die Verpflichtung aus Art. 10 FFH-RL, bestimmte verbindende Landschaftselemente zu fördern. Die Maßnahmen, die sich auf FFH- und Vogelschutzgebiete auswirken, ohne in ihnen selbst stattzufinden, gehen über einzelne verbindende

---

[883]Sowie das entsprechende in der Nature Conservation and Amenity Lands (Northern Ireland) Order 1985.

[884]Payne, ELM 2001, 239, 248.

Landschaftselemente deutlich hinaus. Hierzu gehört auch die Schaffung größerer Biotopverbünde und der Schutz von sonstigen Schutzgebieten im Meer. Dass die Richtlinien hier keine engeren Vorgaben machen, ist sinnvoll. Engere Vorgaben würden eine umfassende Beeinflussung der staatlichen Planungspolitik bedeuten, die nicht allein aus der FFH-RL abgeleitet werden kann.

Zum Schutz des Umfelds von Schutzgebieten gehört auch der Einfluss auf die Landwirtschaft. Hier haben die Mitgliedstaaten erheblichen Spielraum im Hinblick auf Privilegierungen der Landwirtschaft. Nur teilweise von Mitgliedstaaten beeinflusst werden die Förderprogramme für die Landwirtschaft, die erheblichen Einfluss darauf haben, inwieweit naturschonend gewirtschaftet wird.

2. Negative Gestaltungsspielräume

Eine Reihe von negativen Gestaltungsspielräumen bestehen an jenen Stellen, an denen Deutschland konkrete Anforderungen der Richtlinie nicht befriedigend umgesetzt hat. Jedoch sind viele dieser Defizite nicht darauf zurückzuführen, dass die Richtlinien zu große Spielräume ließen. Vielmehr hat der Gesetzgeber in Deutschland vielfach seinen Spielraum überschritten. Teilweise ist dies auf unklare (wenn auch durch Auslegung zu klärende) Formulierungen in den Richtlinien zurückzuführen[885].

Ein negativer Spielraum besteht jedoch im Hinblick auf den Umgang mit Projekten oder Plänen wirtschaftlicher oder sozialer Art, die prioritäre Gebiete beeinträchtigen würden. Hier lässt es die Richtlinie offen, ob es ausreichend ist, der Kommission einen Brief zu schreiben und auf ihre Antwort zu warten. Die Lösung, die der Gesetzgeber im Vereinigten Königreich gefunden hat, dass ein solches Projekt oder solcher Plan nur mit Zustimmung der Kommission genehmigt werden dürfe, führt allein zu einem sinnvollen Ergebnis, das den Schutz von prioritären Gebieten erhöht. Diese Auslegung ist jedoch nicht zwingend, die Mitgliedstaaten können sich nach der FFH-RL von der Meinung der Kommission unabhängig machen.

---

[885] So etwa im Hinblick auf den fehlenden Schutz vor Einwirkungen von außen, vgl. § 3 VI 7. a. aa.; die Beschränkung auf den Schutz vor erheblichen Beeinträchtigungen, vgl. § 3 VI 7. b.; das fehlende Beeinträchtigungsverbot für noch nicht als solche erklärte Vogelschutzgebiete, vgl. § 3 VI 7. b.
Eine Überschreitung des Spielraums ohne Unklarheiten der Richtlinien gibt es durch die fehlende Verträglichkeitsprüfung von Bauvorhaben für die ein älterer Bebauungsplan gilt oder die im Wege der Befreiung genehmigt werden, vgl. § 3 VI 7. a. aa.; die zu eng begrenzte Alternativenprüfung, vgl. § 3 VI 7. d. dd.; die Zulassung von Beeinträchtigungen aus wirtschaftlichen oder sozialen Gründen bei noch nicht als solchen erklärten Vogelschutzgebieten; im Hinblick auf Gewässerbenutzungen und Genehmigungen nach BImSchG die Aushebelung des Beeinträchtigungsverbots, vgl. § 3 VI 6., 7. b. und dem Verweis auf die allgemeine Ausgleichsregelung, vgl. § 3 VI 7. d. ee.

Den nationalen Gesetzgebern steht es frei, inwieweit sie die FFH-Verträglichkeitsprüfung mit der UVP verknüpfen. Dies führt dazu, dass auf mitgliedstaatlicher Ebene entschieden werden muss, ob und wie die beiden Prüfungen miteinander kombiniert werden können. Die Untersuchung hat gezeigt, dass die Gesetzgeber selbst die Entscheidung ob beide Prüfungen kombiniert werden sollen nur in Ausnahmefällen treffen, vielmehr wird die Entscheidung wiederum der Verwaltungsebene überlassen. So kann sich keine einheitliche und schlanke kombinierte Prüfung entwickeln.

Ob im Hinblick auf die Frage, ob die Mitgliedstaaten auch Gebiete außerhalb ihrer Hoheitsgewässer aber innerhalb von Ausschließlicher Wirtschaftszone (AWZ) oder über dem Festlandsockel zu schützen haben, die Richtlinie Spielräume lässt, kann bezweifelt werden. Sie äußert sich dazu zwar nicht ausdrücklich, vielmehr spricht Art. 3 Abs. 2 FFH-RL von den Hoheitsgebieten der Mitgliedstaaten. Durch die Liste der zu schützenden Arten und Lebensräume wird aber deutlich, dass die FFH-RL sich auch auf Gebiete außerhalb der Hoheitsgebiete bezieht.

Erheblicher Gestaltungsspielraum der Mitgliedstaaten besteht jedoch im Hinblick auf den Schutz potentieller FFH- und faktischer Vogelschutzgebiete. Einzelne nationale Gerichte – so die der untersuchten Mitgliedstaaten – sehen zwar eine europarechtliche Verpflichtung zum Schutz solcher Gebiete. Diese Auffassung wird jedoch nicht von allen nationalen Gerichten geteilt[886]. Insofern kann schon im Hinblick auf das „Ob“ des Schutzes solcher Gebiete von einem Spielraum gesprochen werden. Spielraum besteht jedoch in jedem Falle im Hinblick darauf, ob vor Aufnahme des Gebiets in die Gemeinschaftsliste ein Gebiet bereits gesetzlichen Schutz genießt oder ob der Schutz sich lediglich aus der Rechtsprechung ableiten soll. Frei sind die Mitgliedstaaten auch im Hinblick auf das konkrete Schutzniveau für potentielle FFH- und faktische Vogelschutzgebiete.

Keinen Maßgaben unterliegen die Mitgliedstaaten im Hinblick auf den Rechtsschutz. Es ist ihnen freigestellt, ob sie die Kontrolle durch nicht direkt betroffene Privatpersonen oder Umweltschutzverbände ermöglichen. Dies führt zu einem unterschiedlichen Stand bei der Durchsetzung der Richtlinien und der zu ihrer Umsetzung dienenden nationalen Bestimmungen.

Nicht vorgeschrieben ist den Mitgliedstaaten schließlich, inwieweit sie Verstöße gegen Schutzbestimmungen mit Sanktionen belegen und Schädiger zur Wiedergutmachung heranziehen. Spielraum im Hinblick auf letzteres hat die gleichen Folgen wie die unterschiedlichen Möglichkeiten des Rechtsschutzes, nämlich un-

---

[886] Jans, S. 182 m.w.N.

terschiedliche Niveaus der Durchsetzung der schützenden Regeln. Wie im Vereinigten Königreich ganz auf die Möglichkeit der Verhängung von Haftstrafen zu verzichten nimmt den zwingenden Regeln des Habitatschutzrechts die Verbindlichkeit, insbesondere bei Schädigungen, die erheblichen finanziellen Nutzen bringen.

IV. Handlungsbedarf für den Gemeinschaftsgesetzgeber und die Kommission

1. Handlungsbedarf für die Kommission

Es ist weiterhin erforderlich, dass die Kommission auf die Einhaltung der Verpflichtungen aus Vogelschutz- und FFH-RL pocht und dazu auch zum Mittel des Vertragsverletzungsverfahrens greift. Es wäre für die gleichmäßige und wirksame Durchsetzung der Forderungen der Richtlinien hilfreich, wenn durch die so ausgelöste Rechtsprechung des EuGH geklärt wird, wo Vorgaben der Richtlinien missachtet werden oder der EuGH unklare Bestimmungen der Richtlinien auslegt[887].

Von besonderem Gewicht wären hier die Fragen, ob es potentielle FFH-Schutzgebiete gibt, wie diese zu schützen sind, ob es Schutzgebiete außerhalb des Hoheitsbereichs der Mitgliedstaaten gibt und ob sich der von der FFH-RL verlangte zusätzliche Schutz potentieller FFH-Gebiete tatsächlich auf einen Briefwechsel mit der Kommission beschränken kann.

2. Handlungsbedarf für den Gemeinschaftsgesetzgeber

Der Gemeinschaftsgesetzgeber sollte einerseits die vorgenannten unklaren Fragen im Rahmen einer Novelle der FFH-RL klären. Eine Regelung für potentielle FFH- und faktische Vogelschutzgebiete wäre insbesondere im Hinblick auf die Osterweiterung der EU sinnvoll.

Schon auf der Ebene des Gemeinschaftsrechts sollte eine Integration von FFH-Verträglichkeitsprüfung und UVP angeordnet werden. Der Gemeinschaftsgesetzgeber sollte ein integriertes Prüfprogramm entwickeln, aus dem dann ggf. einzelne Punkte nicht beachtet werden müssen. Das schafft die besten Chancen, in der Praxis ein einheitliches Prüfverfahren zu etablieren, weil ansonsten die Mitgliedstaaten bei Vereinheitlichung ähnlicher Punkte beider Prüfverfahren auf nationaler

---

[887] Vgl. dazu § 6 III 2.; dazu gehört im Übrigen auch die fehlende Umsetzung in das Landesrecht einiger Bundesländer.

Ebene Gefahr laufen, sich nicht genau an die Vorgaben beider Richtlinien zu halten.

Schließlich besteht Bedarf für einheitliche Vorgaben im Hinblick auf Rechtsschutz, auf Haftung für die Beschädigung oder Zerstörung von Schutzgebieten und auf Sanktionen. Hier ist jeweils eine Mindestanforderung zu formulieren. Ob die Gemeinschaft die Kompetenz dazu hat, ist strittig[888]. Beim Thema Haftung für die Beschädigung und Zerstörung von Schutzgebieten weist in die richtige Richtung der Entwurf für eine Richtlinie über Umwelthaftung[889]. Jener schreibt auch ein Klagerecht vor, mit dem jedermann und „qualifizierte Einrichtungen" eine Entscheidung einer Behörde über die Heranziehung eines Schädigers überprüfen lassen kann[890]. Es wäre widersprüchlich, wenn jedermann ein Recht hat, die Rechtmäßigkeit des Handelns einer Behörde überprüfen zu lassen, nachdem es zu einer Schädigung gekommen ist, nicht jedoch Möglichkeiten für nicht direkt betroffene Dritte oder Umweltverbände zu schaffen, die Behörden zum Erlass der notwendigen Ge- und Verbote zu zwingen.

Ganz unabhängig von dieser systematischen Frage ist in allen Mitgliedstaaten ein Klagerecht notwendig, dass sich auf den gesamten Prozess der Einrichtung und des Schutzes von Natura 2000 bezieht, weil die Kommission nicht in allen Fällen die Einhaltung der Regeln überwachen kann[891]. Es besteht auch die Gefahr, dass es zu einer uneinheitlichen Anwendung des Gemeinschaftsrechts kommt[892]. Der Gemeinschaftsgesetzgeber sollte deswegen die FFH-RL dahingehend ergänzen, dass er – ähnlich wie in dem Entwurf für die Richtlinie zur Umwelthaftung – Mindestanforderungen für die gerichtliche Überprüfbarkeit der Einhaltung der Vorgaben der Richtlinie formuliert[893].

---

[888]Siehe zu diesem Streit den Vorschlag der Kommission für eine Richtlinie über den strafrechtlichen Schutz der Umwelt, KOM (2001)139 endg., Begründung 2.

[889]Vorschlag für eine Richtlinie des Europäischen Parlaments und des Rates über Umwelthaftung betreffend die Vermeidung von Umweltschäden und die Sanierung der Umwelt, KOM(2002) 17 endg., www.europa.eu.int/comm/environment/liability/index.htm; siehe dazu Wirths, S. 346 f.

[890]Art. 15 des Entwurfes.

[891]Hilf, EuR 1993, 1, 3; die Möglichkeit, Eingaben bei der Kommission zu machen ist suboptimal und deswegen keine Alternative: Falks/ Rose, in: Somsen, S. 195.

[892]Rehbinder, in: Somsen, S. 151, 153-160.

[893]Siehe dazu auch die bisherigen Überlegungen der Kommission so etwa in:
Communication from the European Commission 11418/96, COM(96) 500 final, 22 October 1996, Implementing Community Environmental Law, Nr. 43; sie wird darin unterstützt vom Europäischen Parlament, Resolution on a communication from the Commission on implementing Community environmental law, Nr. 12 (nachzulesen als Appendix 7 zu House of Lords, Standing Committee on the European Communities, Session 1997-98, 2nd Report, Community environmental law: Making it work); dazu Haigh in einem Joint Public Hearing (European Parliament and Commission) 30 May 1996 (nachzulesen als Appendix 5 zu House of Lords, Standing Committee

on European Communities, Session 1997-98, 2nd Report, Community environmental law: Making it work).

Neuere Überlegung in: IMPEL Network, Complaint Procedures and Access to Justice for citizens and NGOs in the Field of the environment within the European Union, 2000, www.europa.eu.int.

Siehe zu diesen Aspekten die Stellungnahme der Regierung des Vereinigten Königreichs: Explanatory Memorandum zu COM(96) 500 final des Department of the Environment, Nr. 10 (Appendix 8 zu House of Lords, Standing Committee on European Communities, Session 1997-98, 2nd Report, Community environmental law: Making it work).

Siehe auch House of Lords, Select Committee on the European Communities, Session 1991-92, 9th Report, Implementation and enforcement of environmental legislation, S. 29, S. 39 u. S. 44 f.; Macrory, JEL 1992, 298-304; Wirths, 345 f.

Neben der Frage des *locus standi* vor nationalen Gerichten stellt sich logischerweise auch die Frage nach *locus standi* für NGO vor dem EuGH oder dem EuG, s. dazu EP, Resolution on a communication from the Commission on implementing Community environmental law, Nr. 14 (nachzulesen als Appendix 7 zu House of Lords, Standing Committee on the European Communities, Session 1997-98, 2nd Report, Community environmental law: Making it work); dazu auch EP, Ausschuss für Umwelt, Gesundheit und Verbraucherschutz, Working document on implementation of Community environmental law, Solutions Nr. 8 (Appendix 6 a.a.O.).

Literaturverzeichnis

Albin, Silke/ Müller-Kraenner, Sascha	Deutsche Umweltpolitik in Europa - Abschied von einer Vorreiterrolle, ZUR 1999, 73-77
Allen, Michael/ Thompson, Brian	Constitutional & Administrative Law, 6th ed., London, 2000
Apfelbacher, Dieter/ Adenauer, Ursula/ Iven, Klaus	Das Zweite Gesetz zur Änderung des BNatSchG, Teil II, NuR 1999, 63-78
Ashton, Christine/ Finch, Valerie	Administrative Law in Scotland, Edinburgh, 1997
Balleis, Kristina	Mitwirkungs- und Klagerechte anerkannter Naturschutzverbände, Frankfurt am Main, 1996
Barnett, Hilaire	Constitutional & Administrative Law, 3rd ed., London, 2000
Beaucamp, Guy	Umweltrechtsvergleichung - Hoffnungen, Probleme und Ausschnitte aus der Realität, UPR 2001, 134-138
Bell, Stuart/ McGillivray, Donald	Environmental law, 5th ed., London, 2000
Bender, Bernd/ Sparwasser, Reinhard/ Engel, Rüdiger	Umweltrecht, 4. Aufl., Heidelberg, 2000
Bleckmann, Albert	Europarecht, 6. Aufl., Köln, 1997
Böhm, Monika	Der Bund-Länder-Regreß nach Verhängung von Zwangsgeldern durch den EuGH, JZ 2000, 382-387
Börkey, Peter/ Lévêque, François	Voluntary approaches for environmental protection in the European Union: A survey, European Environment 2000, 35-54
Bothe, Michael/ Guendling, Lothar	Neuere Tendenzen des Umweltrechts im internationalen Vergleich, Berlin, 1990

Brinkhorst, Laurens Jan	Subsidiarity and European Environment Policy, EELR 1993, 8 u. 17-24
Bund für Umwelt- und Naturschutz Deutschland (BUND)	BUND-Forderungen zur Novellierung des Bundesnaturschutzgesetzes, Berlin, 2000
Bundesamt für Naturschutz	Stand der Gebietsmeldungen zur FFH-/ Vogelschutzrichtlinie in Deutschland, www.bfn.de, 2002
Dass. (Hrsg.)	Das europäische Schutzgebietssystem NATURA 2000, Bonn, 1998
Bundesministerium für Umwelt, Naturschutz und Reaktorsicherheit (Hrsg.)	Entwurf der Unabhängigen Sachverständigenkommission zum Umweltgesetzbuch, Berlin, 1998
Buschbaum, Heike/ Schulz, Alexander Henning	Europäisierung des deutschen Umweltrechts am Beispiel des Technikstandards "Beste verfügbare Techniken", NuR 2001, 181-187
Collins, Lawrence	European Community Law in the United Kingdom, London, 1990
Czybulka, Detlef	Das Rechtsregime in der Ausschließlichen Wirtschaftszone (AWZ) im Spannungsfeld von Nutzungs- und Schutzinteressen, NuR 2001, 367-374
Ders.	Geltung der FFH-Richtlinie in der Ausschließlichen Wirtschaftszone, NuR 2001, 19-27
Department for Environment, Food and Rural Affairs (DEFRA)	First report by the United Kingdom under Article 17 on implementation of the Directive from June 1994 to December 2000, http://www.jncc.gov.uk/habitats/directive/Default.htm Bristol, 2001
Dass.	Public Consultation Paper on Technical Amendments to the Conservation (Natural Habitats &c.) Regulations 1994, www.defra.gov.uk, 2001

Department of the Environment (DoE)	Summary of Responses to the EC Habitats Directive Consultation Paper, Bristol, Erscheinungsjahr nicht bekannt
Dass.	PPG 9 (Planning Policy Guidance: Nature Conservation), London, 1994
Dass./ Welsh Office	Implementation of the Council Directive 92/43 on the Conservation of Nature Habitats and of Wild Fauna and Flora: Consultation Paper, J.P.L. 1993, B135-149
Department of the Environment for Northern Ireland	Planning Policy Statement (PPS 2), "Planning and Nature Conservation", Belfast, 1997
Department of the Environment, Transport and the Regions (DETR)	Guidelines on Management Agreement Payments and Other Related Matters, www.defra.gov.uk, 2001
Dreier, Horst	Grundgesetz, Tübingen, 1998
Düppenbecker, Antje/ Greiving, Stefan	Die Auswirkungen der FFH-RL und der Vogelschutz-RL auf die Bauleitplanung, UPR 1999, 173-178
Edhofer, Manfred	Die FFH-Verträglichkeitsprüfung in der straßenrechtlichen Planfeststellung, BayVBl. 2000, 553-557
Environment and Heritage Service Northern Ireland	The Conservation (Natural Habitats &c.) Regulations (Northern Ireland) 1995 - A Guidance Note, Belfast, 2000
Epiney, Astrid	Vogel- und Habitatschutz in der EU, UPR 1997, 303-309
Dies./ Sollberger, Kaspar	Zugang zu Gerichten und gerichtliche Kontrolle im Umweltrecht, Freiburg i. Ü., 2002
Erbguth, Britta	Naturschutz und Europarecht: Wie weit reicht die Pflicht zur Alternativenprüfung gem. Art. 4 Abs. 4 der Habitat-RL, DVBl. 1999, 588-595

Erbguth, Wilfried	Ausgewiesene und potentielle Schutzgebiete nach FFH- bzw. Vogelschutz-Richtlinie: (Rechts-)Wirkungen auf die räumliche Gesamtplanung -am Beispiel der Raumordnung-, NuR 2000, 130-138
Ders. (Hrsg.)	Europäisierung des nationalen Umweltrechts: Stand und Perspektiven (Tagungsband), Baden-Baden, 2001
Ewer, Wolfgang	Rechtsschutz gegenüber der Auswahl und Festsetzung von FFH-Gebieten, NuR 2000, 361-367
Feldmann, David	Public Interest Litigation and Constitutional Theory in Comparative Perspective, Modern Law Review 1992, 44-72
Fisahn, Andreas/ Cremer, Wolfram	Ausweisungspflicht und Schutzregime nach FFH- und Vogelschutz-RL, NuR 1997, 268-276
Fischer-Hüftle, Peter	Zur Umsetzung der FFH-Richtlinie in das Bundes- und Landesnaturschutzrecht, ZUR 1999, 66-77
Freiburg, Susann	Die Erhaltung der biologischen Vielfalt in Deutschland auf der Basis europarechtlicher Vorgaben, Bayreuth, 1998
Freytag, Christoph/ Iven, Klaus	Gemeinschaftsrechtliche Vorgaben für den nationalen Habitatschutz, NuR 1995, 109-117
Garner, Jack F./ Jones, Brian L.	Countryside Law, Crayford, 1997
Gebhard, Hugo	Auswahl und Management von FFH-Gebieten, NuR 1999, 361-370
Gellermann, Martin	Das FFH-Regime und die sich daraus ergebenden Umsetzungsverpflichtungen, NVwZ 2001, 500-506
Ders.	Das modernisierte Naturschutzrecht, NVwZ 2002, 1025-1033
Ders.	Natura 2000, 2. Aufl., Berlin, 2001

Ders. | Rechtsfragen des europäischen Habitatschutzes, NuR 1996, 548-558

Gower, Anthony M. | Water Quality in Catchment Ecosystems, Chichester, 1980

Grabitz, Eberhard/ Hilf, Meinhard | Das Recht der Europäischen Union, Kommentar (Stand 14. EL Oktober 1999), München, 1999

Häberle, Peter | Europäische Rechtskultur, Versuch einer Annäherung in zwölf Schritten, Frankfurt am Main, 1997

Ders. | Grundrechtsgeltung und Grundrechtsinterpretation im Verfassungsstaat, JZ 1989, 913-919

Haigh, Nigel | EEC Environmental Policy & Britain, London, 1984

Ders. | EEC Environmental Policy and Britain, 2nd ed., Harlow, 1990

Halama, Günter | Die FFH-Richtlinie - unmittelbare Auswirkungen auf das Planungs- und Zulassungsrecht, NVwZ 2001, 506-513

Harte, John D. C. | Kommentar zu EuGH, U. v. 11.6.1996 – C-44/95 – (Lappel-Bank), JEL 1997, 139-180

Hazell, Robert (Hrsg.) | Constitutional Futures, Oxford, 1999

Heyen, Erk Volkmar | Naturnutzung und Naturschutz in der europäischen Rechts- und Verwaltungsgeschichte, Baden-Baden, 1999

Hilf, Meinhard | Die Richtlinie der EG - ohne Richtung, ohne Linie?, EuR 1993, 1-22

Himsworth, Chris M. G./ Munro, Colin R. | Scotland Act 1998, Edinburgh, 1999

Hockin, David/ Ounsted, Michael/ Tuner, Angela/ Lund, Alan | Conservation of Migratory Birds and Protection of Their Habitat, LMELR 1992, 178-181

Holder, Jane	Kommentar zu R v Secretary of State for the Environment, ex parte Royal Society for the Protection of Birds, Court of Justice 11.7.1996, [1996] ECR I-3805, CMLRev 1997, 1469-1480
Dies. (Hrsg.)	The Impact of EC environmental law in the United Kingdom, Chichester, 1997
Hölscheidt, Sven	Zwangsgelder gegen die Bundesrepublik Deutschland wegen der Nichtbeachtung von Urteilen des Europäischen Gerichtshofs, BayVbl. 1997, 459-463
Hoppe, Werner/ Beckmann, Martin/ Kauch, Petra	Umweltrecht, 2. Aufl., München, 2000
House of Lords, Select Committee on the European Communities	Community environmental law: Making it work, Session 1997-98, 2nd Report, London, 1997
Dass.	Implementation and enforcement of environmental legislation, Session 1991-92, 9th Report, London, 1992
Dass.	Biodiversity in the European Union (Final Report), Session 1998-99, 22nd Report, London, 1999
Dass.	Biodiversity in the European Union: Interim Report, Session 1998-99, 18th Report, London, 1999
Dass.	Habitats and Species Protection, Session 1988-89, 15th Report, London, 1989
Howarth, William/ Rodgers, Christopher P.	Agriculture, Conservation and Land Use, Cardiff, 1992
Hughes, David	Environmental law, 3rd ed., London, 1996
Hughes, Patsy	The Habitats Directive and the UK conservation framework and SSSI system (Research Paper 94/90), London, 1994

IMPEL Network	Complaint Procedures and Access to Justice for citizens and NGOs in the Field of the environment within the European Union, www.europa.eu.int, 2000
Ipsen, Hans Peter	Europäisches Gemeinschaftsrecht, Tübingen, 1972
Iven, Klaus	Aktuelle Fragen des Umgangs mit bestehenden oder potentiellen Schutzgebieten von gemeinschaftsrechtlicher Bedeutung, UPR 1998, 361-365
Ders.	Schutz natürlicher Lebensräume und Gemeinschaftsrecht, NuR 1996, 373-380
Jänicke, Martin/ Jörgens, Helge	Umweltplanung im internationalen Vergleich, Berlin, 2000
Jans, Jan H.	European Environmental Law, 2nd ed., Groningen, 2000
Ders.	The Habitats Directive, JEL 2000, 385-390
Jarass, Hans D.	Allgemeine Probleme der Gesetzgebungskompetenz des Bundes, NVwZ 2000, 1089-1096
Ders.	Naturschutz in der Ausschließlichen Wirtschaftszone, Baden-Baden, 2001
Ders. (Hrsg.)	Bauleitplanung und Umweltschutz, Münster, 2000
Ders. (Hrsg.)	EG-Naturschutzrecht und räumliche Gesamtplanung, Münster, 2000
Jordan, Andrew	Environmental Policy in the European Union, London, 2002
Kirchner, Hildebert	Abkürzungsverzeichnis der Rechtssprache, 4. Aufl., Berlin 1993
Kloepfer, Michael	Die europäische Herausforderung - Spannungslagen zwischen deutschem und europäischem Umweltrecht, NVwZ 2002, 645-657
Ders.	Umweltrecht, 2. Aufl., München, 1998

Ders. — Zur Rechtsumbildung durch Umweltschutz, Heidelberg, 1990

Ders. — Zur Geschichte des deutschen Umweltrechts, Berlin, 1994

Ders./ Mast, Ekkehart — Das Umweltrecht des Auslandes, Berlin, 1995

Knödler, Christoph — Sperrgrundstücksklagen als Rechtsmissbrauch?, NuR 2001, 194-202

Koch, Hans-Joachim — Umweltrecht, Neuwied, 2002

Kolodziejcok, Karl-Günther — "Natura 2000" und die Gewährung des rechtlichen Gehörs für die betroffenen privaten Grundeigentümer und -besitzer, NuR 2000, 674-678

Kommission — Handbook of Implementation of EU Environmental Legislation, www.europa.eu.int/comm/environment/enlarg/handbook/handbook.htm, Brüssel, 2000

Dies. — Natura 2000 - Gebietsmanagement (Art. 6), www.europa.eu.int, Brüssel, 2000

Dies. — Stellungnahme der Kommission der EG auf Ersuchen Deutschlands zum "Mühlenberger Loch" v. 19.4.2000, NuR 2000, Heft 11, II-IV

Kommission, Generaldirektion Umwelt — Natura Barometer vom 11.4.2002, http://europa.eu.int/comm/environment/nature, 2002

Krämer, Ludwig — EC Environmental Law, 4th ed., London, 2000

Lagoni, Rainer — Die Errichtung von Schutzgebieten in der ausschließlichen Wirtschaftszone aus völkerrechtlicher Sicht, NuR 2002, 121-133

Lange, Bettina — National Environmental Regulation? A case-study of Waste Management in England and Germany, JEL 1999, 59-86

Lasok, Dominik	Law and Institutions of the European Union, London, 1994
Last, Kathryn. V.	Habitat Protection: Has the Wildlife and Countryside Act 1981 made a difference?, JEL 1999, 15-34
Le Sueur, Andrew/ Sunkin, Maurice	Public Law, 1st ed., London, 1997
Little, Gavin	Scottish Devolution and Environmental Law, JEL 2000, 155-174
Lomas, Owen (Hrsg.)	Frontiers of Environmental Law, London, 1991
Lorenz, Jana	Möglichkeiten einer Kombination von naturschutzrechtlicher Eingriffsregelung, Umweltverträglichkeitsprüfung und FFH-Verträglichkeitsprüfung in der Bauleitplanung, NuR 2001, 128-133
Lorz, Albert	Naturschutzrecht, München, 1985
Louis, Hans Walter	Neue Dimensionen im Naturschutz, Landschaftsarchitektur 1998/7/12-13
Ders.	Das Gesetz zur Neuregelung des Rechtes des Naturschutzes und der Landschaftspflege (BNatSchGNeuregG), NuR 2002, 385-390
Lowe, Philip/ Ward, Stephen	British Environmental Policy and Europe, London, 1998
Lübbe-Wolff, Gertrude	Instrumente des Umweltrechts - Leistungsfähigkeit und Leistungsgrenzen, NVwZ 2001, 481-493
Maaß, Christian A.	Die Identifizierung faktischer Vogelschutzgebiete, NuR 2000, 121-130
Macrory, Richard	Kommentar zu Petition of the Kincardine and Deeside District Council (8.5.1991) und Twynford Parish Council and Others v Secretary of State for Transport (26.10.1990), JEL 1992, 298-304

Ders.	Greenpeace success on habitats Directive may hit off-shore oil industry, ENDS 1999, 54-56
v. Mangoldt, Hermann/ Klein, Friedrich/ Starck, Christian	Das Bonner Grundgesetz, 4. Aufl., München, 2000
Martin, Elizabeth A. (Hrsg.)	Oxford Dictionary of Law, Oxford, 1997
Meadows, Dennis	Die Grenzen des Wachstums: Bericht des Club of Rome zur Lage der Menschheit (dt. Übersetzung), Stuttgart, 1972
Moore, Norman Winfried	The bird of time, Cambridge, 1987
Münch, Richard/ Lahusen, Christian	Regulative Demokratie, Frankfurt am Main, 2000
NABU (Naturschutz-bund Deutschland e.V.)	Eckpunkte zur Novelle des Bundesnaturschutzgeset-zes, Bonn, 2000
Nature Conservancy Council	Guidelines for selection of biological SSSIs, Peter-borough, 1989
Ders.	Nature Conservation in Great Britain, Shrewsbury, 1984
Niederstadt, Frank	Die Umsetzung der FFH-RL durch das Zweite Gesetz zur Änderung des Bundesnaturschutzgesetzes, NuR 1998, 515-526
O'Riordan, Timothy/ Voisey, Heather	The Transition to Sustainability: The Politics of Agenda 21 in Europe, London, 1998
Osborn, Derek	Some Reflections on UK Environment Policy, JEL 1997, 3-22
Owen, Daniel	The application of the Wild Birds Directive beyond the territorial sea of European Community member states, JEL 2001, 39-78

Page, Alan C./ Reid Colin T./ Ross, Andrea	A Guide to the Scotland Act 1998, Edinburgh, 1999
Payne, Simon	From Carrots to Sticks - Natural Habitat Protection after the Countryside and Rights of Way Act 2000, ELM 2001, 239-248
Philp, Christina	Offshore activities and the Habitats Directive, SPEL 78: 36
Poustie, Mark	Sparring at Oil Rigs: Greenpeace, Brent Spar and Challenges to the Legality of Disposing Oil Rigs at Sea, J.R. 1995, 542-547
Ramsauer, Ulrich	Die Ausnahmereglungen des Art. 6 Abs. 4 der FFH-Richtlinie, NuR 2000, 601-611
Rehbinder, Eckard	Vertragsnaturschutz - Erscheinungsformen, Rechtsprobleme, ökologische Wirkungen, DVBl. 2000, 859-868
Ders./ Burgbacher, Hans-Gerwin/ Knieper, Rolf	Bürgerklage im Umweltrecht, Berlin, 1972
Rehbinder, Eckard/ Stewart, Richard	Integration through Law, Vol. 2: Environmental Protection Policy, Berlin, 1985
Reid, Colin T.	Conservation (Natural Habitats Etc) Regulations 1994, SPEL 45: 75
Ders.	Priority for nature conservation, SPEL 57: 95
Ders.	Scottish Natural Heritage: Plans and Progress, SPEL 53: 2 f.
Ders.	The Conservation (Natural Habitats &c.) Regulations 1994, ELM 1995, 87 f.
Ders.	The impact of E.C. environmental law in Scotland, J.R. 1997, 355-370
Ders.	Nature conservation law, Edinburgh, 1994

Rengeling, Hans-Werner Umsetzungsdefizite der FFH-Richtlinie in Deutschland?, UPR 1999, 281-287

Rheinstein, Max/ von Borries, Reimer Einführung in die Rechtsvergleichung, 2. Aufl., 1987

Rodgers, Christopher P. Managing Natura 2000: Priorities for Implementing European Wildlife Law, J.P.L. 2001, 265-283

Ders. (Hrsg.) Nature Conservation and Countryside Law, Cardiff, 1996

Ders./ Bishop, Jennifer Management Agreements for Promoting Nature Conservation, London, 1998

Ross, Andrea (Hrsg.) Environment and Regulation, Edinburgh, 2000

Rowan-Robinson, Jeremy/ McKenzie Skene, Donna W. Countryside Law in Scotland, Edinburgh, 2000

Salzwedel, Jürgen (Hrsg.) Grundzüge des Umweltrechts, Berlin, 1982

Schink, Alexander Die Verträglichkeitsprüfung nach der FFH-Richtlinie, UPR 1999, 417-426

Schmidt-Bleibtreu, Bruno/ Klein, Franz Kommentar zum Grundgesetz, 9. Aufl., Neuwied, 1999

Schrader, Christian/ Hellenbroich, Tobias Anmerkungen zum Beschl. des VG Schleswig vom 10.10.2001, ZUR 2002, 215-217

Schrödter, Wolfgang Bauleitplanung in FFH-Gebieten und Vogelschutzgebieten, NuR 2001, 8-19

Schulz, Paul-Martin Vorbeugender Rechtsschutz gegen FFH-Gebiete, NVwZ 2001, 289-291

Schwarze, Juergen Europäisches Verwaltungsrecht, Baden-Baden, 1988

Schweitzer, Michael/ Hummer, Waldemar Europarecht, 5. Aufl., Neuwied, 1996

Scottish Executive	Concordat between the Department of Environment, Transport and the Regions and the Scottish Executive, www.scotland.gov.uk/concordats, Edinburgh, 1999
Dies.	Memorandum of Understanding and supplementary agreements, www.scotland.gov.uk/library2/memorandum/mous-1.htm, Edinburgh, 1999
Scottish Executive: Development Department	National Planning Policy Guideline, NPPG 14, Natural Heritage, Edinburgh, 1999
Scottish Executive: Rural Affairs Department	Habitats and Birds Directives, Edinburgh, 2000
Scottish Natural Heritage	Plans & Progress 1995-96, Perth, 1996
Scottish Office	People and Nature, Edinburgh, 1998
Scottish Office: Environment Department	Implementation in Great Britain of the Council Directive on the Conservation of Natural Habitats and of Wild Fauna and Flora (92/43/EEC), "The Habitats Directive", Edinburgh, 1993
Secretary of State for the Environment, Transport and the Regions	A better quality of life, London, 1999
Secretary of State for the Environment u.a.	Biodiversity: The UK Action Plan, London, 1994
Siedentopf, Heinrich/ Hauschild, Christoph	Europäische Integration und die öffentlichen Verwaltungen der Mitgliedstaaten, DÖV 1990, 445-455
Somsen, Han (Hrsg.)	Protecting the European Environment: Enforcing EC Environmental Law, London, 1996
Stober, Rolf/ Vogel, Hanspeter	Umweltrecht und Umweltgesetzbuch aus wirtschaftsrechtlicher Perspektive, Köln, 2001
Storm, Peter-Christoph	Das deutsche Projekt des Umweltgesetzbuchs (UGB), WiVerw 1999, 158-176

Streinz, Rudolf — Europarecht, 5. Aufl., 2001

Stüber, Stephan — Gibt es "potentielle Schutzgebiete" i. S. d. FFH-Richtlinie?, NuR 1998, 531-534

Thyssen, Bernd — Europäischer Habitatschutz entsprechend der Flora-Fauna-Habitat-Richtlinie in der Planfeststellung, DVBl. 1998, 877-886

Tromans, Stephen — Challenging Enterprise? The Designation of european habitats sites and national dilemmas, Env. L.R. (2001) 61-65

Ders. — European Environmental Law goes Offshore, I.E.L.T.R. 2000, 75-77

Vogel, David — National Styles of Regulation, Ithaca, 1986

Wagner, Jörg — Die planbezogene Umweltverträglichkeitsprüfung nach dem Entwurf der EG-Richtlinie "Fauna, Flora, Habitat", Münster, 1990

Weihrich, Dietmar — Rechtliche und naturschutzfachliche Anforderungen an die Verträglichkeitsprüfung nach § 19 c BNatSchG, DVBl. 1999, 1697-1704

Williams, Rhannon — Habitats Conservation, ELM 1997, 74-77

Wils, Wouter P.J. — Subsidiarity and EC environmental policy: Taking people's concerns seriously, JEL, 1994, 85-91

Ders. — The Birds Directive 15 years later: A survey of the case law and a comparison with the Habitats Directive, JEL 1994, 219-242

Winter, Gerd — Die Dogmatik der Direktwirkung von EG-Richtlinien und ihre Bedeutung für das EG-Naturschutzrecht, ZUR 2002, 313-318

Winter, Paul — Planning and Sustainability: An Examination of the Role of the Planning System as an Instrument for the Delivery of Sustainable Development, J.P.L. 1994, 883-900

Wirths, Volker	Naturschutz durch europäisches Gemeinschaftsrecht, Baden-Baden, 2001
World Wide Fund For Nature (WWF)/ TRAFFIC	Ausgestorbene Arten - Hintergrundinformation, www.wwf.de/imperia/md/content/pdf/arten/handel/ ausgestorbene_arten.pdf, 2001
Ziekow, Jan	Klagerechte von Naturschutzverbänden gegen Maß-nahmen der Fachplanung, VerwArch 2000, 483-506

Wildlife and Countryside Act 1981

Part I: Wildlife

Schedules

Construction of references to Nature Conservancy Council

27A. In this Part reference to "the Nature Conservancy Council" unless the contrary intention appears references –

(i) in relation to land in, or land covered by waters adjacent to, England, to the Nature Conservancy Council for England;

(ii) in relation to land in, or land covered by waters adjacent to, Scotland, to Scottish Natural Heritage;

(iii) in relation to land in, or land covered by waters adjacent to, Wales, to the Countryside Council for Wales;

and references to "the Council" shall be construed accordingly.

Areas of special scientific interest

28. (1) Where the Nature Conservancy Council are of the opinion that any area of land is of special interest by reason of any of its flora, fauna or geological or physiographical features it shall be the duty of the Council to notify that fact –

(a) to the local planning authority in whose area the land is situated;

(b) to every owner and occupier of any of that land; and

(c) to the secretary of state.

(2) A notification under subsection (1) shall specify the time (not being less than three months from the date of the giving of the notification) within which, and the manner in which, representations and objections with respect thereto may be made; and the Council shall consider any representation or objection duly made.

(3) *Repealed by Wildlife and Countryside (Service of Notices) Act 1985 (c. 59), s. 1(2). This amendment came into force on 25 July 1985 the date of the Royal Assent.*

(4) A notification under subsection (1)(b) shall specify –

(a) the flora, fauna, or geological or physiographical features features by reason of which the land is of special interest; and

(b) any operations appearing the Council to be likely to damage that fauna or flora or those features.

(4A) Where a notification under subsection (1) has been given, the Council may within the period of nine months beginning with the date on which the notification was served on the Secretary of State either –

(a) give notice to the persons mentioned in subsection (1) withdrawing the notification; or

(b) give notice to those persons confirming the notification (with or without modifications); and the notification shall cease to have effect –

(i) on the giving of notice of its withdrawel under paragraph (a) of this subsection to any person mentioned in subsection (1), or
(ii) if not withdrawn or confirmed by notice under paragraph (a) or (b) of this subsection within the said period of nine months , at the end of that period.

(4B) The Council's power under subsection (4A)(b) to confirm a notification under subsection (1) with modifications shall not be exercised so as to add to the operations specified in the notification or extend the area to which it applies.

(4C) As from the time when there is served on the owner or occupier of any land which has been notified under subsection (1)(b) a notice under subsection (4A) confirming the notification with modifications, the notification shall have effect in its modified form in relation to so much (if any) of that land as remains subject to it.

(5) The owner or occupier of any land which has been notified under subsection (1)(b) shall not while the notification remains in force carry out, or cause or permit to be carried out, on that land any operation specified in the notification unless –
(a) one of them has, after service on him of the notification, given the Council written notice of a proposal to carry out operation specifying its nature and the land on which it is proposed to carry it out; and
(b) one of the conditions specified in subsection (6) is fulfilled.

(6) The said conditions are –
(a) that the operation is carried out with the Council's written consent;
(b) That the operation is carried out in accordance with the terms of an agreement under section 16 of the 1949 Act or section 15 of the 1968 Act; and
(c) That four months have expired from the giving of the notice under subsection (5).

(6A) If before the expiry of the four months referred to in subsection (6)(c) the relevant person agrees with the Council in writing that, subject to subsection (6B), the condition specified in paragraph (c) of subsection (6) shall not apply in relation to the operation mentioned in subsection (5)(a), then, subject to subsection (6B), subsection (5) shall as from the date of the agreement have effect in relation to the operation in question (as regards both the owner and the occupier of the land) as if paragraph (c) of subsection (6) were omitted.

(6B) If after an agreement has been made with the Council under subsection (6A) the relevant person (whether a party to the agreement or not) gives the Council written notice that he wishes to terminate the agreement, then as as from the giving of the notice of subsection (5) shall have effect in relation to the operation in question (as regards both the owner and the occupier of the land) as if paragraph (c) of subsection (6) specified the condition that one month or, if the notice under this subsection specifies a longer period , that longer period has expired from the giving of the notice under this subsection.

(6C) In subsection (6A) and (6B) "the relevant person" –

(a) in a case where the notice under subsection (5) was given by the owner of the land in question, means the owner of the land;
(b) in a case where that notice was given by the occupier of that land , means the occupier of that land.

(7) A person who, without reasonable excuse, contravenes subsection (5) shall be liable on summary conviction to a fine not exceeding level 4 on the standard scale.

(8) It is an reasonable excuse in any event for a person to carry out an operation if –

(a) the operation was authorised by a planning permission granted on an application under Part III of the Town and Country Planning Act 1990 or Part III of the Town and Country Planning (Scotland) Act 1972; or
(b) the operation was an emergency operation particulars of which (including the details of the emergency) where notified to the Council as soon as practicable after the commencement of the operation.

(9) The Council shall have power to enforce the provisions of this section; but nothing in this subsection shall be construed as authorising the Council to institute proceedings in Scotland for an offence.

(10) Proceedings in England and Wales for an offence under subsection (7) shall not, without the consent of the Director of Public Prosecutions, be taken by a person other than the Council.

(11) A notification under subsection (1)(b) of land in England and Wales shall be a local charge.

(12) The Council shall compile and maintain a register of notifications in respect of each local planning authority in Scotland.

(12A) There shall be included in any such register as is mentioned in subsection (12) –

(a) copies of all notifications given under subsection (1) which relate wholly or partly to land situated within the district of the authority;
(b) copies of all plans referred to in any such notifications; and
(c) copies of all notices served under subsection (4A) which relate to any such notifications.

(13) Section 23 of the 1949 Act (which is superseded by this section) shall cease to have effect; but any notification given under that section shall have effect as if given under subsection (1)(a).

(14) *Repealed by the Wildlife and Countryside (Amendment) Act 1985 (c.31), s 2(9). This amendment came int force on 26 August 1985: S. 5(3).*

Special protection for certain areas of special scientific interest

29. (1) where it appears to the Secretary of State expedient to do so –

(a) in the case of any land to which this paragraph applies, for the purpose of the securing the survival in Great Britain of any kind of animal or plant of complying with an international obligation; or

(b) in the case of any land to which this paragraph applies, for the purpose of conserving any of its flora, fauna, or geological or physiographical features,

he may, after consultation with the Nature Conservancy Council, by order apply subsection (3) to that land ; and the provision of Schedule 11 shall have effect as to the making, confirmation and coming into operation of orders under this section. An order made under this section may be amended or revoked by a subsequent order so made.

(2) Paragraphs (a) and (b) of subsection (1) apply to any land which in the opinion of the Secretary of State is –

(a) of special interest; and

(b) in the case of paragraph (b) of that subsection, of national importance,

by reason of any of its flora, fauna, or geological or physiographical features.

(3) Subject to subsection (4), no person shall carry out on any land to which this subsection applies any operation which –

(a) appears to the Secretary of State to be likely to destroy or damage the flora, fauna, or geological or physiographical features by reason of which the land is land to which paragraph (a) applies or, as the case may be paragraph (b) of subsection (1) applies; and

(b) is specified in the order applying this subsection to the land.

(4) Subsection (3) shall not apply in relation to any operation carried out, or caused or permitted to be carried out, by the owner or occupier of the land if –

(a) one of them has, after the making of the order, given the Council's written notice of a proposal to carry out the operation, specifying its nature and the land on which it is proposed to carry it out; and

(b) one of the conditions specified in subsection (5) is fulfilled.

(5) The said conditions are –

(a) that the operation is carried out with the Council's written consent;

(b) that the operation is carried out in accordance with the terms of an agreement under section 16 of the 1949 Act or section 15 of the 1968 Act; and

(c) subject to subsections (6) and (7), that three monts have expired from the giving of the notice under subsection (4).

(6) If before the expiration of the period mentioned in paragraph (c) of subsection (5) the Council offer to enter into an agreement for the acquisition of the interest of the person who gave the notice under subsection (4) or an agreement under section 16 of the 1949 Act or section 15 of the 1968 Act providing for the making by them payments to that person, that paragraph shall have effect as if for the said period there were substituted –

(a) where the agreement is entered into before the expiration of twelve months from the giving of the notice, the period expiring on the day on which it is entered into;

(b) in any other case, twelve months from the giving of the notice or three monts from rejection or withdrawal of the offer to enter into the agreement, whichever period last expires.

(7) If before the expiration of the period mentioned in paragraph (c) of subsection (5) or that paragraph as it has effect by virtue of subsection (6), an order is made for the compulsory acquisition by the Council of the interest of the person who gave the notice under subsection (4), that paragraph shall have effect as if the said period there were substituted the period expiring –

(a) in the case of an order which is confirmed, on the day on which the Council enter to the land;

(b) in any other case, on the day on which the order is withdrawn or the Secretary of Stat decides not to confirm it.

(8) A person who, without a reasonable excuse, contravenes subsection (3) shall be liable –

(a) on summary conviction, to a fine not exceeding the statutory maximum;

(b) on conviction on indictment to a fine

(9) It is a reasonable excuse in any event for a person to carry out an operation if –

(a) the operation was authorised by a planning permission granted on an application under Part III of the Town and Country Planning Act 1990 or Part III of the Toen and Country Planning (Scotland) Act 1972; or

(b) the operation was an emergency operation particulars of which (including details of the emergency) were notified to the Council as soon as practicable after the commencement of the operation.

(10) An order made under this section in relation to land in Scotland shall be registered either –

(a) in a case where the land affected by the order is registered in that Register, the Land Register of Scotland; or
(b) in any other case, in the appropriate Division of the General Register of Sasines.

(11) A report submitted by the Council to the secretary of State under paragraph 20 of Schedule 6 to the Environment Protection Act 1990 or under section 10(2) of the Natural Heritage (Scotland) Act 1991 for any year shall set out particulars of any areas of land as respects which orders under this section have come into operation during that year.

30. (1) Subsection (2) applies where an order is made under section 29 and subsection (3) applies where –

(a) notice of a proposal to carry out an operation is duly given to the Nature Conservancy Council under subsection (4) of that section; and
(b) paragraph (c) of subsection (5) of that section has effect as modified by subsection (6) or (7) of that section.

(2) The Council shall pay compensation to any person having at the time of the making of the order an interest in land comprised in an agricultural unit comprising land to which the order relates who, on a claim made to the Council within the time and the manner prescribed by regulations under this section, shows that the value of his interest is less than what it would have been if the order had not been made; and the amount of the compensation shall be equal to the different between the two values.

(3) The Council shall pay compensation to any person having at the time of the giving of the notice an interest in land to which the notice relates who, on a claim made to the Council within the time and in the manner prescribed by regulations under this section, shows that –

(a) he has reasonably incurred expenditure which has been rendered abortive, or expenditure in carrying out work which has been rendered abortive, by reason of paragraph (c) of subsection (5) of section 29 having effect as modified by subsection (6) or (7) of that section; or
(b) he has incurred loss or damage which is directly attributable to that paragraph having effect as so modified;

but nothing in this subsection shall entitle anysuch person to compensation in respect of any reduction in the value of his interest in the land.

(4) For the purpose of subsection (2) –

(a) an interest in land shall be valued as at the time when the order is made;

(b) where a person, by reason of his having more than one interesting land, makes more than on claim under that subsection in respect of the same order, his vatious interests shall be valued together;

(c) section 10 of the Land Compensation Act 1973 (mortages, trusts for sale and settlements) or section 10 of the Land Compensation (Scotland) Act 1973 (restricted interests in land) shall apply in relation to compensation under that subsection as it applies in relation to compensation under Part I of that Act.

(5) For the purpose of assessing any compensation payable under subsection (2), the rules set out in section 5 of the Land Compensation Act 1961 or section 12 of the Land Compensation (Scotland) Act 1963 shall, so far as applicable and subject to any modifications, have effect as they have the purpose of assessing compensation for the compulsory acquisition of an interest in land.

(6) No claim shall be made under subsection (2) in respect of any order under section 29 unless the Secretary of State has given notice under paragraph 6(1) or (2) of Schedule 11 of his decision in respect of the order; and, without prejudice to subsection (4)(a), that decision will be taken into account in assessing the compensation payable in respect of the order.

(7) Compensation under this section shall carry interest, at the rate for the time being prescribed under section 32 of the Land Compensation Act 1961 or section 40 of the Land Compensation (Scotland) Act 1963, from the date of the claim until payment.

(8) Except in so far as may be provided by regulations under this section, any question of disputed compensation under this section shall be referred ro and determined by the Lands Tribunal or the Lands Tribunal for Scotland.

(8) In relation to the determination of any such question, the provisions of section 2 and 4 of the Land Compensation Act 1961 or sections 9 and 11 of the Land Compensation (Scotland) Act 1963 (procedure and costs) shall apply, subject to any necessary modifications and to the provision of any regulations under this section.

(10) Regulations under this section shall be made by the Secretary of State and shall be made by statutory instrument subject to annulment in pursuance of a resultion of either House of Parliament.

(11) In this section "agricultural unit" means land which is occupied as a unit for agricultural purposes, including any house-dwelling or other building occupied by the same person for the purpose of farming the land.

Restoration where order under s. 29 is contravened

31. (1) Where the operation in respect of which a person is convicted of an offence under section 29 has destroyed or damaged any of the flora, fauna, or geological or physiographical features by reason of which the land on which it was carried out is of special interest, the court by which he is convicted, in adition to dealing with him in any other way, may make an order requiring him to carry out, within such period as may be specified in the order, such operations for the purpose of restoring the land to its former condition as may be so specified.

(2) An order under this section made on conviction on indictment shall be treated for the purpose of sections 30 and 42(1) and (2) of the Criminal Appeal Act 1968 (effect of appeals on orders for the restitution of property) as an order for the restitution of property; and where by reason by the quashing by the Court of Appeal of a person´s conviction any such order does not take effect, and on appeal to the House of Lords the conviction is restored by that House, the House may make any order under this section which could be made on his conviction by the court which convicted him

(3) In the case of an order under this section made by a magistrates` court the period specified in the order shall not begin to run –

(a) in any case until the expiration of the period for the time being prescribed by law for the giving of notice of appeal against the decision of a magistrates` court;

(b) where notice of appeal is given within the period so prescribed, until determination of the appeal.

(4) At any time before an order under this section has been complied with or fully complied with, the court by which is was made may, on the application of the person against whom it was made, discharge or vary the order if it appears to the court that a change in circumstances has made compliance or full compliance with the order impracticable or unnecessary .

(5) If within the period specified in an order under this section, the person against whom it was made fails, without reasonable excuse, to comply with it, he shall be liable on summary conviction –

(a) to a fine not exceeding level 5 on the standard scale; and

(b) in the case of a continuing offence, to a further fine not exceeding $ 100 for each day during which the offence continues after conviction.

(6) If, within the period specified in an order under this section, any operations specified in the order have not been carried out, the Nature Conservancy Council may enter the land and carry out those operations and recover from the person against whom the order was made any expenses reasonably incurred by them in doing so.

(7) In the application of this section to Scotland –

(a) subsections (2) and (3) shall not apply; and

(b) for the purpose of any appeal or review, an order under this section is a sentence.

Duties of agriculture Ministers with respect to areas of special scientific interest

32. (1) Where an application for a farm capital grant is made as respects expenditure incurred or to be incurred for the purpose of activities on land notified under section 28(1) or land to which section 29(3) applies, the appropriate Minister –

(a) shall, so far as may be consistent with the purposes of the grant provisions, so exercise his functions thereunder as to further the conservation of the flora, fauna, or geological or physiographical features by reason of which the land is of special interest; and

(b) where the Nature Conservancy Council have objected to the making of the grant on the ground that the activities in question have destroyed or damaged or will destroy or damage that flora or fauna or those features, shall not make the grant except after considering the objection and, in the case of land in England, after consulting the Secretary of State.

(2) Where, in consequence of an objection by the Council, an application for a grant as respects expenditure to be incurred is refused on the ground that the activities in question will have such an effect as is mentioned in subsection (1)(b), the Council shall, within three months of their receiving notice of the appropriate Minister`s decision, offer to enter into, in the terms of a draft submitted to the applicant, an agreement under section 16 of the 1949 Act or section 15 of the 1968 Act –

(a) imposing restrictions as respects those activities; and

(b) providing for the making of them of payments to the applicant.

(3) In this section –

"the appropriate Minister" means the Minister responsible for determining the application; - "farm capital grant" means –

(a) a grant under a scheme made under section 29 of the Agriculture Act 1970; or

(b) a grant under regulations made under section 2(2) of the European Communities Act 1972 to a person carrying on an agricultural business within the meaning of those regulations in respect of expenditure incurred or to be incurred for the purposes of or in connection with that business, being expenditure of a capital nature or incurred in connection with expenditure of a capital nature;

"grant provision" means –

(i) in the case of such a grant as is mentioned in paragraph (a) above, the scheme under which the grant is made and section 29 of the Agriculture Act 1970; and

(ii) in the case of such a grant is mentioned in paragraph (b) above, the regulations under which the grant is made and the Community instrument in pursuance of which the regulation were made.

Ministerial guidance as respects areas of special scientific interests

33. (1) The Ministers shall from time to time, after consultation with the Nature Conservancy Councils and such persons appearing to them to represent other interests concerned as they consider appropriate –

(a) prepare codes containing such recommendations, advice and information as they consider proper for the guidance of –

(i) persons exercising functions under sections 28 to 32; and

(ii) persons affected or likely to be affected by the exercise of any of those functions; and

(b) revise any such code by revoking, varying, amending or adding to the provisions of the code in such manner as the Ministers think fit.

(2) A code prepared in pursuance of subsection (1) and any alterations proposed to be made on a revision of such a code shall be laid before both Houses of Parliament forthwith after being prepared; and the code or revised code, as the case may be, shall not be issued until the code or the proposed code or the proposed alterations have been approved by both Houses.

(3) Subject to subsection (2), the Ministers shall cause every code prepared or revised in pursuance with subsection (1) to be printed, and may cause copies of it to be put on sale to the public at such price as the Ministers may determine.

Limestone pavement orders

34. (1) Where the Nature Conservancy Council or the Commission are of the opinionthat any land in the countryside which comprises a limestone pavement is of special interest by reason of its flora, fauna or geological or physiographical features, it shall be the study of the Council or the Commission to notify that fact to the local planning authority in whose area the land is situated.

(2) Where it appears to the Secretary of State or the relevant authority that the character or appearance of any land notified under subsection (1) would be likely to be adversely affected by the removal of the limestone or by its disturbance in any way whatever, the Secretary of State or that authority may make an order (in this section referred to as "limestone pavement order") designating the land and prohibiting the

removal or disturbance of limestone on or in it; and the provisions of Schedule 11 shall have effect as to the making, confirmation and coming int operation of limestone pavement orders.
(3) The relevant authority may, after consultation with the Council and the Commission amend or revoke a limestone pavement order made by the authority; and the Secretary of State may, after such consultation as aforesaid, amend or revoke any such order made by him or that authority but, in the case of an order made by that authority, only after consultation with that authority.

(4) If any person without reasonable excuse removes or disturbs limestone on or in any land designated by a limestone pavement order he shall be liable –

- (a) on summary conviction, to a fine not exceeding the statutory maximum;
- (b) on conviction on indictment, to a fine.

(5) It is a reasonable excuse in any event for a person to remove or disturb limestone or cause or permit its removal or disturbance, if the removal or disturbance was authorised by a planning permission granted on an application under Part III of the Town and Country Planning Act 1990 or Part III of the Town and Country Planning (Scotland) Act 1972.

(6) In this section –
"the Commission" means the Countryside Commission in relation to England;
"limestone pavement" means an area of limestone which lies wholly or partly exposed on the surface of the ground an has been fissured by natural erosion;
"the relevant authority" means –

- (a) in relation to a non-metropolitan county in England, the county planning authority and, in relation to any other area in England, the local planning authority;
- (aa) in relation to any area in Wales, the local planning authority;
- (b) in relation to Scotland, the authority exercising district planning functions.

National nature reserves
35. (1) Where the Nature Conservancy Council are satisfied that any land which –

- (a) is being managed as a nature reserve under an agreement entered into with the Council;
- (b) is held by the Council and is being managed by them as a nature reserve; or
- (c) is held by an approved body and is being managed by that body as a nature reserve,

is of national importance, they may declare that land to be a national nature reserve.

(2) A declaration by the Council that any land is a national nature reserve shall be conclusive of the matters declared; and subsections (4) and (5) of section 19 of the 1949 Act shall apply in relation to any such declaration under that section.

(3) On the application of the approved body concerned, the Council, may as respect any land which is declared to be a national nature reserve under subsection (1)(c), make byelaws for the protection of the reserve.

(4) Subsections (2) and (3) of section 20 and section 106 of the 1949 Act shall apply in relation to byelaws under this section as they apply in relation to byelaws under the said section 20.

(5) In this section –
"approved body" means a body approved by the Council for the purposes of this section;
"nature reserve" has the same meaning as in Part III of the 1949 Act.

Marine nature reserves

36. (1) Where in the case of any land covered (continuously or intermittently) by tidal waters or parts of the sea which are landward of the baselines from which the breadth of the territorial sea adjacent to Great Britain is measured or are seaward of those baselines up to the distance of three nautical miles, it appears to the Secretary of State expedient, on an application made by the Nature Conservancy Council, that the land and the waters covering it should be managed by the Council for the purpose of –

(a) conserving marine flora or fauna or geological or physiographical features of special interest in the area; or
(b) providing, under suitable conditions and control, special opportunities for the study of, and research into, matters relating to marine flora and fauna and the physical conditions in which they live, or for the study of geological and physiographical features of special interest in the area,

he may by order designate the area comprising that land and those waters as a marine nature reserve; and the Council shall manage any area so designated for either or both of those purposes.

(2) An application for an order under this section shall be accompanied by –

(a) a copy of byelaws which, if an order is made, the Councilpropose making under section 37 for the protection of the area specified in the application; and
(b) a copy of any byelaws made or proposed to be made for the protection of that area by a relevant authority

and an order made on the application shall authorise the making under that section of such of the byelaws proposed to be made by the Council as may be set out in the order with or without modifications.

(3) Byelaws the making of which is so authorised –
(a) shall not require the Secretary of State`s consent under subsection (1) of section 37; and
(b) notwithstanding anything in the provisions applied by subsection (4) of that section, shall take effect on their being made.

(4) The provisions of Schedule 12 shall have effect as to the making , validity and date of coming into operation of orders under this section; and an order made under this section may be amended or revoked by a subsequent order so made.

(5) The powers exercisable by the Council for the purpose of managing an area designated as a marine nature reserve under this section shall include power to install markers indicating the existence and extend of the reserve.

(6) Nothing in this section or in the byelaws made under section 37 shall interfere with the exercise of any functions of a relevant authority; any functions conferred by or under an enactment (whenever passed) or any right of any person (whenever vested).

(7) In this section –
"enactment" includes an enactment contained in a local Act;
"local authority" means –
(a) in relation to England and Wales, a county council, a county borough council, a district council, or a London borough council;
(b) in relation to Scotland, a council constituted under section 2 of the Local Government etc. (Scotland) Act 1994.
"nautical miles" means international nautical miles of 1,852 metres.
"relevant authority" means a local authority, [England and Wales: the National Rivers Authority, a water undertaker, a sewerage undertaker, Scotland: a water authority or any other statutory water undertakers,] an internal drainage board, a navigation authority, a harbour authority, a lighthouse authority, a conservancy authority, a river purification authority, a district board for a fishery district within the meaning of the Salmon Fisheries (Scotland) Act 1862, or a local fisheries committee constituted under the Sea Fisheries Regulations Act 1966.

Bylaws for protection of marine nature reserves

37. (1) The Nature Conservancy Council may, with the consent of the Secretary of State make byelaws for the protection of any area designated as a marine nature reserve under section 36.

(2) Without prejudice to the generality of subsection (1), byelaws made under this section as respects a marine nature reserve –

(a) may provide for prohibiting or restricting, either absolutely or subject to any exceptions
    (i) the entry into, or movement within, the reserve of persons and vessels;
    (ii) the killing, taking, destruction, molestation or disturbance of animals or plants of any description in the reserve, or the doing of anything therein which will interfere with the sea bed or damage or disturb any object in the reserve; or
    (iii) the depositing of rubbish in the reserve;
(b) may provide for the issue, on such terms and subject to such conditions as may be specified in the byelaws, of permits authorising entry into the reserve or the doing of anything which would be otherwise unlawful under the byelaws; and
(c) may be so made as to apply either generally or with respect to particular parts of the reserve or particular times of the year.

(3) Nothing in the byelaws made under this section shall –
(a) prohibit or restrict the exercise of any right of passage by a vessel other than a pleasure boat; or
(b) prohibit, except with respect to particular parts of the reserve at particular times of the year, the exercise of any such right by a pleasure boat.

(4) Nothing in the byelaws so made shall make unlawful –
(a) anything done for the purpose of securing the safety of any vessel, or of preventing damage to any vessel or cargo, or of saving life;
(b) the discharge of any substance from a vessel; or
(c) anything done more than 30 metres below the sea bed.

(5) Sections 236 to 238 of the Local Government Act 19722 or sections 202 to 204 of the Local Government (Scotland) Act 1973 (which relate to the procedure for making byelaws, authorise byelaws to impose fines not exceeding the amount there specified and provide for the proof of byelaws in legal proceedings) shall apply to byelaws under this section as if the Council were a local authority within the meaning of the said Act of 1972 or the said Act of 1973, so however that in relation to such byelaws the said sections shall apply subject to such modifications (including modifications increasing the maximum fines which the byelaws may impose) as may be prescribed by regulations made by the Secretary of State'. Regulations under this subsection shall be made by statutory instrument which shall be subject to annulment in pursuance of a resolution of either House of Parliament.

(6) In relation to byelaws under this section the confirming authority for the purposes of the said section 236 or the said section 202 shall be the Secretary of State.

(7) The Secretary of State may, after consultation with the Council, direct them –

(a) to revoke any byelaws previously made under this section; or

(b) to make any such amendments of any byelaws so made as may be specified in the direction.

(8) The Council shall have power to enforce byelaws made under this section; but nothing in this subsection shall be construed as authorising the Council to institute proceedings in
Scotland for an offence.

(9) Proceedings in England and Wales for an offence under byelaws made under this section shall not, without the consent of the Director of Public Prosecutions, be taken by a person other than the Council.

(10) In this section "vessel" includes a hovercraft and any aircraft capable of landing on water and "pleasure boat" shall be construed accordingly.

(11) References in this section to animals or plants of any description include references to eggs, seeds, spores, larvae or other immature stages of animals or plants of that descriptions.

38. Repealed by the Environmental Protection Act 1990 (c.43), s.162(2), sch16. pt VI. This amendment came into force on 1 April 1991: S.I. 1991/685.

Countryside

Management agreement with owners and occupiers of land

39. (1) A relevant authority may, for the purpose of conserving or enhancing the natural beauty or amenity of any land which is both in the countryside and within their area or promoting its environment by the public, make an agreement (in this section referred to as a "management agreement") with any person having an interest in the land with respect the management of the land during a specified term or without limitation of the duration of the agreement.

(2) Without prejudice to the generality of subsection (1), a management agreement –

(a) may impose on the person having an interest in the land restrictions as respects the method of cultivating the land, its use for agricultural purposes or the exercise of rights over the land and may impose obligations on that person to carry out works or agricultural or forestry operations or do other things on the land;

(b) may confer on the relevant authority power to carry out works for the purpose of performing their functions under the 1949Act and the 1968 Act; and

(c) may contain such incidental and consequential provisions (including provisions for the making of payments by either party to the other) as appear to the relevant authority to be necessary or expedient for the purposes of the agreement.

(3) The provisions of a management agreement with any person interested in the land shall, unless the agreement otherwise provides, be binding on persons deriving title under or from that person and be enforceable by the relevant authority against those persons
accordingly.

(4) Schedule 2 to the Forestry Act 1967 (power for tenant for life and others to enter into forestry dedication covenants) shall apply to management agreements as it applies to forestry dedication covenants.

(5) In this section "he relevant authority" means –

(a) as respects land in a National Park, and outside a metropolitan county the county planning authority;

(aa) as respects land within the Broads, to the Broads Authority;

(b) *Repealed by the Local Government Act 1985 (c. 51), s. 102(2), sch. 17. This amendment came into force on 1 April 1986: ss. 1(2), 102(3), 105(1)*

(c) As respects any other land, the local planning authority.

(6) The powers conferred by this section on a relevant authority shall be in addition to and not in derogation of any powers conferred on such an authority by or under any enactment.

40. *This section substitutes a replacement subsection 4(1) at p. 117 above, for the former subsections 4(1) and (2) of the Countryside Act 1968 (c.41).*

Duties of agriculture Ministers with respect to countryside

41. (1) *Repealed by the Agriculture Act 1986 (c. 41), s. 24(5) sch. 4. This amndment came into force on 25 September 1986: s. 24(2).*

(2) In the exercise of his general duty under section 4(2) of the Small Landholders (Scotland) Act 1911 of promoting the interests of agriculture and other rural Industries, and without prejudice to the generality of that duty, the Secretary of State shall make provision, through such organisation as he considers appropriate, for the giving of -

(a) advice to persons carrying on agricultural businesses on the conservation and enhancement on the natural beauty and amenity of the countryside;

(b) advice to such persons on diversification Into other enterprises of benefit to the rural economy; and
(c) advice to government departments and other bodies exercising statutory functions on the promotion and furtherance of such diversification as is mentioned in paragraph (b).

(3) Where an application for a farm capital grant is made as respects expenditure incurred or to be incurred for the purposes of activities on land which is in a National Park or an area specified for the purposes of this subsection by the Ministers, the appropriate Minister –
(a) shall, so far as may be consistent with the purposes of the grant provisions so exercise his functions thereunder as to further the conservation and enhancement of the natural beauty and amenity of the countryside and to promote its enjoyment by the public; and
(b) where the relevant authority have objected to the making of the grant on the ground that the activities in question have had or will have an adverse effect on the natural beauty or amenity of the countryside or its enjoyment by the public, shall not make the grant except after considering the objection and, in the case of land in England, after consulting with the Secretary of State;

and this subsection shall have effect, in its application to Scotland, as if references to the amenity of the countryside were omitted.

(4) Where, in consequence of an objection by the relevant authority, an application for a grant as respects expenditure to be incurred is refused on the ground that the activities in question will have such an effect as is mentioned in subsection (3)(b), the relevant authority shall, within three months of their receiving notice of the appropriate Minister`s decision, offer to enter into, in the terms of a draft submitted to the applicant, a management agreement –
(a) imposing restrictions as respects those activities; and
(b) providing for the making by them of payments to the applicant.

(5) In this section –
"agricultural business" has the same meaning as in section 29 of the Agriculture Act 1970;
"the appropriate Minister", "farm capital grant" and "grant provisions" have the same meanings as in section 32.
"management agreement" –
(a) in relation to England and Wales, means an agreement under section 39;
(b) in relation to Scotland, means an agreement under section 49A of the Countryside (Scotland) Act 1967;

"the relevant authority" –
(a) in relation to England and Wales, has the same meaning as in section 39;

(b) in relation to Scotland, means the authority exercising district planning functions.

(5A) For the purposes of this section the Broads shall be treated as a National Park.

(6) Subsection (2) extends only to Scotland.

National Parks

Notification of agricultural operations on moor and health in National Parks

42. (1) The Minister's may, if satisfied that it is expedient to do so, by order apply subsection (2) to any land which is comprised in a National Park and which appears to them to consist of or include moor or heath.

(2) Subject to subsection (3), no person shall –

(a) by ploughing or otherwise convert into agricultural land any land to which this subsection applies and which is moor or heath which has not been agricultural land at any time within the preceding 20 years; or

(b) carry out on any such land any other agricultural operation or any forestry operation which (in either case) appears to the Ministers to be likely to affect its character or appearance and is specified in the order applying this subsection to that land.

(3) Subsection (2) shall not apply in relation to any operation carried out, or caused or permitted to be carried out, by the owner or occupier of the land if –

(a) one of them has, after the coming into force of the order, given the local planning authority written notice of a proposal to carry out the operation, specifying its nature and the land on which it is proposed to carry it out; and

(b) one of the conditions specified in subsection (4) is satisfied.

(4) The said conditions are –

(a) that the local planning authority have given their consent to the carrying out of the operation;

(b) where that authority have neither given nor refused their consent, that three months have expired from the giving of the notice; and

(c) where that authority have refused their consent, that twelve months have expired from the giving of the notice,

(5) A person who, without reasonable excuse, contravenes subsection (2) shall be liable –

(a) on summary conviction, to a fine not exceeding the statutory maximum;

(b) on conviction on indictment, to a fine,

(6) Where the local planning authority are given notice under this section in respect of any land, the authority shall forthwith send copies of the notice to the Ministers, the Nature Conservancy Council and the Countryside Commission.

(7) In considering for the purposes of this section whether land has been agricultural land
within the preceding 20 years, no account shall be taken of any conversion of the land into agricultural land which was unlawful under the provisions of this section or section 14 of the 1968 Act.

(8) An order under this section shall be made by statutory instrument which shall be subject to annulment in pursuance of a resolution of either House of Parliament.

(9) The said section 14 (which is superseded by this section) shall cease to have effect; but this section shall have effect as if any order under that section in force immediately before the coming Into force of this section had been made under this section.

Maps of National Parks showing certain areas of moor or heath

43. Maps of National Parks showing certain areas of moor or heath.

(1) Every local planning authority whose area comprises the whole or any part of a National Park shall –

(a) before the expiration of the period of two years beginning with the relevant date, prepare a map of the Park or the part thereof showing any areas to which this section applies whose natural beauty it is, in the opinion of the authority, particularly important to conserve; and

(b) at intervals of not more than five years review the particulars contained in the map and make such revisions thereof (if any) as may be requisite.

(1A) In considering under subsection (1) whether any area to which this section applies is one whose natural beauty it is particularly important to conserve, a local planning authority shall act in accordance with the guidelines from time to time issued under subsection (1B).

(1B) The Countryside Commission and the Countryside Council for Wales shall each issue guidelines for the guidance of local planning authorities in considering as mentioned in subsection (1A), and the Commission and the Council may each from time to time revise any guidelines so issued.

(1C) Before issuing or revising any guidelines under subsection (1B) the Commission or, as the case may be, the Council shall consult such bodies as appear to them to represent interests concerned; and before preparing or revising any map under subsection (1) a local planning authority shall consult such bodies as appear to the authority to represent interests concerned with matters affecting the Park or part of the Park in question.

(2) The authority shall cause a map prepared or revised in pursuance of subsection (1) to be printed, and shall cause copies thereof to be put on sale to the public at such price as the authority may determine.

(3) This section applies to any area of mountain; moor, heath, woodland, down, cliff or foreshore (including any bank, barrier, dune, beach, flat or other land adjacent to the foreshore); and in this section "the relevant date" means the date of issue of the first guidelines under subsection (1B).

Grants and loans for purposes of National Parks

44. (1) Without prejudice to section 11 of the 1949 Act (general powers of local planning authorities in relation to National Parks), a local planning authority may give financial assistance by way of grant or loan, or partly in one way and partly in the other, to any person in respect of expenditure incurred by him in doing anything which in the opinion of the authority is conducive to the attainment, in any National Park the whole or part of which is comprised in that authority's area, or any of the following purposes, that is to say, the conservation and enhancement of the natural beauty of that Park and the promotion of its enjoyment by the public.

(2) On making a grant or loan under this section a local planning authority may impose such conditions as they think fit, including (in the case of a grant) conditions for repayment in specified circumstances.

(3) A local planning authority shall so exercise their powers under subsection (2) as to ensure that any person receiving a grant or loan under this section in respect of premises to which the public are to be admitted, whether on payment or otherwise, shall, in the means of access both to and within the premises, and in the parking facilities and sanitary conveniences to be available (if any), make provision, insofar as it is in the circumstances both practicable and reasonable, for the needs of members of the public visiting the premises who are disabled.

(4) For the purposes of this section the Broads Authority shall be treated as a county planning authority and the Broads as a National Park.

Power to vary order designating National Park

45. (1) The Countryside Commission (as well as the Secretary of State) shall have power to make an order amending an order made under section 5 of the 1949 Act' designating a National Park in England, and –

(a) section 7(5) and (6) of that Act (consultation and publicity in connection with orders under section 5 or 7) shall apply to an order under this section as they apply to an order under section 7(4) of that Act with the substitution for the reference in section 7(5) to the Secretary of State of a reference to the Countryside Commission; and
(b) Schedule 1 to that Act (procedure in connection with the making and confirmation of orders under section 5 or 7) shall apply to an order under this section as it applies to an order designating a National Park.

(2) Subsection (1) shall apply to the Countryside Council for Wales, in relation to any National Park in Wales, as it applies to the Countryside Commission in relation to any National Park in England.

46. *This section amends Schedule 17 to the Local Government Act 1972 (c. 70).*

Miscellaneous and supplemental

Provisions with respect to the Countryside Commission

47. (1) Schedule 13 shall have effect as respects the Countryside Commission.

(2) The Secretary of State may, with the approval of the Treasury, make to the Countryside Commission or to the Countryside Council for Wales out of moneys provided by Parliament grants of such amount and subject to such conditions (if any) as he may, with the approval of the Treasury, think fit.

(3) Sections 2, 4 and 95 of the 1949 Act and section 3 of the 1968 Act (which are superseded by this section) shall cease to have effect.

48. *Repealed by the Water Act 1989 (c. 15), s. 190(3),sch. 27, pt. I. This amendment came into force on 1 September 1992: s. 194(3), S.I. 1989/ 1530.*

Extension of power to appoint wardens

49. (1) This section applies to any land in a National Park or in the countryside if –
(a) the public are allowed access to the land; and
(b) there is no power under any of the provisions of the 1949 Act and the 1968 Act for a local authority, a local planning authority, the Countryside Council for Wales or the Countryside Commission to appoint wardens as respects that land.

(2) Subject to subsections (3) and (4) the power conferred on a local authority by section 92(1) of the 1949 Act (appointment of wardens) shall include a power, exercisable only with the agreement of the owner and of the occupier of any land to which this section applies, to appoint persons to act as wardens as respects that land.

(3) The only purpose for which wardens may be appointed by virtue of subsection (2) is to
advise and assist the public.

(4) Notwithstanding the provisions of section 41(8) of the 1968 Act (Countryside Commission or the Countryside Council for Wales to be local authority for purposes of section 92 of the 1949 Act), nothing in this section shall be construed as conferring on the Countryside Commission or the Countryside Council for Wales any additional power to appoint wardens.

Payments under certain agreements offered by authorities

50. (1) This section applies where –

- (a) the Nature Conservancy Council offer to enter into an agreement under section 16 of the 1949 Act, or section 15 of the 1968 Act providing for the making by them of payments to –
  - (i) a person who has given notice under section 28(5) or 29(4); or
  - (ii) a person whose application for farm capital grant has been refused in consequence of an objection by the Council; or
- (b) the relevant authority offer to enter into a management agreement providing for the making by them of payments to a person whose application for a farm capital grant has been refused in consequence of an objection by the authority.

(2) Subject to subsection (3), the said payments shall be of such amounts as maybe determined by the offer or in accordance with guidance given by the Ministers.

(3) If the offeree so requires within one month of receiving the offer, the determination of those amounts shall be referred to an arbitrator (or, in Scotland, an arbiter) to be appointed, in default of agreement, by the Secretary of State; and where the amounts determined by the arbitrator exceed those determined by the offeror, the offeror shall –

- (a) amend the offer so as to give effect to the arbitrator`s (or, in Scotland, the arbiter`s) determination; or
- (b) except in the case of art offer made to a person whose application for a farm capital grant has been refused in consequence of an objection by the offeror, withdraw the offer.

(4) In this section –
"farm capital grant" has the same meaning as in section 32;
"management agreement" and "the relevant authority" have the same meanings as in section 41.

Powers of entry

51. (1) Any person authorised in writing by the relevant authority may, at any reasonable time and (if required to do so) upon producing evidence that he is authorised, enter any land for any of the following purposes –

(a) to ascertain whether an order should be made in relation to that land under section 29 or if an offence under that section is being, or has been, committed on that land;

(b) to ascertain the amount of any compensation payable under section 30 in respect of an interest in that land;

(c) to ascertain whether an order should be made in relation to that land under section 34 or if an offence under that section is being, or has been, committed on that land;

(d) to ascertain whether an order should be made in relation to that land under section 42 or if an offence under that section is being, or has been, committed on that land;

but nothing in this subsection shall authorise any person to enter a dwelling.

(2) In subsection (1) "the relevant authority" means –

(a) for the purposes of paragraphs (a) and (b) of that subsection, the Nature Conservancy Council;

(b) he purposes of paragraph (c) of that subsection, the Secretary of State or the relevant authority within the meaning of section 34;

(c) for the purposes of paragraph (d) of that subsection, the Ministers or the local planning authority.

(3) A person shall not demand admission as of right to any land which is occupied unless
either –

(a) 24 hours notice of the intended entry has been given to the occupier; or

(b) the purpose of the entry is to ascertain if an offence under section 29, 34 or 42 is being, or has been, committed on that land.

(4) Any person who intentionally obstructs a person acting in the exercise of any power conferred by subsection (1) shall be liable on summary conviction to a fine not exceeding level 3 on the standard scale.

Interpretation of Part II

52. (1) In this Part, unless the context otherwise requires, -

"agricultural land" does not include land which affords rough grazing for livestock but is not otherwise used as agricultural land;

"the Ministers", in the application of this Part to England, means the Secretary of State and the Minister of Agriculture, Fisheries and Food, and, in the application of this Part to Scotland or Wales, means the Secretary of State.
"the Nature Conservancy Councils" means the Nature Conservancy Council for England,
Scottish Natural Heritage and the Countryside Council for Wales;
and references to "the Nature Conservancy Council" shall be construed in accordance with section 27A.

(2) In the application of this part to England (except as respects a metropolitan county or
Greater London) references to a local planning authority shall be construed –

(a) in sections 42, 43, 44 and 51(2)(c) as references to a county planning authority; and
(b) in any other provision, as references to a county planning authority and a district planning authority;

and in the application of this Part to Scotland references to a local planning authority shall be construed as references to a regional planning authority, a general planning authority and a district planning authority.

(3) References in this Part to the conservation of the natural beauty of any land shall be construed as including references to the conservation of its flora, fauna and geological and physiographical features.

(4) Section 114 of the 1949 Act shall apply for the construction of this Part.

(5) Any power or duty which under this Part (except sections 41 and 42(1)) falls to be exercised or performed by or in relation to the Ministers may, in England, be exercised or performed by or in relation to either of them.

Internet-Links zu weiteren Rechtsgrundlagen aus dem Vereinigten Königreich

Countryside and Rights of Way Act (CROWA) 2000

http://www.hmso.gov.uk/acts/acts2000/20000037.htm

The Conservation (Natural Habitats, &c.) Regulations 1994

http://www.legislation.hmso.gov.uk/si/si1994/Uksi_19942716_en_1.htm

Cornelia Grewing

Das System des exemplarbezogenen Artenschutzes im Bundesnaturschutzgesetz

Frankfurt am Main, Berlin, Bern, Bruxelles, New York, Oxford, Wien, 2003.
XIV, 150 S.
Europäische Hochschulschriften: Reihe 2, Rechtswissenschaft. Bd. 3732
ISBN 3-631-51347-X · br. € 34.00*

Das Artenschutzrecht im Bundesnaturschutzgesetz ist in ein System artenschutzrechtlicher Regelungen auf verschiedenen Rechtsebenen eingebunden. Mit Blick auf den Inhalt der Einzelnormen wird das System der nicht gebiets-, sondern exemplarbezogenen Schutz- und Kontrollvorschriften unter Berücksichtigung der durch die Neufassung des Bundesnaturschutzgesetzes 2002 eingeführten neuen Instrumente des Artenschutzrechts dargestellt.

Aus dem Inhalt: Ziel und Schutzobjekt des Artenschutzes: Anwendungsbereich · Regelungsebenen des Artenschutzrechts · Allgemeiner Artenschutz: Geschützte Arten · Zugriffsverbote · Verbot von Fanggeräten und -methoden · Besonderer Artenschutz: Geschützte Arten · Zugriffs- und Störverbote · Besitz- und Vermarktungsverbote · Ein- und Ausfuhr, Transporte · Haltung und Zucht · Nachweispflichten · Sanktionssystem · Neue Instrumente des Artenschutzes: Zoo-Richtlinie · Vogelschutz an Freileitungen